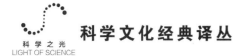

科学文化经典译丛

俄罗斯帝国发明史

从彼得一世到尼古拉二世

ИЗОБРЕТЕНО В РОССИИ

ИСТОРИЯ РУССКОЙ ИЗОБРЕТАТЕЛЬСКОЙ МЫСЛИ ОТ ПЕТРА I ДО НИКОЛАЯ II

［俄罗斯］季莫费·尤里耶维奇·斯科连科　著

杨怀玉　译

刘　晓　孙小淳　审译

中国科学技术出版社

·北　京·

图书在版编目（CIP）数据

俄罗斯帝国发明史：从彼得一世到尼古拉二世 /（俄罗斯）季莫费·尤里耶维奇·斯科连科著；杨怀玉译 . —北京：中国科学技术出版社，2024.1
（科学文化经典译丛）
ISBN 978-7-5236-0291-1

Ⅰ . ①俄… Ⅱ . ①季… ②杨… Ⅲ . ①创造发明 – 技术史 – 俄罗斯 Ⅳ . ① N095.12

中国国家版本馆 CIP 数据核字（2023）第 213784 号

© 2017 by Tim Skorenko
© OOO "Alpina non-fiction", 2020
Illustrator Victor Platonov/Bangbangstudio.ru

项目合作：锐拓传媒 copyright@rightol.com

北京市版权局著作权合同登记 图字：01-2022-1844

总 策 划	秦德继
策划编辑	周少敏 李惠兴 郭秋霞
责任编辑	郭秋霞 李惠兴
封面设计	中文天地
正文设计	中文天地
责任校对	焦 宁 张晓莉
责任印制	马宇晨

出 版	中国科学技术出版社
发 行	中国科学技术出版社有限公司发行部
地 址	北京市海淀区中关村南大街 16 号
邮 编	100081
发行电话	010-62173865
传 真	010-62173081
网 址	http://www.cspbooks.com.cn

开 本	710mm×1000mm 1/16
字 数	372 千字
印 张	28
版 次	2024 年 1 月第 1 版
印 次	2024 年 1 月第 1 次印刷
印 刷	河北鑫兆源印刷有限公司
书 号	ISBN 978-7-5236-0291-1 / N·314
定 价	128.00 元

目　录

导　言

你们可能不止一次在网上看到过以"俄罗斯制造""俄罗斯发明"为标题的各种名录。我喜欢研究这些名录，它们唤起了我内心复杂的情绪，可以说是五味杂陈，有自豪，有哀痛，也有感动。所有这类名录中的文字，都是一些奇葩人物撰写的，他们对发明、对历史或对俄罗斯一无所知。这些名录的作者对自成一派的俄罗斯发明家约四分之三的卓越发现和技术创新视而不见，却口口声声说，是俄罗斯发明了飞机（当然不是）、自行车（也不是）和弹道导弹（同样与俄罗斯无关）。每天面对"又有人在互联网上胡说八道"的现实，我最终决定写一本关于俄罗斯[①]发明家的书。

这本书有两个主要目标：

首先，尽可能客观地讲述俄罗斯的同胞在不同时期的伟大发明，对他们的贡献，既不低估也不夸大。

其次，破除与发明史有关的诸多臆造的传奇与不实的伪说。

简言之，俄罗斯不是大象的故乡，但俄罗斯有丰神异彩的阿穆尔虎

---

① 除第一部分外，本书所述发明基本上均为俄罗斯帝国时期的发明。——编者注

（即东北虎）。要善于以自己所拥有的为荣，特别是当俄罗斯拥有许多值得骄傲的东西时，不要贪他人之功据为己有——这是最基本的原则。

俄罗斯发明思想的特点

我不确定是否存在多个发明流派，比方说，津巴布韦发明流派。但俄罗斯的发明思想是有发展脉络的，自成一家，这个体系有其源流，现在仍然没有断流，我希望将来更能源远流长。尽管目前，在 21 世纪上半叶，俄罗斯发明体系的发展处于低谷，就像处于一条已经延续了几个世纪、起起伏伏的正弦波的波谷，而且俄罗斯对此无能为力。

和法国、英国、美国、意大利等国的发明家一样，俄罗斯的发明家也是独树一帜、自成一派，俄罗斯的传统给世界带来了许多奇妙的东西——从破冰船到木偶动画，不一而足。多数发明家都是命运多舛，属于幸运儿的只是凤毛麟角，尤其在俄罗斯这样一个经历了比其他许多欧洲国家更多国内动乱的国度。然而，国运的不济并没有阻止俄罗斯在历史的某些节点走向技术进步的巅峰，尽管坦率地说，俄罗斯从来都不是技术进步潮流的引领者。俄罗斯的排名，就是世界前十，有时候也能排进世界前五。俄罗斯终究难以与 200 年前甚至 400 年前就引入专利权并借此激励工程师和发明者进行积极革新的国家一争高下。这个问题，我们稍后再议。

俄罗斯发明体系和传统有其独特的发展特征。没有什么比各种革命、社会动乱和政治制度更迭更能给一个国家的创造力带来严重的冲击（请原谅我的措辞）。我想强调一下，我说的不是国家间的冲突，而是国家内部的问题。与国家内部动乱形成鲜明对比的是，外部的战争常常激发人们的思考力——两次世界大战期间，人类进步的步伐之大堪称前所未有。但政变、内乱，尤其是宗教的纷争，却足以毁灭一切。

英国最近一次大规模国内动乱，发生在 17 世纪 50 年代，即内战和克伦威尔执政时期；法国是在 18 世纪和 19 世纪之交，这次变乱源于一系列的革命事件以及随后的制度和权力更迭；美国则是在18世纪70年代（内战不包括在内，因为内战前后，美国的政治权力结构并未发生变化）。自那时以来，这些国家的发明体系都是以一种动态而平衡的方式发展着，而且只是不断地向前发展——虽然速度时疾时缓。

而俄罗斯仅在20世纪就经历了两次重大转折：先是1917年的两次革命，然后是20世纪90年代的改革和向市场经济的过渡。这样的转折总是使发明体系和传统开历史的倒车。科学家和设计师们才刚适应了一个体制，在这个体制的框架内他们感觉得心应手，但是新的体制出现了，科学和技术又一次陷入了困境。

我只是非常粗线条地勾勒出大致的轮廓。历史的真相远较此复杂，我在说明具体的发明项目时，还会提到一些历史事件。

请你们记住首要的法则：只有当社会不经常发生政治动荡时，发明体系和传统才能发挥作用，才能获得高质量的发展。

关于发明权的一点看法

俄罗斯流派还有一个特点，那就是俄罗斯的专利立法非常晚，对发明权一向漠然视之，这在苏联时期也很典型。

15世纪的时候，欧洲已经开始零星地颁授发明专利。这一领域的先驱是意大利人，当时意大利人被誉为"最伟大的建筑师和设计师"——许多沿用至今的建筑和施工方案都是意大利文艺复兴时期创造出来的，并受到当时的佛罗伦萨专利和威尼斯专利的保护。

1450年，威尼斯诞生了第一个官方专利机构。在法国，1555年，亨利二世（Генрих II）开始授予皇家专利权，每一项专利都会登报公示，并公开发明人的身份。英国及其殖民地在17世纪就开始了对知识产权的登记。1641年，塞缪尔·温斯洛（Сэмьюэль Уинслоу）获得了第一份美国专利，专利文件对温斯洛发明的新制盐法进行了说明。18世纪，欧洲各国及其海外领地均设有正规的专利局审查发明，并注册发明的优先使用权或优先出售权。

此时的俄罗斯又在经历什么？不管你们对俄罗斯的发明体系和传统有怎样的看法，这个体系和传统的源头必定是彼得一世（Петр I），他为国家的技术进步作出的贡献超过了他统治前后 100 年的所有沙皇。彼得一世开风气之先，不久俄罗斯开始授予沙皇发明专利权（此时彼得一世已经去世）——这比前文提到的亨利二世晚了 150 年——这种不规范的制度断断续续地维持着，直到 1812 年，亚历山大一世（Александр I）最终颁布了《手工业和艺术领域各种发明和发现专利权解释性诏令》（以下简称《诏令》），也就是俄罗斯的第一部专利法。经过一百多年的发展，英国之前就已经制定了类似的专利法，而且更加完善——这个情况我将在本书第 3 部分的引言中讲述。

《诏令》的颁布对俄罗斯科技思想的发展起到了巨大的推动作用。不过，在本书中专门介绍俄罗斯 18 世纪发明的部分，我会讲述一些令人伤感的故事，告诉你们，俄罗斯发明家几乎完全被剥夺了发明权，最终造成了怎样的恶果 [最突出的例证就是库利宾（Кулибин），他是个伟大的发明家，奈何生不逢时，生不逢地]。自亚历山大一世颁布《诏令》以来，俄罗斯的专利、发明、发现和科学成果逐渐增多。到 19 世纪末，随着更加适应现代需求的新法规的出台，获得专利权的程序变得更加明确，俄罗斯的发明体系已经追赶上了竞争对手，在某些领域，尤其是电气和武器领域，甚至超越了对手。

苏联时代，已经成型的制度被打破，并以对发明者非常不利的方式进行了重新设计，技术人才对此总算也适应了——但就在此时，苏联开始逐渐走向覆亡，走向俄罗斯历史进程的下一个转折点，走向专利权的回归。关于苏联的发明，我在随后也撰写了《苏联发明史》，当然这是后话了。

因此，第二条法则是：只有在尊重发明权的社会中，发明体系和传统才能有高质量的发展。理想情况下，发明者应当从他的劳动中获得一定的利益，毕竟金钱是最好的激励手段。不为个人利益所动的发明者，纵观世界历史，用一只手都能数得过来，好吧，两只手才能数得过来。

历史伪说定律

是时候结束这个有点枯燥的开场白了。但我忍不住想就"俄罗斯是大象故乡"这样的伪命题多说几句。我认识一位美国国家航空航天局的官员，他读书求学的年代是在 20 世纪 70 年代，他告诉我，在学校里，老师们从来没有向他提及尤里·加加林（Юрий Гагарин）其人其事。对于这个美国人来说，第一位宇航员，更准确地说第一位航天员是艾伦·谢泼德（Алан Шепард）。当他上大学后了解到苏联是第一个进入太空的国家时，他感到非常诧异。

同样，美国和法国多年来一直在争论谁才是当之无愧的第一位飞机的发明人——要么是奥维尔·莱特（Орвилл Райт），要么是阿尔贝托·桑托斯－杜蒙（Альберто Сантос-Дюмон）。桑托斯·杜蒙的首飞时间比莱特晚了 3 年，但他驾驶的是技术成熟的飞机，配备有起落架，具备空中机动能力。支持桑托斯·杜蒙的还有巴西，因为桑托斯－杜蒙拥有双重国籍，他半生在欧洲度过，半生在南美度过。

世界上每个国家都有"往自己脸上贴金"的传统。一个国家越是封闭和极权，它真正引以为豪的理由就越少，那里出现的历史伪说就越多。大家应该还记得萨帕尔穆拉德·尼亚佐夫（Сапармурад Ниязов）在他著名的《鲁赫纳玛》中写道，土库曼人发明了轮子，并且是最早开始金属加工的民族。长期以来，这样的知识和信息是土库曼斯坦学校正式教授的内容。

俄罗斯也有一些著名的伪说，我知道三个根本没有任何逻辑和历史基础的伪说：克里亚库特内伊（Крякутной）的气球、阿尔塔莫诺夫（Артамонов）的自行车、普季洛夫（Путилов）和赫洛波夫（Хлобов）的汽车。还有神话般的存在——布利诺夫（Блинов）拖拉机，不过这个伪说好歹还有些现实的影子，1896 年，布利诺夫的确申请参加下诺夫哥罗德展览，但未获批准。还有其他一些有影没影的"口水官司"，比如莫扎伊斯基（Можайский）的飞机或波波夫（Попов）的收音机。但"扯皮"的事终究是有争议的问题，而且往往涉及所谓的共同发明。现在根本说不清楚，究竟是谁发明了灯泡、收音机或飞机——这些都是全世界数十位工程师心血的结晶。

因此，非常有必要在本书单设一个章节，专门讨论发明史中那些谬误、混淆和伪说，以正视听。

让我们开始阅读吧！

还有最后一点，读完本书，你们可能会问："彼得罗夫呢？伊万诺夫又在哪儿？为什么西多罗夫不在这里？作者以为自己是谁，他什么都不知道，居然就敢写书。他忘了是俄罗斯发明了反式聚能器[①] 和时间机器！"

也许你们说得对。不过，任何一本书都承载着作者的部分思想和情感。我在这里写的完全是个人的看法，你们同意也好，不同意也罢，我唯一的目的，就是以一种有趣的方式讲述一些你们不知道但一直想知道的事情。如果有什么遗漏的地方，只需写信给我，我的联系方式可以在任何社交网络上轻松找到。你们希望增补的人物和内容，有可能会出现在本书的下一版。

---

① 这是一部艺术影片臆造的其他行星居民使用的武器。——译者注

第 1 部分

自发的发明：
无名英雄的作品

任何文化都必然存在着自发的发明。像轮子、斧头、裤子这样的日常用品，古已有之，流传甚广，甚至没人会想到它的创造者的身份。人们所能做的，不过是非常粗略地确定这种物品首次出现的区域，仅此而已。

这一部分我将介绍俄罗斯不同历史阶段（多为 17 世纪前）的自发发明。我说过，19 世纪初之前，俄罗斯的发明权状况非常糟糕。彼得一世执政后，有才华的机械师和科学家至少有了"名垂青史"的机会，但在彼得改革前，俄罗斯所有的发明都是"无主的"自发发明。17 世纪以前，在俄罗斯的土地上，曾经出现过许多有趣的思想，但这些创作念头缘于何人，历史一直保持着沉默。

彼得的改革不仅涉及社会政治，也涉及经济。在彼得时代，俄国逐渐摆脱了被欧洲边缘化的奇葩存在的地位，开始展现出巨大潜力：俄罗斯能培养出优秀的工程师、机械师、科学家，无论从哪个角度来看，都和科技强国相差无几（唯一阻碍俄罗斯发展的，就是这个民族的独特气质，而彼得所对抗的，正是俄罗斯的民族气质）。

安德烈·康斯坦丁诺维奇·纳尔托夫（Андрей Константинович Нартов）是第一个在科学技术领域广为人知的俄罗斯人，他发明了螺丝车床。在本书的第 2 部分，我会详述他的事迹，但是现在，你们不妨细想一下，纳尔托夫是 1683 年出生的，18 世纪才开始真正意义上的发明创造活动。既然如此，为什么纳尔托夫之前的那些发明家都没有留下自己的名字，俄罗斯又是怎么做的呢？为什么 17 世纪欧洲和美国推行了发明权，吸引了大批的工程师和科学家前往，而俄罗斯的社会还是那么陈腐，不能接受创新呢？这里有几个原因。

　　首先是因为俄罗斯的闭塞。我们可以拿自己与日本人做个比较。19 世纪中期以前，日本人一直生活在与世隔绝的环境中，也就是说，日本甚至比俄罗斯更晚才开始脱离中世纪的传统，努力追赶人类社会前进的脚步。任何一种隔离——无论心理上的隔阂，如俄罗斯（国家的边界虽然开放，但社会没有与外界接触的需求），或是政治上的孤立，如日本——都会导致所有创造性的活动，包括艺术、科学、文学遭到禁锢，被限制在特定的范围内发展。

　　举例来说，欧洲从 14 世纪开始由原始绘画转向成熟的立体绘画，这一潮流最早期和最杰出的代表人物之一是伟大的乔托·迪·邦多内（Джотто ди Бондоне，卒于 1337 年）。乔托突破了"平面"的常规，用一种全新的手法描绘空间，即通过阴影和比例来表现三维，而这一手法也迅速被几十位文艺复兴时期的艺术家所采纳。

　　在俄罗斯，平面绘画的传统几乎一直延续到彼得一世统治时期，自此俄罗斯耳目闭塞、闭关自守的时代结束了。彼得的前任沙皇，费奥多尔三世（即费奥多尔·阿列克谢耶维奇，Федор Алексеевич）的画像采用的还是平面圣像画技法，而时间已经来到了 17 世纪！费奥多尔的御用画师波格丹·萨尔塔诺夫（Богдан Салтанов），也是兵器陈列馆①的首席画师，在他之前担任此职的是伊万·别兹明（Иван Безмин），他们的画风可以说比之前的画师精致许多——但技法完全承袭了旧制，与之前的画师毫无二致。师傅传授给徒弟的，是不容有根本改变的刻板教条。

　　不过，艺术上的问题相对容易解决。一旦彼得打开了通往欧洲的窗口，新的风尚和知识就纷纷涌入俄罗斯。新的绘画、新的雕塑、新的建筑——最初这些都是出自俄罗斯从国外请来的工匠之手，但在叶卡捷琳娜二世（Екатерина Ⅱ）时期，俄罗斯在许多领域已经独树一格、自成体系，俄罗

---

① 兵器陈列馆，也译为"兵器库"，是世界著名的藏宝库之一，目前也是俄罗斯一座陈列珍贵文物的博物馆。——译者注

斯的体系不仅能够依样模效，而且善于标新立异。

俄罗斯的文学也值得大书特书。从伊万·费奥多罗夫（Иван Фёдоров）最早（1564 年）出版《使徒行传》到彼得执掌俄罗斯政权前，俄罗斯出版的大约 700 种图书中，只有 4 部非宗教书籍。教会在印刷方面拥有绝对的垄断地位，世俗文学只存在于手抄本中。除了圣诗选集和圣礼书，其他任何印刷品都只能依从沙皇的意愿出版。经厂是俄罗斯第一家也是多年来唯一的印刷厂，直接隶属于宗主教区（后来的圣主教公会）。1703 年，彼得下令经厂出版公共报纸《新闻报》，这个事件——真的不得了！这是不折不扣的"离经叛道"。

欧洲文学中的小说体裁起源于 13 世纪，并随着印刷技术的兴起而走向繁盛。从 15 世纪起，印刷厂如雨后春笋般涌现，数量倍增，出版的图书林林总总，大约有数百种，涵盖了艺术、教会、教育、历史甚至烹饪等各个领域！当然，自 18 世纪以来，俄罗斯在图书出版和文学题材多元化方面突飞猛进，甚至与欧洲其他国家并驾齐驱，但在此之前有很长一段时间，俄罗斯一直裹足不前。

是彼得突破了屏障。现在让我们回到发明的话题。

科学和技术的行业发展远比艺术更具挑战性。要掌握科学技术，必须要经过认真细致的研究，尤其是在不了解构造和工作原理的情况下，科技的目标对象是无法复制的。如果说绝对没有可能，似乎也言过其实，至少很难做到。在艺术领域，自学成才的人永远要比科学领域多出几十倍，因为机械师不能只从外部研究样本，还要接受相关教育。

彼得一世之前，俄罗斯的技术状况非常糟糕，就连简单的机械制造都要依赖从外国雇佣的技术人员。几乎没有人想过要把科学带给俄罗斯。比方说，有个外国工匠到俄罗斯宫廷制作烟花，他对自己的技术进行保密，活儿干完了，人也离开了。所以，俄罗斯人还是不知道怎么制作烟花。当然，我说得有点夸张，但情况大致就是这样。

总的说来，17 世纪以前，古罗斯并没有什么杰出的科技人才，至少没有出现名字流传到我们时代的人物。

然而，不能因此说俄罗斯人的祖先蒙昧无知。俄罗斯现存最早的数学著作出现在 1136 年。这本名为《数字学》的书为诺夫哥罗德的修士基里克（Кирик）所著。这本书算不上什么研究成果，只是对已有知识的总结。当然，基里克也是有智慧的人，不过他太过拘泥于传统，所以他写的书和历法使用、天文和数学方面的课本差不多。欧洲有许多这样的手抄本。

目前我们所知道的，还有一些优秀的工匠，他们都是俄罗斯的传统手工艺人，例如造钟匠、铸炮匠和其他金属制品的铸造者。工匠安德烈·乔霍夫（Андрей Чохов，卒于 1629 年）因铸造沙皇炮而闻名于世，虽然这门炮从未发射过一颗弹丸。乔霍夫在沙皇炮之外，还制造出许多精美的火炮，这些炮的炮管不但具有实用价值，还是真正的艺术品。乔霍夫现存最早的作品是“因罗格”火绳炮（1577 年），结构非常简单，而他最后一个作品是 152 毫米口径“阿喀琉斯王”攻城炮，这也是一件真正的火炮艺术品。乔霍夫的老师，铸造师卡什皮尔·加努索夫（Кашпир Ганусов），以及其他一些俄罗斯工匠的名字，现在也鲜少为人所知。

俄罗斯现存最古老的大炮是 1542 年制造的“高夫尼察”炮（榴弹炮），我们只知道是由一位名叫伊格纳季的工匠铸造，至于他姓什么，历史上没有记载。1479 年，伊凡三世（Иван III）统治时期的莫斯科出现了俄罗斯第一座铸炮坊，也就是铸炮厂的前身。注意：彼得一世之前铸造的俄罗斯火炮，半数以上都存放在圣彼得堡的炮兵博物馆，如果有机会，别犯懒，一定要去看一看。

然而，不管是乔霍夫、加努索夫，还是其他的俄罗斯铸造师，他们的主业是造钟，而不是造炮。俄罗斯对钟的需求远远超过对火炮的需求，而且造钟同样需要高超的技艺。我无意深究造钟的技术问题，只是想指出，造钟也是薪火相传的技艺，而且一般不会外传，所以俄罗斯的良工巧匠才会有如此精湛纯熟的造钟技艺。

　　我们不妨再说说俄罗斯的建筑师。与欧洲建筑不同，俄罗斯的建筑材料几乎清一色都是木头。在古罗斯，砖石材料主要用于修建城市的宏伟教堂、重要的政府建筑和防御工事，帕维尔·拉波波特（Павел Раппопорт）所著《10—13世纪古罗斯的建筑施工》一书，记述了古罗斯的砖结构建筑，读来饶有兴味。之后，从14世纪起，也出现了一些民用砖砌建筑，都是富商和权贵的私产。所有这些砖砌建筑加起来还不足俄罗斯建筑物总数的百分之一。由于俄罗斯和欧洲建筑选材的差异，所以欧洲留存下来的中世纪和文艺复兴时期的历史建筑应该是俄罗斯的数百倍，至少也是数十倍。

　　中世纪俄罗斯建筑师的名字大多不详。蒙古入侵前时期的建筑师中，我们叫得出姓名的大致有四位：诺夫哥罗德（Новгород）的彼得和科罗夫·雅科夫列维奇（Коров Яковлевич）、波洛茨克的约安（Иоанн）和基辅的彼得·米洛涅格（Пётр Милонег）。但是，除了姓名，我们对他们几乎一无所知。我们所掌握的只有他们一些零星的生平资料，以及时有争议的信息：具体是哪位建筑师建造了哪座建筑。例如，是不是科罗夫·雅科夫列维奇在诺夫哥罗德的一座修道院里修建了圣基里尔石教堂（1201年）。编年史中还提到了一些受雇来俄的工匠（主要是拜占庭工匠）。但总的来说，当时在古罗斯工作的建筑师，都还只算是手工艺匠人，他们严格地按照范式（如圣像画术）工作，因此历史只保留了他们雇主的名字。即使是非常复杂的建筑，不仅需要机械性劳动，更需要创造性劳动的工程，情况亦是如此。例如，现存最古老的俄罗斯石制建筑，是建于11世纪的基辅索菲娅大教堂，虽然大教堂经过重建，但没有人真正说得清楚，究竟是谁设计了这座教堂，与此同时，人们却都知道，出资修建教堂的是智者雅罗斯拉夫（Ярослав Мудрый）。15世纪之前的所有教堂，都是如此，留名史册的不是设计师和建筑师，而是出资人。与此形成鲜明对比的是，建造巴黎圣母院和其他法国中世纪大教堂的许多（当然不是全部，只是主要的）建筑师的名字乃至他们的工期，我们都耳熟能详。

原则上讲，即使在鞑靼人离开后，情况也没有什么明显改观。为数不多的几位比较引人注目的俄罗斯建筑师的名字，有幸被史料记载下来，其中就有费奥多尔·萨韦利耶维奇·科尼（Федор Савельевич Конь），他是鲍里斯·戈杜诺夫（Борис Годунов）手下建造军事工事的高手。例如，科尼为莫斯科的白石城修建了城墙，在斯摩棱斯克修建了克里姆林宫的防御工事。然而，人们对他知之甚少，在网上能找到的生平信息，几乎都是艺术虚构。关于建筑师的主要信息，来源于账簿上记录开支的字句，还有就是清晰体现了他建筑风格的作品本身。

无所不在的教会作为俄罗斯文化的中心和俄罗斯文化的制动器，在推动和限制文化发展方面扮演着同样重要的角色。教会一方面帮助收存前人留下的知识，另一方面，又坚决反对任何创新，向人们灌输"尊旧恶新"的观念。基于宗教的传统秩序是俄罗斯闭关自守的根源。正如我们之前所说，国家的门户始终开放，只是没有人明白，为什么要去看外面的世界。

自发的发明，当然也有。圆锥形高屋顶建筑、杯托、熟酸乳、巴拉莱卡琴——这些都是俄罗斯文化的自然产物，是俄罗斯文化发展的成果。俄罗斯文化的发展虽然缓慢而艰难，但即使是一个自闭的社会，也不可能永远止步不前。尤其在瓦西里三世（Василий III）和伊凡雷帝（Иван Грозный）时代，古罗斯积极向东方扩张，征服了许多文化特立独行的民族，当地民族的文化和俄罗斯文化一样，都属于闭塞性文化，但俄罗斯人从中汲取了许多有益的成分。

好吧，泛泛而谈的话说得已经够多，让我们继续讨论具体问题。彼得一世之前的俄罗斯到底给世界带来了什么？

第1章

散落的民间智慧

这一章我们就来谈谈古罗斯的民间发明，这些发明有的已经与世界文化融合，有的则是只有莫测的俄罗斯人才能读懂的古怪稀奇物件——例如，俄罗斯的树皮鞋、杯托和茶炊！

每一个民族都有其独特的民族服饰、民族游戏、民族饮品等。多数文化元素在不同的文化中都能找到近似物，它们出现的时间往往也十分接近。就拿俄罗斯的树皮鞋来说，美洲印第安人、日本人，特别是亚洲大陆的原住民，都有类似物件。不同民族文化却孕育出相似的文化成果，而且这些成果各自独立产生，彼此间没有任何借鉴。

本章将探讨俄罗斯文化中一些独特的民间发明，这些发明是从俄罗斯这里走向世界的。然而，在时间维度上，我必须打破"前彼得时代"的框限，因为"民间技术"的出现时间很难界定：我们可以说它产生于 14 世纪，也可以认为它属于 19 世纪。让我们放开眼界，骋目四望，看到更多不同的领域，也许，可以排除在我们视线之外的，只有俄罗斯民族服装，因为很难将其归类为技术发明。

击木游戏

通过投掷特定形状的弹丸来破坏某种结构，是许多游戏背后的规则。你们不难猜到，最常见的就是九柱戏①。九柱戏有很多种，其中保龄球最为出名。投掷物是一个圆球，球体上有孔洞，便于手指抓握，待击打的目标是一组垂直放置的人形球瓶。在公元前 3000 年的古埃及就存在着类似于九柱戏的游戏。

游戏的规则也是类似的。玩家需要将圆环扔出，套住离他有一定距离的立杆，这个距离有明确规定（某些国家和地区不使用圆环，而使用其他物件，例如马蹄铁）。

击木游戏②与这一类其他游戏的不同之处在于，击木游戏采用复杂的组合靶来模拟真实的物体（"大炮""星星""叉子"等），用作待击打的目标，并以规定长度的直棍作为投掷物。最早描绘击木游戏场景的可信度较

---

① 以球击倒瓶状木柱的游戏。——译者注
② 用木棒把对方摆在方圈内的木棒击出圈外的游戏。——译者注

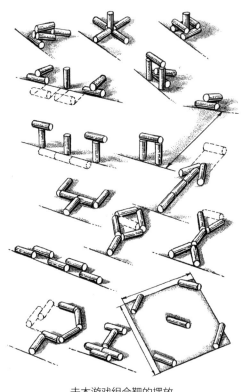

击木游戏组合靶的摆放

高的插图，可以追溯到 19 世纪初——那时，这项娱乐活动受到平民和贵族的青睐。但有资料表明，彼得一世很喜欢击木游戏，在罗曼诺夫家族执掌国家权柄之前的历史文献中，也可以寻觅到类似游戏的记载（很难确切地说，那是击木游戏，抑或是其他类似的游戏），这说明，击木游戏的产生时间可能早于 19 世纪。后来，这个游戏以某种形式从俄罗斯流传到邻近地区。例如，19 世纪末，芬兰出现了"Kyykkä"[1]，后来瑞典出现了"kubb"[2]，尽管类似的游戏在瑞典早已有之。

在俄罗斯，击木游戏已经从"民间游戏"中脱离出来，成为苏维埃政权时期一个重要的体育项目。1923 年举办了首届全苏击木比赛，1928 年击木被列为"人民斯巴达克运动会"[3]比赛项目，1933 年统一确定了比赛规则。自 1936 年起，苏联开始举办击木锦标赛（现为俄罗斯锦标赛）。

世界击木体育锦标赛自 21 世纪初以来一直在举办。由于这个项目在特定地域范围内比较流行，虽然也有爱沙尼亚、德国、芬兰等国的选手参赛，但大多数运动员还是来自俄罗斯、白俄罗斯、乌克兰等独联体国家。

① 芬兰语，意思是卡累利阿击木游戏。——译者注

② 意为瑞典击木游戏。——译者注

③ 苏联最盛大的综合性运动会，以各加盟共和国为单位参赛。

杯托

茶炊并非俄罗斯独有的发明。许多民族都有这样的器物，样子就像炉子和茶壶的组合体。不过，每个民族都是各自独立创造了茶炊，彼此之间并无参照。但杯托是地地道道的俄罗斯发明，让出生在俄罗斯的每一个人都倍感亲切。尽管许多文化中也曾出现类似功能的辅助器具，帮助人们握住无柄饮水容器而不会被烫伤，但只有俄罗斯的这个发明得到了全世界的认同。

历史上并没有留下杯托发明的确切时间和发明人的名字。最早的实物可以追溯至 18 世纪末至 19 世纪初，但都是定制的单品而不是批量产品。一些历史学家认为杯托源于礼仪的需要。18 世纪晚期，欧洲妇女通常用瓷杯喝茶，男人则用玻璃杯（请注意，这显然不是普遍的传统，英格兰人都用瓷杯来喝茶，大仲马的作品中提到了玻璃杯的精妙之处，但法国从来没有用来喝茶的传统）。这种礼仪元素渗透进俄罗斯文化之后，保护双手免受易受热升温的玻璃杯的伤害，就非常有必要了。这就是第一个杯托出现的原因。这种解释在我看来没有什么说服力，毕竟在那个时代，做一个陶瓷杯子并不困难，做一个带把手的玻璃杯也很容易。

杯托

到 19 世纪中叶，虽然每种杯托仍然都只有寥寥几个单品，但杯托的总量已经相当可观。如今，就连 19 世纪 70 年代没有任何装饰的、最普通的黄铜杯托，都卖到了 2000 美元，更别提那些带镶嵌装饰和铸造装饰的特制产品（都是孤品）。

从 1889 年到 1892 年，杯托在短短的几年内迅速得到普及，这要归功于谢尔盖·尤利耶维奇·维特（Сергей Юльевич Витте）。在此期间，他先后任财政部铁路事务司司长和铁道部部长。维特决定将杯托列为火车必备陈设物品。他将这个巨量的国家订单交给了亚历山大·格里戈里耶维奇·科利丘金（Александр Григорьевич Кольчугин）的"黄铜和铜轧厂公司"（很可能是出于私交）。

科利丘金是第一位将杯托投入批量生产的实业家，同时也是该领域标准化的先驱：科利丘金为我们今天熟知的杯托设计了经典的尺寸和外形。这家曾经属于亚历山大·格里戈里耶维奇的生产企业，迄今仍在从事生产活动，现在的名字是"科利丘金有色金属厂"。它隶属乌拉尔矿业冶金公司，目前仍然是俄罗斯及全球最大的杯托生产商。当然，企业的主要产品是轧制的有色金属，但传统也必须保留。

最令人欣慰的是，杯托不仅是实用家居用品，更是艺术品。古往今来，许多技艺精湛的匠人都在孜孜不倦地制作精美的杯托，而收集杯托，也是许多人士的爱好。

游垒

大投石器和投石机、攻城槌和弩炮、突击塔和云梯——历史上有许多用途和原理各异的攻城器械。俄罗斯军事文化中有一种独特的装备——游垒，有时也称为"游车"。第二个名字强烈地使人联想到美洲大陆移民曾用马车围成一圈来抵挡印第安人的进攻。这种联想完全合情合理，因为两者的作用原理毫无二致。

游垒是一项很晚才出现的发明，目前可以追寻到的最早文献记载是在1530年，那时中世纪已经结束，人类步入了近代社会，仅存的堡垒正逐渐失去防御意义。然而，游垒实际的使用时间可能比文献中记载的要早，这种结构的装备极有可能在中世纪中期就出现了。

游垒实质上就是装有轮子的围栏。游垒各段高2~2.5米、宽3~5米，通常用橡木板制成，在与眼睛持平的位置开有孔，方便向敌人射击。游垒各段彼此相连，可以组接成更长的垒段。在不同作战行动中，游垒根据需要可以拼接成连续的防御工事，最长达 10 千米，长距离游垒主要用于包围居民点或要塞堡垒。藏身于游垒中的士兵可以使用弓弩射击或躲避轻型兵器的攻击，总之，利用游垒，士兵们能够迅速建起不同形状、不同规模的木制堡垒。游垒中还有炮台，炮台中部微微隆起——炮手可以在不受干扰的情况下准备炮弹发射。

在欧洲，与游垒类似的装备被称为防弹盾。防弹盾是安装在轮子上的单面盾牌，步兵躲在盾牌后面，可以悄悄摸近敌人的堡垒，直逼城下。不过，防弹盾必须向前移动，而游垒的每一段都是侧向移动，从而相互连接形成完整的防御工事。还有一种类似的装备，叫作辎重车垒①，在欧洲、中国，还有前面提到的美洲，都曾使用过这种军械。辎重车垒基本上算是一种游垒，但组成车垒各段的，是具有防御能力的辎重马车队或推车。

我们必须再次强调，在这一时期，几乎所有的发明都有共同的源头，但同源的发明也会产生不同的新特点，这主要取决于这些发明成果是在什么样的文化背景下被使用，这种文化背景下的技术发展状况、思维方式和其他特点。游垒就是俄罗斯快速筑造围城工事的一种方式。

索哈木柄犁

在谈到索哈木柄犁之前，我先简单介绍一下铧犁的历史。铧犁是一种用来耕作的农具，它有一个支撑（例如轮子）和一个宽大的犁铧。犁铧是一种锋利的尖端斜面，可以彻底翻转表土。经过几千年的使用，切刀逐渐出现在铧犁上。犁刀是犁铧入土前用来切土的部件。现代铧犁用铁而不是木头制成，通常配有几个犁铧，由拖拉机代替牛或马牵拉，但基本原理与古代相同，犁铧的功用还是切土和翻垡。早期犁的犁铧对称，完成翻垡功

---

① 也有译为车堡的，在古代及中世纪，军队宿营或休息时用于防备敌人袭击的装备。——译者注

能的是一个单独部件，称为犁壁。后来，犁铧变成了斜削面，就具有割地和翻垡的双重功能。

　　铧犁、索哈木柄犁，以及所有类似耕作工具的祖先都是犁头。犁头上没有轮子，更让人惊奇的是没有犁铧。这种工具没有刃口，采用的是一种简易木质结构，形如钩子，称为犁嘴，既能防止犁头脱落，又能疏松土壤。如今，在非洲和亚洲的农事活动中，尤其是在松软潮湿的土壤区，仍能看到犁头的身影。在这些地区使用犁头耕作时，不需要分层切地，只要简单地翻耕、混土就好。后来的犁头（历史记载是在 10 世纪或 10 世纪左右）开始采用原始犁铧，实际上就是在犁嘴上安装金属衬片。如果说犁头是欧洲铧犁的起源，那么犁头在古罗斯则衍生出了索哈木柄犁。

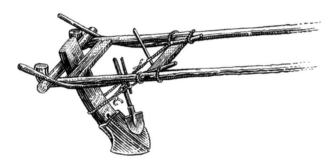

索哈木柄犁

　　索哈木柄犁显然比铧犁更接近犁头。不同于犁头，索哈木柄犁犁土、翻土部件的幅面比较宽大，与犁铧相似，但形状不同，称为叉梁。叉梁通常为木制，上面固定有 2 个金属犁刀。如果说犁铧可以深翻土地，那么叉梁后面的犁壁的作用不是深入切割土地，而是将草根土层推到一侧——这也是索哈木柄犁的优势所在。

　　事实上，用铧犁耕作需要相当大的牵引力，拉犁的马体力消耗得很快。这种情况下，人只需要稍加使力就好，因为犁是由轮子支撑的，通过犁铧就可以犁地。其实，当马匹疲惫不堪、精疲力竭时，耕作者只要掌握犁的方向，推犁前进就行了。

索哈木柄犁在减轻耕畜负担的同时，也增加了耕作者的劳动强度。无轮犁经常发生侧倾，必须巧妙地将其置于犁沟内，不过，索哈木柄犁受到的阻力远小于铧犁。此外，犁辕是固定在索哈木柄犁的顶部，而不是像铧犁那样固定在底部。因此，索哈木柄犁的重心较高，操作起来也更加困难。

在俄罗斯，考古人员发掘出大量的古代铧犁，索哈木柄犁和铧犁这两种耕作工具常常相伴出现，不过，索哈木柄犁的传播范围更广，原因很明显，索哈木柄犁能更好地节省和保护畜力。

我不止一次读到，犁头最早也是由东斯拉夫人使用的，但在这里，我们遇到了术语上的问题。早在公元前几百年，不同文明所使用的早期犁，本质上都是犁头，只不过叫法各不相同，俄语称之为"拉洛"。所以，确切地说，东斯拉夫人最早使用的应该是"拉洛犁"。根据现存的图画，古埃及、亚述，甚至中国的耕作者使用的犁头，在今天俄罗斯境内并不存在。

很明显，索哈木柄犁是中世纪中期出现的，以犁头为基础制成（索哈木柄犁最早见于 13 世纪诺夫哥罗德的桦树皮文献），一直沿用至 20 世纪上半叶。据《苏联大百科全书》的记录，到 1928 年为止，苏联拥有的索哈木柄犁数量约为 460 万把。今天，索哈木柄犁仍在使用，但是完全用铁制成，并与拖拉机相连。

还有一点，由于使用索哈木柄犁时土壤的阻力比使用铧犁小，所以可以使用单头耕畜拉犁（铧犁通常需要成对的耕畜牵拉）。此外，索哈木柄犁很难实现深耕，耕作深度一般在 12~15 厘米（第一次翻耕处女地时，深度只有 2~5 厘米）。这样的耕种深度，对南方深厚肥沃的土地来说是不够的，但对于俄罗斯北部的农田而言，已经绰绰有余。与铧犁相比，索哈木柄犁的另一个优点是它不需要滑草板（底板），而滑草板上容易黏附潮湿土壤，从而减缓犁具推进速度。

索哈木柄犁最大的缺点是操作困难，需要七分畜力，三分人力。另外，耕作者要时刻保持犁具的倾斜角对齐两侧，控制入土深度。

实际上，铧犁、索哈木柄犁以及其他相似耕具的划分都相当随意。同样的耕具在不同文化中可能被冠以不同的术语，或者相同的词语却代表着不同的耕具。索哈木柄犁历来被视为东斯拉夫人特别是俄罗斯人特有的犁具，或者说是一种改良的犁头。能够独树一帜，这就很了不起！

七弦琴

每个民族都有自己独特的乐器（在其他文化中找不到直接对应物）。但是，放眼全球，独绝天下的民族乐器数量其实并不多。像三弦、五弦、木管、打击乐器之类，遍布世界各地，许多民族都有。我们可以制作一张民族乐器对照表，以直观的方式了解，哪些民族拥有哪些相似的乐器。拿巴拉莱卡琴来说吧，类似的乐器还有吉尔吉斯的科穆兹琴、车臣的普霍达尔琴、哈萨克族的冬不拉琴、日本的三味线，等等，大概有一二十种以上。这些都是三弦乐器，也都是弹拨乐器，乐器的发声方式可能有所不同，但原理是一样的。

俄罗斯文化孕育了许多民族乐器，如巴拉莱卡琴、多木拉琴、古多克琴、古斯里琴、木琴、木笛、科柳卡笛和古萨乔克等。关于这些民族乐器，我们可以滔滔不绝讲上一整天，但在这里我只想告诉你们一件事情：原本生气蓬勃的俄罗斯音乐，曾经受到致命的打击，而实施打击的是沙皇阿列克谢·米哈伊洛维奇（Алексей Михайлович）。他禁止行走民间的艺人卖唱，在他看来，这些思想自由的歌者往往就是非正式的反对派，他们常常唱出对统治者的不满。17 世纪中期的时代特征之一就是，江湖艺人所具有的一切特质都被抹杀了。如果追根溯源，给俄罗斯民间音乐带来灭顶之灾的始作俑者，是大牧首约阿萨夫一世（Иоасаф Ⅰ）。1634 年至 1640 年期间，他掌管教会事务，下令没收并销毁民间的各种乐器。阿列克谢·米哈伊洛维奇自幼在约阿萨夫身边长大，1645 年，16 岁的阿列克谢登基，

3 年后他颁布沙皇法令，宣布多木拉琴、古多克琴、古斯里琴和其他所有乐器为非法。成百上千的乐器被破坏和焚毁——在彼得一世实施自由化之前很长一段时间里，古罗斯根本不存在合法的世俗音乐。世俗音乐只能秘密演奏。在伟大的民间音乐爱好者、历史学家和作曲家瓦西里·安德烈耶夫（Василий Андреев）的努力下，多木拉琴和巴拉莱卡琴直到 19 世纪才恢复合法地位。

我现在要讲的是另外一种出现较晚的俄罗斯乐器——七弦吉他。我个人对七弦吉他有一些有趣的记忆。我的一位朋友会弹七弦吉他，有时到他家做客，我偶尔也会情不自禁地拿起他的吉他，弹唱几句。可我总是忘记这不是一把普通吉他，我习惯的七和弦，用这把吉他弹出来，虽然说不上变音走调，但总感觉有些奇怪。总体上看，这就像一把六弦琴，但我完全弹不了。

传统上，七弦吉他被认为是俄罗斯吉他手、音乐教师和作曲家安德烈·奥西波维奇·西赫拉（Андрей Осипович Сихра）在 18 世纪 90 年代的发明。至少，关于七弦吉他最早的记载，要追溯到西赫拉创立俄罗斯吉他学校的时候——这是不争的历史事实。1793 年，他在维尔纳（维尔纽斯）举办了第一场有确切文字记载的七弦吉他音乐会。诚然，安德烈·西赫拉当时才 20 岁，这样一个年轻人能否有能力创造出一种新的乐器，这一点存有疑点。另外，七弦吉他的结构其实在乐器中一直有所应用，比如英国的十弦吉他，早在 18 世纪 50 年代开始在欧洲广为流传，并且在更早的时候已经为人们所熟知。七弦吉他很快就成为流行乐器。1798 年，教育家伊格纳季·弗兰佐维奇·盖尔德（Игнатий Францович Гельд）出版了一本名为《弹奏法》的七弦吉他自学教程，这是介绍七弦吉他弹奏技法的第一本书。

虽然 20 世纪 20 年代俄罗斯人对七弦吉他的兴趣逐渐消退，但七弦吉他仍然是俄罗斯最流行的吉他类型。伟大卫国战争后，苏联开始从国外进口演奏技法更为简单的六弦吉他，国内乐器制造厂也开始改产六弦吉

M. 伊万诺夫（М. Иванов）编写的教科书
《俄罗斯七弦吉他》，1948 年

他，七弦吉他逐渐停产。到了 20 世纪末，七弦吉他几乎从俄罗斯音乐领域中消失。在我心中，谢尔盖·德米特里耶维奇·奥列霍夫（Сергей Дмитриевич Орехов，1935—1998）是最后一位伟大的七弦吉他演奏大师，他因精湛的演奏技艺蜚声海内外。有一则流传很广的故事，据说弗拉明戈吉他大神帕科·德·卢西亚（Пако де Лусия）来莫斯科巡演时，唯一的愿望就是和奥列霍夫切磋交流，可惜最终未能如愿，两位大师永远错失了谋面的机会。

今天，俄罗斯七弦吉他并没有完全绝迹。俄罗斯还开设有七弦吉他大师班，有教授七弦吉他弹奏技法的老师，有七弦吉他弹奏作品，也有七弦吉他学校。但是很遗憾，这一切仅仅是它昔日盛况未尽的余波而已。

第 2 章

爬冰卧雪的俄罗斯科奇船

几乎每个民族都有其独特的历史船型。阿留申人和因纽特人有皮艇，威尔士人有科拉科尔小艇①，土耳其人有单桅大帆船，瑞典人有图伦马艇②。这些船只的出现是由一个国家或民族绵延发展的特殊地理环境和社会经济条件决定的。于是，在 11—13 世纪，出于克服冰障的迫切需求，俄罗斯北方的科奇船应运而生。

---

① 威尔士和爱尔兰用的木结构圆形小船。——译者注

② 双甲板帆桨兼用艇。——译者注

俄罗斯在不同历史阶段建造过不同类型的帆船，这些帆船各具特色，例如，小桡战船，类似于彼得时代的高速大桡战船，但是船型更加小巧；帆桨兼用舢艇，是在河道中行驶的炮艇的前身；露舱平底木船，是从大型河运船上转运货物的小型船只。但是，我们把重点放在科奇船上，因为科奇船对北方航运的影响很大，尤其是它为后来出现的破冰船奠定了工程学基础（本书有一章专门讨论破冰船）。

北国冰雪

冰雪一直困扰着俄罗斯的航运。俄罗斯海洋的主要疆界是向北延伸，一直延伸到白海、巴伦支海、北冰洋。冬季所有这些水域都被冰雪覆盖，难以通行，对航运造成了极大困难。过去，航运直接关系到俄罗斯北部居民，尤其是波莫里亚人[①]的生存和经济状况。

与埃文基人不同，波莫里亚人并不是独立的民族，而是俄罗斯民族的一个亚族，属于俄罗斯人的一个分支。波莫里亚人是指在凯姆河（Кемь）和奥涅加河（Онега）之间以及白海波莫里亚海岸定居的俄罗斯人。波莫里亚人这个词从 16 世纪起就开始使用，但实际上，从中世纪中期起，波莫里亚人就一直生活在这个地区。第一批波莫里亚人从诺夫哥罗德迁居而来，虽然波莫里亚方言在数百年间形成了自己鲜明的特征，但是它和诺夫哥罗德方言还是十分接近。波莫里亚人主要以捕鱼为生（也猎取毛皮、海象牙和海象脂肪），因此延长通航期对波莫里亚人来说，是十分紧要的问题。显然，那个时候，波莫里亚人是绝对造不出破冰船的，因为人类的科技水平还没有发展到可以制造这种现代化设备的程度。

于是，科奇船[②]应时而生。

---

① 白海及巴伦支海沿海的俄罗斯居民。——译者注
② 一种单桅单帆海船。——译者注

为什么需要科奇船

科奇船的首要任务就是抵抗冰层的挤压。在通航期刚开始和接近尾声的时候，出海航行凶险异常，因为看似没有冰障的平静水域，其实危机暗藏，航行其间的船只，随时可能被封冻。这一问题至今仍困扰着现代航运业。在北方海域，自 1934 年"切柳斯金"号沉船事件发生后（这是最广为人知的一次悲剧事件），记录在案的船只封冻事件有 1600 多起！超过200 艘船只无法自救，其中大约有 40 艘沉没。要知道，我们现在谈论的是20—21 世纪的事件，在这个时代航行的都是钢铁巨轮，它们往往本身就具有破冰能力，这种情况下，尚有许多船只免不了被冰雪封困的风险！试想一下，一艘被冰封的木船，命运又会如何。

受到冰层挤压时，最重要的不是船自身的强度，而是救援速度。事实上，在坚冰面前，船体就和一张纸没什么区别，哪怕是再坚固的船身，也会被冰块碾碎。当然，设计越专业、越结实的船身，就能为船员争取到越多的救援时间。我想引用工程学博士、船舶设计师亚历山大·诺沃肖洛夫（Александр Новосёлов）接受"专家"电视频道专访时说的一段话："如果一艘船陷入北极的冰层，它的船身将会承受巨大的压力，这种压力产生的动能相当于一颗 20 吨重的陨石以每小时 5000 千米的速度撞击地球。在人类的实践活动中，我们已经了解到，像陨石这类的空间物体撞击地球后，会在地表形成直径几千米、深度大约 200 米的漏斗状陨石坑"。这是一种很好的类比，很直观，也非常有说服力。

木船根本承受不住这样的冲击。唯一的办法，就是将小船做成特殊形状，使其不会卡在冰层中，而是被挤推到冰面上，再由其他船只拉着离开冰层。

科奇船的构造方式

俄语中"科奇船"的发音是"Koch"，源自诺夫哥罗德方言中的"Kots"

一词，意为皮毛。以此为船只命名，应该与船的双层外板有关。这种外板能加固船舷，防止冰层的挤压和撞击。

科奇船结构简单、形制轻巧，通常是单桅、单甲板，长 16~24 米，宽 6.5 米，全部用木头制造，没有任何金属部件。16 世纪以后，出现了更复杂的科奇船类型：双桅，装有卸扣、钉子之类的金属部件和紧固件。

科奇船既能用帆，又能划桨。船体呈鹅蛋形，船首下部倾斜 20°~30°，有利于快速把船拖上冰面。船底的形状使科奇船不易侧翻，而且更易于像拉雪橇一样被拖走。科奇船吃水很浅，只有一米到一米五，属于浅海航行船只。为防止龙骨在拖拽过程中受到损坏，科奇船的龙骨之外还有防擦龙骨防护——这种外部部件不需要拆船就能轻松更换。科奇船通常有 10~15 名船员，可以载重 25 吨，或者载客 50 人。后来科奇船有了载重 40 吨的船型。

最初，只有波莫里亚人建造科奇船，西伯利亚被征服后，当地开始建起港口和城镇，科奇船在外乌拉尔也逐渐流行起来。科奇船在内河航运中得到了广泛的应用，因为船形特别，科奇船不仅可以被迅速拖上冰面，还能在没有辅助设备的情况下沿河岸随处停靠。对于科奇船来说，沿岸停靠的意思，就是"开上"陆地。想要将科奇船从浅滩上拉出来，也是轻而易举。这有多容易？和其他种类的船比起来，当然很容易。对称排列在科奇船船舷两侧的锚，除了系留固定等主要用途外，也用于拖曳船体。

这种船的另一个重要特点是速度快。如果风力良好，没有严重的冰障，科奇船一天可以行驶 200 千米，也就是平均时速约为 4.5 节（8.3 千米 / 小时），这对于一艘小型帆船来说速度是非常可观的。

后续的历史

彼得一世统治时期，科奇船几乎绝迹。因为彼得推行舰队改革，他于 1715 年 12 月 28 日命令取消原来的造船法，仅用欧洲的设计图建造船舶。一开始，他命令俄罗斯海军在两年之内全面完成整编，但后来他又有些难以舍弃旧有的船只，决定暂时保留旧船，但新船必须按照新的原则建造。由于沙皇对俄罗斯北方的大多数地区没有实际控制权，从而挽救了科奇船的命运——当地人按照自己的法则生活，他们与首都的联系基本上是经济上的，而非法律上的。因此，无论是波莫里亚人还是西伯利亚人，都对彼得的法令不以为意。而且，与欧洲船相比，科奇船有其明显的优势，更适合在寒冷水域航行。

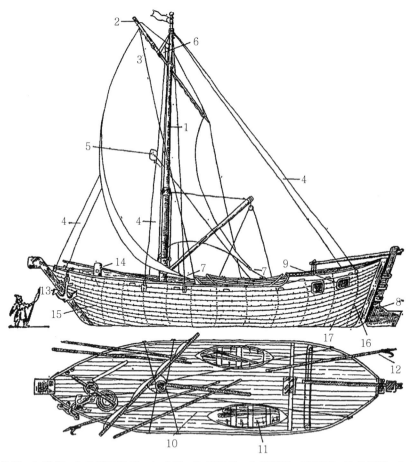

1. 桅杆；2. 横桁；3. 升降回转索；4. 支索；5. 浮标绳；6. 起桁索，张帆索；7. 帆脚索；8. 舵；9. 船主室；10. 甲板；11. 木帆船；12. 挽钩；13. 锚；14. 绞盘；15. 带卸扣的外板；16. 木钉（系索栓）；17. 卸扣

波莫里亚人的科奇船结构图

资料来源：N.D. 特拉温（Н. Д. Травин）《17 世纪俄罗斯极地航行历史遗迹》汇编（1951 年）

随着俄罗斯向东扩张，科奇船开始出现在喀拉海，同时也向西传播到了挪威海和格陵兰海地区。渐渐地，科奇船开始装上皮帆，以免结冰，这样，水手们也可以向北航行得更远。

科奇船通常以家庭为单位建造，许多部件都是预先造好的，以备后用。手里握有大量订单的造船师，总是会囤积大量的船底和桅杆，一旦有需要，可以快速造出船只。科奇船的生意有厚利可图，船价高达 300 卢布（可以对比一下：当时莫斯科中级官员的年收入大约为 30 卢布）。据粗略估算，到 17 世纪末，北方海域同时航行的科奇船超过 7000 艘。

关于科奇船最有意思的历史记忆，与现已不复存在的西西伯利亚地区的曼加泽亚城①（Мангазея）有关。1600 年，沙皇下令在天然形成的波莫里亚港基础上，建造曼加泽亚城。从曼加泽亚出发，西伯利亚人通过亚马尔拖运道②开辟了一条海上航线，可以将货物直接运送到达阿尔汉格尔斯克（Архангельск），甚至更远的地方，并绕开沙皇的官僚机构和税收机关，直接与外国人进行贸易。只有科奇船可以走通这条路线，其他船只都无法在这条商路的陆路部分通行。1619 年，沙皇米哈伊尔·费多罗维奇·罗曼诺夫（Михаил Федорович Романов）下令禁止使用曼加泽亚海路，违者将被处以死刑。作为君主，他没有能力控制西伯利亚人和波莫里亚人，所以命令在亚马尔拖运道地区建立守备队，由此导致曼加泽亚的居民纷纷离开这座曾经繁荣的城市。1672 年，沙皇的这项法令最终被废止。

承袭者和后继者

我们之前说过，科奇船是现代破冰船的基础。最早的一艘破冰船是喀

---

① 曼加泽亚是 17 世纪俄罗斯在西伯利亚建立的第一个极地城市。这座城市仅存 70 余年，由于它优越的交通位置和丰富的渔业资源，一度给沙皇俄国带来了神话般的利润，后因动乱和大火，逐渐败落和消失。——译者注

② 亚马尔地面拖运道是亚马尔半岛上位于拜达拉塔湾和鄂毕湾之间的一条可以拖曳船只及货物的快捷近道。——译者注

琅施塔得船东米哈伊尔·布里特涅夫（Михаил Бритпев）的创意，并由他于 1864 年首次建造完成。

弗里乔夫·南森（Фритьоф Нансен）设计了著名的"弗拉姆"极地探险机帆船（纵帆船），他研究了所有类型的北方船只，最终在开发船体时选择了科奇船的造船法。"弗拉姆"号在南森、斯韦德鲁普（Свердруп）和阿蒙森（Амундсен）的带领下，成功完成了三次南北极探险。今天，这艘船在专门为它设计的一家博物馆（奥斯陆市）展出。如果我们以一种略显夸张的方式来表述，可以说"弗拉姆"根本不是一艘纵帆船，而是一艘现代版的波莫里亚人的科奇船。

1987 年，在彼得罗扎沃茨克（Петрозаводск），一群发烧友精准（精准到零件级）复原了经典的科奇船，取名"波莫里亚人"号。此后几年，"波莫里亚人"号沿白海和喀拉海试航了一定距离，然后穿过楚科奇海驶抵加拿大，这一举动曾轰动一时。今天，"波莫里亚人"号就躺在"极地奥德赛"俱乐部的博物馆里，可惜，正在一点点地被岁月侵蚀。此外，克拉斯诺亚尔斯克地方史博物馆和雅库特的"友谊"文物保护区博物馆都保存了历史上真实的科奇船的仿制品。

第 3 章

圆锥形石制高屋顶

穹顶是一项非常古老的发明，在史前墓穴、宝藏和大型陵墓中都可以寻觅到这种建筑元素的踪迹。欧洲文艺复兴时期，穹顶得到了广泛应用。伯鲁涅列斯基（Брунеллески）的圣玛丽亚德尔菲奥雷大教堂、米开朗基罗的圣彼得大教堂（梵蒂冈），都是世人熟知的穹顶式建筑杰作。但是，圆锥形高屋顶作为穹顶的一种变体，其历史发展轨迹略有不同，与俄罗斯建筑有着密切联系。

穹顶是屋顶的一种类型，其外观呈半球形或其他由曲线旋转形成的表面。穹顶可为椭圆形，也可以是抛物线形。穹顶的主要技术优势在于遮盖面积大，不需要任何辅助支撑，因为穹顶和拱门一样，能自我支撑：理论上讲，建筑物在重力作用下会有坍塌趋势，在穹顶结构中，重力会以横向作用力的形式，传递到周围的墙体。从原理上看，穹顶算是一种三维拱形结构。

今天，穹顶主要用来覆盖像音乐厅或者体育场这样的大型空间，但在过去，教堂往往就是最宏伟的建筑，所以 99% 的古代穹顶都建在基督教堂、清真寺、犹太教堂上面。这种结构可以提供巨大的装饰性空间，因此，穹顶内外都有着丰富的彩绘装饰。

但俄罗斯中世纪建筑大多采用木质结构，其发展路径与主流建筑有所不同。椭圆穹顶在俄罗斯也有应用，主要是规模不大的圆球结顶，俄罗斯古代最常见的楼面类型还是圆锥形高屋顶。

为什么需要圆锥形高屋顶

圆锥形高屋顶楼面在技术上比穹顶楼板更容易实现，由于其采用了直线型的构件，因此建造起来更加省时省力。从历史民族学的角度来看，我们可以看到一些"文化平行现象"，像因纽特人的冰屋采用了穹顶结构，而印第安人的树（兽）皮帐篷小屋采用的是圆锥形高屋顶。当然，圆锥形高屋顶结构在世界各地都有应用，只是数量要少于穹顶。举例来说，西方建筑中，城堡和要塞的塔楼多以木制圆锥形高屋顶结构为顶——这是一种相对快捷、可靠，而且成本更低的建造方式。由于圆锥形高屋顶可以产生自然的通风效果，所以这种形制的建筑也常见于需要排风的技术场所，如酿酒厂。

确实，除古罗斯外，再没有其他国家将圆锥形高屋顶用作教堂的建筑元素，尤其是用石头砌出圆锥形高屋顶。石制圆锥形高屋顶楼面是地地道道的俄罗斯发明。如果你们在西欧见到过这样的屋顶结构，那这个建筑应该出现得比较晚，很有可能是建筑师从俄罗斯的建筑中汲取了一些东西。

从木头到石头

历史上，古罗斯时期的许多木制教堂都采用多边圆锥形高屋顶结构，其中的缘由，可以用纯实用的建筑态度来解释。由于国家迅速向东扩张，所以在需要修建新教堂的时候，建筑师会根据地形和将要建造的建筑物的尺寸，以尽可能小的误差按照明确的平面图施工。他首先划定一个四四方方的（四角建筑物）轮廓，测定墙壁相应的高度，造出一个等高立方体，然后加盖屋顶。新占领土地上的教堂很快就拔地而起，整个建造过程已经程式化，毫无创意可言，既刻板又粗糙，因此这些教堂可以说是"搭出来"的（和我们现在所说的"搭帐篷"的"搭"是一个意思）。如果一座村庄失火，教堂被焚毁，几个星期甚至几天后，一座新教堂就会以同样的形式重建起来。

用木头做成圆球结顶形式的穹顶是相当困难的，尽管工匠们有时也会这样做。对于平面呈方形或八角形的高大木制建筑来说，圆锥形高屋顶似乎是最实用的。像墙体一样，圆锥形高屋顶也是在短时间内迅速建成的，没有任何新颖的设计，仅仅是采用了直板或者原木。教堂和世俗建筑中，最常见的屋顶基座形状都是八角形（八边形）。圆锥形高屋顶的顶部有时还会建有小穹顶。

随着时间的推移，木制教堂逐渐被石制教堂取代。在基辅，切尔尼戈夫、大诺夫哥罗德、普斯科夫、弗拉基米尔等大城市首先出现了石制教堂。后来，用石头建造教堂变得非常普遍，到了 14—15 世纪，第一批石制民用建筑出现，结束了石头建筑材料仅用于军事建筑或礼拜堂的历史。

有好几个世纪，教堂都是用石头建造的。这时，人们已经不再期望大火中被毁的建筑能够迅速重建。此外，教堂除功能性外又增添了装饰性，

而装饰性是天主教堂不可缺少
的元素（当然，我们这里所指
是 1054 年大分裂[①]之后的事
情）。四角建筑物的传统形制
保存了下来（在以因循守旧著
称的东正教建筑中一直沿用至
今），但教堂四壁开始出现饰
物、壁画、浮雕等造型元素。

　　"白石"是主要的建材，
其中有各种各样的石灰石、砂
岩、白云石和雪花石膏。理论
上来说，白石教堂的建设并不
需要速建、速成，但它们的建
造速度往往非常快，是西方大
教堂的数十倍。举例来说，莫
斯科克里姆林宫的圣母升天大

科洛缅斯科耶的耶稣升天教堂的东侧立面
资料来源：N.E. 罗戈温（Н.Е.Роговин），《俄罗斯建
筑古迹》，苏联建筑科学院出版，1942 年

教堂的建筑时间仅有四年。这主要是由于白石教堂结构简单，建筑规模适
中（西欧圣母大教堂以巴黎圣母院为代表，其规模相当于 10 座俄罗斯大
教堂）。

　　建筑传统从木制结构转变为石制结构后，屋顶的样式也花样纷呈，但
无论怎样，古罗斯最常见的也是最经典的还是十字穹顶教堂。十字穹顶意
味着带穹顶（圆顶）的圆鼓状屋顶的出现，而且常常是同时建有几个圆顶。

　　圆锥形高屋顶是一体结构，看上去就像是整体的铸件。在以石为材的
时代，圆锥形高屋顶失去了其实用性，而且建造难度和穹顶几乎相当。尽

①　拜占庭东正教和罗马天主教在神学和政治上的分歧越来越大，最终导致两者于 1054 年
永久分离，这是教会历史上的分水岭，被称为大分裂，或东西教会大分裂。——译者注

管如此，俄罗斯的建筑方案仍然遵循古法旧制——于是俄罗斯就有了石制圆锥形高屋顶。

从教堂到钟楼

科洛缅斯科耶耶稣升天教堂长期以来被视为世界上最早的一座石制圆锥形高屋顶礼拜堂。教堂耗时四年建成，即从 1528 年修建到 1532年，由专门从罗马请来的建筑师彼得罗·弗朗西斯科·阿尼巴（Пьетро Франческо Аннибале）设计，他在古罗斯被称为彼得·弗里亚津（Петр Фрязин）。诚然，阿尼巴参与教堂设计的史实，在文献中并未得到证实，但当时在俄罗斯工作的意大利建筑师寥寥无几，而科洛缅斯科耶教堂的建筑设计方案最像这位大师的手笔。

无论怎样，在耶稣升天教堂里，既可以看到俄罗斯的建筑传统（基座中的四角柱，还有八棱塔、圆锥形高屋顶楼板），也可以看到当时的新观念。其中最引人注目的是仿木制圆锥形高屋顶的石制圆锥形高屋顶，这是一个绝对不寻常的设计方案，也是在历史上首次使用。与穹顶不同，圆锥形高屋顶赋予了教堂更加优雅和动感的外形轮廓，此外，圆锥形高屋顶是封闭式结构，也就是说，它没有直接占用教堂的内部空间。圆锥形高屋顶内，可能就是现在称为机械室的地方。也就是说，屋顶的二层就是机械室。原来的木制教堂也是这样建造的，将圆锥形高屋顶与主教堂隔离开，这样可以更好地保护教堂不受雨雪侵袭。如果是石制教堂，这个因素就不再起作用，所以，随着时间的推移，圆锥形高屋顶逐渐开放，从内部开始进行装饰和描画。

石制圆锥形高屋顶成为俄罗斯独有的建筑设计方案，后来也被其他国家的建筑师借鉴。你们可能会说：“俄罗斯大部分的圆锥形高屋顶都是意大利人建造的！”在某种程度上，这样的说法无可厚非，但是不要忘了，受邀建筑师主要执行的是教会长老（主顾、资助人）的技术意愿，后者通常要求建造传统风格的教堂。

20 世纪 90 年代，著名历史学家兼建筑修复师沃尔夫冈·沃尔夫冈戈维奇·卡维利马赫尔（Вольфганг Вольфгангович Кавельмахер）对亚历山德罗夫（Александров）市的圣母教堂进行了深稽博考，证明它建于 16 世纪 10 年代，而不是早先认为的 16 世纪 60 年代。如此一来，这座教堂就成为古罗斯第一座以石制圆锥形高屋顶为楼板的教堂。这座教堂也是由一个意大利人建造的，名叫阿洛伊西奥·兰贝蒂·蒙契尼扬（Алоизио Ламберти да Монтиньян），在俄罗斯被称为阿列维兹·弗里亚津（Алевиз Фрязин）或阿列维兹·诺维（Алевиз Новый）（弗里亚兹、弗里亚津或弗里亚格，是中世纪俄罗斯人对意大利人的称谓，这三个词的意思都是"意大利人"，因此，弗里亚济诺居民实际上指的是小意大利 [①] 人）。阿列维兹·诺维在俄罗斯建造了 18 座教堂，还有几座宫殿。

1653 年，圆锥形高屋顶建筑传统几乎完全被摒弃。大牧首尼康以革新精神闻名，他认为圆锥形高屋顶不合教规，禁止教堂采用圆锥形高屋顶作为封顶样式。在此之前，古罗斯几乎所有的祭祀建筑都采用圆锥形高屋顶结构，随着法令的出台，圆锥形高屋顶式建筑数量骤减，几乎绝迹。禁令颁布后俄罗斯只建了几座圆锥形高屋顶式教堂，而且大多是贵族在自己的领地内建成。其中大贵族伊万·米洛斯拉夫斯基（Иван Милославский）仗着与费奥多尔·阿列克谢耶维奇 [②] 交好，有恃无恐，在 17 世纪 80 年代建造了两座圆锥形高屋顶教堂；17 世纪 90 年代几位普罗佐罗夫斯基公爵合力修建了一座圆锥形高屋顶教堂；另有两座圆锥形高屋顶教堂出现在 18 世纪。

但奇怪的是，石制圆锥形高屋顶并没有完全消失。毕竟，俄罗斯民众

---

① 小意大利是一个通用名称，指意大利人聚居的地方。弗里亚济诺是俄罗斯的一座城市。——译者注

② 即尼康。——译者注

眼中见惯的，就是这种建筑样式的教堂，而且圆锥形高屋顶教堂的音响效果很好，所以尼康改革后，圆锥形高屋顶不再在教堂建筑中使用，而是改用在钟楼建筑中。

16 世纪之前，俄罗斯没有建过钟楼：在四角建筑形制的教堂中，根本没有合适建筑钟楼的地方。俄罗斯有一种类型的教堂，称为"钟下教堂"，钟室就在教堂的正上方，位于圆鼓状屋顶内，穹顶正下方，但这种教堂并不普遍，因此多数教堂根本没有钟。16 世纪，最早用于悬挂吊钟的木制四角架出现了，随后四角架被独立的钟楼取代，再后来钟楼成为教堂的接建建筑。18 世纪中期以前，钟楼建筑以圆锥形高屋顶为主导样式，之后，圆锥形高屋顶完全被分层结构取代。

然而到了 19—20 世纪，尼康时期所制定的教规已经失去了效用，国家彻底世俗化，圆锥形高屋顶建筑又重新被采用，并成为折衷主义和现代主义建筑的备选方案之一。

第 4 章

俄罗斯滑道

我一直感到奇怪的是，我们所熟知的"云霄飞车"的俄语表达中有一个修饰词"美国的"，也就是说，"云霄飞车"的俄语完整译名是"美国滑道"。而在美国，云霄飞车的名称中又偏偏加上了修饰词"俄罗斯的"，被称为"俄罗斯滑道"。在做了一些相关研究后，我意识到美国人是对的，他们的称谓方式更贴近历史事实。

美国人拉马库斯·阿德纳·汤普森（Ламаркус Эдна Томпсон）经常被称为"重力骑乘之父"（这个称谓的英文表述看起来似乎更优雅一些：Father of the Gravity Ride）。1884 年，他在纽约的康尼岛（Кони-Айленд）修建了美国第一座云霄飞车，也称为"之字形轨道车"（Switchback Railway），之后他在大洋两岸设计并建造了大约 30 座这样的设施。

十年后，还是在康尼岛上，开设了另一个类似的游乐项目："翻转轨道车"（Flip Flap Railway）。"翻转轨道车"最大的特点是采用了环形轨道，在轨道上行驶时，有一段时间车厢是上下颠倒的。1888 年，美国工程师莱纳·比彻（Лайна Бичер）发明了翻转轨道车系统，并获得专利。这套系统给游乐场演出经理人保罗·博伊顿（Пол Бойтон）留下了深刻的印象，他嗅到了巨大的商机，迅速将这项发明商业化。从那一刻起，云霄飞车开始风靡全球，其受欢迎程度呈雪崩式增长，它的名字里也附加了修饰词——"美国的"。

比彻发明的轨道和所有后来使用的轨道一样，都是木制的，直到 1959 年才有所突破。当时，新开业的加州迪士尼乐园拥有了自己的"马特洪雪橇过山车"（Matterhorn Bobsleds），这是有史以来首次使用金属滑轨。这一变化使云霄飞车的运行速度明显提高，线路也变得多样化，至今云霄飞车依然保持着这种形式。

然而，滑道并不是美国人最先发明的，美国人只是怀着改良世界万物的渴望和对技术的狂热追求，将这款游乐设施推向了极致，但在美国推出滑道项目之前，滑道在欧洲已经广为人知，而最早拥有滑道的国家是俄罗斯。

俄罗斯滑道

万事皆从冰雪始。俄罗斯人自古就擅长坡道滑行，这是气候条件使然。当然，他们后来也学会了人工造冰道，例如，在雪地上浇水冻结成冰。这种做法延续到了今天，有时在郊外或别墅，我们也会这样做。

俄罗斯自古就有组织大规模山地滑雪、滑冰活动的传统，最早可追溯至 17 世纪。彼得一世下令建造过至少一处这样的活动场地，这是有文献记载的。当时的构筑物还很简陋，部分滑道是依天然的坡道而建，部分坡道是靠木支架支撑。滑道上部平台至坡道底部的高度差可以达到 25 米。

这种消遣方式尤其受到贵族们的追捧，他们在城外的府苑里纷纷建起简易冰道。叶卡捷琳娜二世对这种娱乐活动非常着迷，于是滑雪活动的组织规模也日益扩大。皇家专用的滑道一般由几个上下坡组成，有时这些上上下下的坡道并不是直接相连——滑完一段坡道后，必须拾级而上，才能进入新的滑道。滑道很宽，可同时容纳好几个人，累加的爬坡高度可以达到 60 米。

我们目前所知道的是，那个年代建有两条大型固定滑道。第一条建于1753—1756 年，位于皇村。滑雪休息厅的设计师是巴托洛梅奥·弗朗西斯科·拉斯特雷利（Бартоломео Франческо Растрелли），工程部分则由安德烈·康斯坦丁诺维奇·纳尔托夫设计，他是著名的机械师，也是俄罗斯最早的工程师兼发明家之一（后文将有单独的一章专门介绍他）。

第二条滑道更为出名，是另一位意大利建筑大师安东尼奥·里纳尔迪（Антонио Ринальди）的设计作品，1762—1774 年建于奥拉宁鲍姆。滑雪休息厅至今仍保存完好，这是一座高 33 米的三层建筑。起滑台在接近第三层的位置。滑道本身由三个坡道组成，中间坡道形状复杂，类似于现代的云霄飞车，而侧面的坡道则用于把雪橇从坡底拉回起滑台。整个结构为木制，坐落在全长 532 米的柱廊上。说实话，高度差真的不算大，只有 22 米。雪橇是全尺寸的，女士通常坐在雪橇上，男士则站在后排的踏板上。

作为一种休闲设施，这两条滑道很受欢迎，经常有俄罗斯的权贵和外国使节来此滑雪。可惜，叶卡捷琳娜二世去世后，滑道及其附属建筑就荒废了：保罗对这种"愚蠢的消遣"不感兴趣，而亚历山大也无暇顾及。最

雪橇

后，滑道被拆除，只留下了休息厅。如果你们有机会到奥拉宁鲍姆，一定要去参观这处遗址。这间休息厅的美简直无法用语言来描述，站在昔日的起滑台遥望四野，你们可以想象如同叶卡捷琳娜大帝那样乘坐雪橇风驰电掣呼啸而过的快意。

法国滑道

目前还不清楚，叶卡捷琳娜二世的滑道在夏季是否使用。史学界对此意见不一。但无论持肯定还是否定观点，史学家们都没有任何直接的证据，至少没有带轮的滑车留存下来。不过，美国艺术家和历史学家、纽约州立大学奥尔巴尼分校教授罗伯特·卡特梅尔（Роберт Картмелл）在其著作《令人难以置信的尖叫机器：云霄飞车的历史》中给出了肯定的结论：轮式滑车曾经存在过。但他从哪里获取的信息尚不得而知——我没有找到任何俄罗斯的原始资料来证明这一点。

不管怎样，法国人曾数次造访奥拉宁鲍姆，将俄罗斯的创意带回了他们的祖国。说句题外话，18 世纪末，法国成为俄罗斯文化和时尚的风向标，俄罗斯的一些贵族狂热地追捧法国文化，法语说得比俄语还要好。

1812 年，世界上第一条对公众开放的俄罗斯滑道在巴黎开门迎客。法国人毫不掩饰滑道的由来：这个游乐设施被称为 "Les Montagnes Russes à Belleville"，即 "贝尔维尔的俄罗斯滑道"。1817 年，"贝尔维尔的俄罗斯滑道"有了竞争对手——类似的游乐设施出现在博容公园，名为 "空中漫步"（Promenades Aériennes）。这两套系统都不是冰上游乐设施，属于夏季游乐项目，都配有车厢，并且实现了循环性，这在俄罗斯原来的设计中是不存在的。游客坐在车厢里沿滑道运动，就像是在画圆圈，圆圈运动的终点，将是下一次快速爬升的起点。法国滑道系统后来又传到英国，19 世纪 40 年代出现了第一条"离心轨道"，即闭合回路的滑道。半个世纪后，美国人莱纳·比彻申请专利的系统就是这种"离心轨道"式系统。

位于巴黎博容公园的"空中漫步"。昂布鲁瓦兹·路易·卡尼尔（Амбруаз Луи Гарнерэ）版画作品

美国早期的滑道是从欧洲传来的，时间是在 19 世纪 40 年代。不久，天才工程师拉马库斯·埃德纳·汤普森就把它打造成了 19 世纪最伟大的娱乐设施。汤普森设计的滑道后来又回到欧洲，不过法语、西班牙语、意大利语等多数语言中仍然沿用了"俄罗斯滑道"的称谓。

滑道的后续发展，我不再赘述。如今，在世界各地，这种娱乐设施数以千计，其中最大的高差达到 140 米，时速 200 千米。滑道最后是从美国重返俄罗斯的，所以在俄罗斯被称为"美国滑道"，也就是"云霄飞车"。20 世纪 30 年代，苏联开始建造云霄飞车。在列宁格勒（今圣彼得堡）的"国家李卜克内西和卢森堡人民大厦花园"（今亚历山大公园）中，曾经有设计新颖的大型云霄飞车。遗憾的是，这些云霄飞车都毁于战火。

　　总的来说，滑道并非美国的原创，而是俄罗斯的发明。滑道源于俄罗斯人民的创意，由意大利建筑师拉斯特雷利和里纳尔迪付诸实现，法国人和美国人把这个创意带到了全世界。

　　各位，让我们一起乘坐云霄飞车去兜风吧！

第 2 部分

从彼得大帝到
第一部专利法

　　我想说的关于彼得的一切基本都写进了本书序言和第 1 部分的开场白。
没错，彼得为俄罗斯进步所作的贡献超过他之前的所有沙皇以及他死后大
概一百年内所有的统治者。没错，彼得拯救了这个国家，使它脱离了蒙昧
无知和死气沉沉的局面，确立了国家社会经济模式的新发展方向，而且重
要的是，他开创了前所未有的技术进步。没错，在彼得时代，发明家第一
次拥有署名权，而每一项发明最终都归属于特定的发明人。

　　印刷业的发展对科技的进步起着至关重要的作用。正如我之前写到
的，俄罗斯早期的书籍完全是宗教性质的，在彼得之前，俄罗斯出版的大
约 700 种书目中只有 4 种世俗书籍。彼得首先和荷兰出版商扬·泰辛（Ян
Тессинг）签订了一份印刷俄语书籍的合同，从而使非教会所属的独立印刷
厂有机会与教会经厂竞争。印刷工作由伊利亚·费多罗维奇·科皮耶夫斯
基（Илья Федорович Копиевский）监督，他还负责翻译。科皮耶夫斯基是
俄罗斯移民，在荷兰定居，同时也是出版方面的专家。根据他的建议，除
了向泰辛订购历史书籍外，彼得还订购了《简明实用算术手册》。科皮耶
夫斯基创办自己的印刷厂后，开始出版拉丁语和俄语语法书《斯拉夫语－俄
语语法》、俄德拉丁语词典《词汇》和其他一些科普书籍（按照我们现在的
叫法）。后来，为方便俄罗斯印刷厂使用，专门为世俗出版物设计了一种民
用字体。

　　所有这些使得俄罗斯科学事业获得了一个强劲的开端。1701 年 1 月 14
日，著名的数学和航海科学学院在莫斯科正式成立，这是俄罗斯第一所高
等（或中等专业学校，取决于如何解释）技术教育机构，也是后来声名显
赫的鲍曼技术学院和莫斯科航空学院的前身。这所教授工程学、炮兵和航

海方面知识的学院坐落在苏哈列夫塔堡①，最初由雅科夫·维利莫维奇·布留斯（Яков Вилимович Брюс）伯爵任院长。布留斯是著名的机械专家，也是一位科学家，机智过人，工于机巧，在民间有"魔法师"的美誉。

以这所学院为基地，俄罗斯第一位数学教师列昂季·费多罗维奇·马格尼茨基（Леонтий Федорович Магницкий）蓬勃地开展起教学活动。他的生平经历令人感叹：他是农民的儿子，当过农夫，本来打算当修士，修道院出资供他在斯拉夫－希腊－拉丁学院学习语言和读写，他从来没有专门学过数学②。数学是马格尼茨基自学的——他只是靠着自己的计算能力和零碎的信息掌握了数学技能（毕竟学院图书馆里还是有相关课程的拉丁文书籍）。有一点很有意思，在学院的学生花名册里，既找不到"马格尼茨基"这个姓氏，也找不到他的本姓"捷利亚什"（"马格尼茨基"本姓"捷利亚什"，"马格尼茨基"是彼得一世赐给他的姓，沙皇认为这个新姓氏很响亮，他说："磁铁③是用来吸铁的，'捷利亚什'是用来吸收知识的"）。总之，马格尼茨基早年的经历一直是史学界百思莫解之谜。

学院的数学是由专门从阿伯丁大学请来的苏格兰人亨利·法尔瓦松（Генри Фарварсон）［或者，按照俄罗斯人的习惯，他被称为安德烈·丹尼洛维奇（Андрей Данилович）］教授的，马格尼茨基最初只是丹尼洛维奇的助理。列昂季·马格尼茨基是俄罗斯第一本数学教科书《算术暨数字科学》的著作者（这本书的标题本来更长，这是当时的惯例，但我认为没有必要

① 这座塔堡始建于 1695 年，1934 年拆毁，以拉夫连季·苏哈列夫的名字命名。1689 年，彼得为了躲避姐姐索菲亚的迫害，逃到了谢尔盖耶夫修道院。当时苏哈列夫指挥的射击军奋起保卫未来的沙皇。彼得即位后为表示感谢，下令建造一座带有时钟的石门，门上建有塔堡，赐名"苏哈列夫塔堡"。——译者注

② 成立于 1687 年的斯拉夫－希腊－拉丁学院是俄罗斯第一所高等教育机构，当时执政的沙皇正是彼得一世。不过彼时彼得只有 15 岁，所以这座高等学府未必是他一手创办的。学院的创建时间比欧洲同类教育机构晚了大约 400 年，但对于俄罗斯来说，这毕竟是一种突破。

③ 俄语中"磁铁"的音译为"马格尼特"。——译者注

全部引用），后来他又撰写了一本关于对数的书。《算术》实际上是包含天文学、大地测量学和航海学等多学科内容的集大成之作，它是半个多世纪以来最重要的一部数学课本，俄罗斯最早的科学家和院士都是汲取着马格尼茨基《算术》的丰厚滋养成长起来的。1715 年，马格尼茨基开始担任学院院长，直至去世。

总的说来，彼得一世在位三十余年间，俄罗斯社会取得了惊人的飞跃。那些年里，所有技术行业都突破了停滞，从黑暗中走了出来，呈现出一片欣欣向荣的景象。彼得颁布法令，设立高等教育机构和各种工坊，最重要的是，把人放在第一位，重视人的作用，因为只有人才能成为真正的开创者、创作者和科学家。当时的文件里，除了主顾的名字外，开始出现执行某项工作的工匠、建筑师和机械师的名字。

发明权

1748 年 3 月 2 日，对于俄罗斯来说，是又一个具有突破性意义的历史时刻。商人安东·塔夫列夫（Антон Тавлев）、捷连季·沃洛斯科夫（Терентий Волосков）和伊万·杰多夫（Иван Дедов）被授予俄罗斯历史上的首项特许经营权——准许按其所提议之法，办工厂以制漆。但这个特许权的授予并不是根据国家的立法，我曾说过，俄罗斯第一部成熟和完备的知识产权法是在 1812 年获得批准的。在 1748 年到 1812 年这段时间里，特许权的授予是不定期的，需要提出特别请求并获得在位沙皇或女皇的恩准才行。因此，实际授予的特许权数量非常少，从 1748 年至 1812 年近 70 年内俄罗斯只颁发了 76 项专利。我们不妨做个比较：美国第一项专利是在 1790 年颁发的（实际上，在此之前，也就是在英国殖民时期，美洲大陆上就已经有专利存在），美利坚合众国这个年轻的国家在建国 22 年间，一共颁发了 1855 项专利。

这已经不仅仅是民族气质和特点的问题了。那个时候，欧洲已经有了非常严密的专利授权制度，美国的做法和欧洲一脉相承：它是从英国那里继承了这一传统。然而，在俄罗斯，彼得根本顾不上从欧洲那里借鉴这方面的经验，俄罗斯的特许权是由政府签发的商业或生产性活动的组织文件中衍生出来的。也就是说，17 世纪中期，阿列克谢·米哈伊洛维奇在位时，就有了一些关于免税交易的文书，18 世纪中期，最早的发明创新特许权就是从这样的免税贸易活动中剥离出来的。如果细看一下就会发现，在这种将商业和发明概念混为一谈的做法中，存在着一个令人不悦的细节：即使是平常的经营活动，在很长一段时间内都没有纳入法律规范之中。事实上，开办私营企业的许可权是专制君主亲授，君主自然也可以随时剥夺这一权利。

后来，俄罗斯的特许权数量大幅增长，但直到 20 世纪初，俄罗斯的许可授权制度都毫无建树，非常官僚化。19 世纪，俄罗斯每年平均颁发 80~120 项专利，而在美国，这一数字高达 20000 项。在俄罗斯，专利的成本高得离谱，相当于一个中层官员的年薪，申请要经过 2~10 年的审查，然后还可能在没有任何正当理由的情况下被拒绝。最糟糕的是，专利的有效期非常短：官方规定的兑现期（将创念付诸实践的期限）短到荒谬的程度，如果原创者没有如期将创念"变现"，知识产权就会被收回。我将在本书第 3 部分的引言中详述这一点。

一般说来，在 18 世纪，只有豪商巨贾才可能拥有专利，他们无非就是沙皇或女皇宠信的贵族、商人或实业家。拥有多项特许权的罗蒙诺索夫就是一个例子。但与彼得之前一百年的情形相比，这是一种难以想象的进步。

尽管如此，这一时期最重要的俄罗斯发明并没有得到特许权的保护。库利宾的螺旋升降梯、沙姆舒连科夫（Шамшуренков）的自走式轻便车和克里切夫斯基（Кричевский）的奶粉均未出现在发明权保护文件中，也就是都没有被列入专利保护，这主要是由于发明才能并不总是代表着经济实力以及与各级权力阶层协调的能力。舒瓦洛夫伯爵的火炮创新史就是国家缺少法度的明证：伯爵经常命令部下开发新型火炮，研制成功后，他在新武器上留上自己的名字，然后跪拜在女皇陛下的石榴裙前邀功。

还有一点需要说明。尽管彼得时代采取了许多措施，但是俄罗斯的科技观念还是或多或少地脱离了欧洲，导致了大量的重复发明。1752 年 5 月到 11 月间，上面提到的列昂季·沙姆舒连科夫根据肌肉牵引原理，建造了一辆轻便车，也就是脚踏"汽车"的原型。这是一项"封闭式"的发明，仅用于满足贵族圈中的娱乐之需，并没有在社会上流传开来。在这里，我认为应该提到一位名叫汉斯·奥奇（Ганс Хаутш）的德国数学家兼机械师（俄语资料中经常使用的是他的拉丁文名字"约翰"）。1649 年，奥奇制造出一辆踏板驱动自走式轻便车，这个发明和沙姆舒连科夫的发明有异曲同工之妙。这位德国发明家坐在自己发明的、由两名少年侍从驱动的自走车上完全实现了"自驾"。奥奇为几位权贵制造了几辆类似的马车，其中包括丹麦国王弗雷德里克三世（Фредерик III）和瑞典王储、未来的卡尔十世（Карла X，古斯塔夫国王）。还有其他一些文献记载，早在沙姆舒连科夫之前就有人造出了人力驱动马车，但这些丝毫不能掩盖沙姆舒连科夫这位俄罗斯工程天才（自学成才者）的光辉，他并没有因此而黯然失色。其实，我想说明的只有一点，那就是沙姆舒连科夫的发明并不具有首创性。

好了，现在让我们进入具体的发明吧。

第 5 章

安德烈·纳尔托夫和他的机床

历史完整地记录了俄罗斯第一个发明家的姓氏、名字和父称。在安德烈·康斯坦丁诺维奇·纳尔托夫费心劳力搞发明创造的年代，俄罗斯还没有发明权保护，没有实验室，也没有科学院。纳尔托夫是一位杰出的工程师，数十种机床的发明者，俄罗斯科学技术的革新家，与彼得一世也有私交。

1800 年，英国工程师亨利·莫兹利（Генри Модсли）获得了世界上第一台配有机械刀架 ① 的工业螺丝车床的发明专利。被誉为车床行业革新家的莫兹利，为世人铭记。莫兹利曾在著名实业家兼液压机发明者（准确说，是共同发明者）约瑟夫·布拉马（Джозеф Брама）的工坊做工，莫兹利在那里制造了他的第一批车床。1797 年莫兹利辞工自立，创办公司，彻底改变了机械制造业的世界。莫兹利是在 18 世纪 80 年代开始制造他的车床，而安德烈·纳尔托夫不仅在 60 年前造出了第一台类似的车床，而且在他 1755 年完成的著作中详细地描述了这台车床。莫兹利是否听说过这位自学成才的俄罗斯发明家制造的车床？答案并不确定，但莫兹利很有可能是了解的。纳尔托夫写的那本书，莫兹利肯定看不到，因为书是在俄罗斯发明家和英国发明家去世多年后印制的，但纳尔托夫车床的真品就保存在巴黎，莫兹利不可能对此无所关注。

然而，安德烈·康斯坦丁诺维奇也不能称为"不该被遗忘的人"，因为他从来没有被遗忘。他的许多发明都得到了认可，并走向民间，他本人也是圣彼得堡科学院院士和科学院工坊的负责人。如果我们知道纳尔托夫出身于工商区居民家庭，即来自普通市民阶层，那么他日后能取得伟大的发明成就、拥有很高的社会地位，的确是有些出人意料的。

纳尔托夫出生于 1693 年，当时正值幼年彼得与病弱的伊万共治时期，俄罗斯国运暗淡。安德烈·纳尔托夫的父母极有可能是中产阶级，这样就可以解释得通一个事实：纳尔托夫 16 岁的时候进入了莫斯科数学和航海科学学院的工坊工作和学习。学院坐落在著名的苏哈列夫塔堡，之前由苏格兰"魔法家"雅科夫·布留斯管理学院事务。纳尔托夫是学车工的，正是在车工工坊里，幸运降临到他身上。经常莅临学院参观指导的彼得一世注意到了纳尔托夫，1712 年彼得将这个年轻人召到圣彼得堡，这件事很可

---

① 刀架——固定刀具的机床部件。在纳尔托夫发明车床之前，曾经有过一些简陋的车床，刀具需要工匠手工操作，工件的加工质量取决于工匠的技术和力道，无法实现高精度加工。

能起因于德国人约翰·布莱尔（Иоганн Блеер），他是彼得罗夫斯克车工间制造机床的首席技师，也是纳尔托夫的直属上司。此外，彼得还从莫斯科为自己的工坊招募了至少两名外籍专家，分别是德国人弗朗茨·辛格尔（Франц Зингер）和英国人乔治·扎内彭斯（Георг Занепенс），俄罗斯出于方便起见，称后者为尤里·库尔诺瑟（Юрий Курносый）①——当时所有外国人都有俄罗斯化的绰号性质的名字。

身居高位

纳尔托夫很快证明了彼得的选择是正确的，他成为"沙皇车工"——彼得一世个人的御用技师。这是一个非常显赫的高位，有点类似于现在的工业部部长：安德烈在宫廷工坊里改造和改进机床，按照沙皇的旨意制造各种物品，并不断研究学习。1718 年，彼得派纳尔托夫到欧洲取经，学习其他国家的技术。此外，纳尔托夫还负有一项使命，那就是收集欧洲的最新技术情报，同时访求欧洲各国的良工巧匠，请他们来圣彼得堡一展技艺。

有趣的是，那时纳尔托夫已经设计和制造了一台带有刀架的螺丝车床（这是纳尔托夫的传奇）（"刀架"是我们现在的写法，发明家本人则写成"pedestalets"的形式）。这台机床由其制造者护送至柏林，以向欧洲列国展示俄罗斯工匠的精工细作，普鲁士国王腓特烈·威廉一世（Фридрих Вильгельм I）亲自参观了纳尔托夫的发明。令人惊讶的是，年轻的纳尔托夫在方方面面都取得了成功——无论是作为大权在握的俄罗斯特使（沙皇的私人朋友），还是作为才华横溢的工程师。他花了两年时间周游欧洲，先后到柏林、伦敦、巴黎等地学习，熟悉了解铸造业和兵器工业的精妙之处，掌握了工场手工业生产、车工和钳工的技术。与此同时，纳尔托夫和

---

① 这个名字有绰号的意味，意思是"翘鼻子尤里"。——译者注

他的同伴们通过俄罗斯第一任驻英国、荷兰和德国大使鲍里斯·伊万诺维奇·库拉金（Борис Иванович Куракин）与祖国保持着通信联络。库拉金事务特别繁忙，经常忘记给纳尔托夫寄钱，这些钱既是购买书籍和设备的经费，也包含纳尔托夫的生活费，所以纳尔托夫的旅程并不总是万里无云。唯一能够帮助纳尔托夫及时拿到库拉金转寄经费的杀手锏武器，就是纳尔托夫时不时向库拉金赌誓发愿，说一定会将库拉金推荐到御前。总的说来，纳尔托夫和库拉金之间的通信简直就是一部注水无数的侦探片，还掺杂肥皂剧的剧情；我建议你们找来读一读。

巴黎成为俄罗斯机械师的胜利之城。据说巴黎科学院院长让·保罗·比尼翁（Жан-Поль Биньон）曾建议纳尔托夫留居法国，但纳尔托夫婉言谢绝了。不过，比尼翁还是给纳尔托夫写了一封充满溢美之词的推荐信，这封信实际上是进入欧洲任何一个国家科学界的通行证。更令人惊奇的是，比尼翁骨子里是个人文主义者——他是宗教哲学家，也是国王私人藏书的管理员，但仍然被这位俄罗斯工匠的才智和魅力所折服。

环游欧洲之后，纳尔托夫回到了祖国。

饱食与饥馑的岁月

纳尔托夫在 1720 年到 1725 年期间，创造力井喷式爆发。彼得给了他很大的工坊，行动几乎完全自由。这段时间里，纳尔托夫作为工程师，设计出了几种结构奇巧的机床，这样的机床是以往见所未见、闻所未闻的，纳尔托夫还将不同的系统应用到了舰船和火炮上，闲暇之余，也进行雕塑创作。在一些文献中，我们可以找到纳尔托夫设计的机械设备的记录："可以车出（钟表）时轮齿轮的铁制机器""用转轮操作的简易车床""可平行成型[①] 的握柄加工设备，妙不可言"，等等。然而纳尔托夫的年薪只有 300

---

① 一次加工两件，加工部件平行布局。——译者注

卢布（可以对比一下：德国人辛格尔的年薪为 1500 卢布），他费了很大的力气，才勉强为自己争取了翻倍的薪额。感情归感情，账还是要算清楚的。

1724 年，纳尔托夫建议彼得一世仿效法国工艺美术学院建立"多门类艺术学院"。沙皇欣然接受了他的提议，专门设立项目，把所有的手工艺分类归入 19 个类别。然而事与愿违：彼得一世于 1725 年去世。纳尔托夫在短短的一年内就被逐出了宫廷，虽然他设计的"机器"还留在工坊，但已经积满了灰尘。初现繁荣之象的俄罗斯发明事业蒸蒸日上的势头戛然而止（在纳尔托夫的带领下，曾有一批他亲自挑选的技术高超的车工和工匠为俄罗斯勤勉地劳作），随之而来的是蒙昧和专制的混乱时期，君主走马灯似地频繁更换，每隔几年就有新君登基，诡诈的宠臣和朝堂上的重臣在君王身后操控朝局、挑动风云，成为国家权力的实际掌控者。

然而，纳尔托夫的名气太大了，不可能就这样轻易被遗忘。更重要的是，在这个国家里，除了他之外，再也找不到什么有实力的工程师了。纳尔托夫被派到莫斯科的造币厂，他的任务就是让这个老式的造币厂重新焕发生机。造币厂的经营模式陈旧，设备短缺，看起来像肮脏、杂乱无章的畜棚，而不是制造钱币的工厂。纳尔托夫花了 7 年时间开发出模压压床、切（币）边机床、精密秤和其他设备，使铸币厂达到了当时的现代化水平。发明家继续发明了一些机床和其他机械，例如，他为从未被挂起的沙皇钟设计了升降系统。纳尔托夫于 1735 年再次回到圣彼得堡。怎么说呢，事实上，他并不是被朝廷主动召回的。纳尔托夫完成了在莫斯科的全部使命后，在两年时间里多次向圣彼得堡递送呈文，表达返回愿望，希望能够继续留在车工场，但他的信札几经辗转，最终呈送给女皇陛下时，已经是很久以后的事情了。

重返科学院

一方面，除了纳尔托夫，再没有人能够主持圣彼得堡科学院机械工坊的工作：全国范围内，没有任何机械师的禀赋和积极性能够与之比肩。另一方面，所有的院士都是外国人，院长是德国男爵约翰·阿尔布雷希特·冯·科尔夫（Иоганн Альбрехт фон Корф），他把主要精力都放在巩固自己地位上，把科学机构变成了卡夫卡笔下阴郁、有压迫感、充满非理性的官僚机构。此外，以冯·科尔夫为首的院士们反对将任何机械学引入他们纯粹抽象的活动领域。因此，即使在应邀进入科学院后，纳尔托夫也有近一年没有拿到任何薪资，纳尔托夫多次申诉未果，科尔夫对此的回答基本上都是秉承着这样一种精神："小爬虫，你要有自知之明。"顺便说一句，纳尔托夫和冯·科尔夫之间的信件被完整地保存了下来，现在读来也是百读不厌。直到 1738 年，纳尔托夫的工作条件和薪资水平才多少有些改善。

纳尔托夫被召回圣彼得堡的主要任务，是发展俄罗斯火炮技术，实现火炮技术现代化。18 世纪 30 年代至 40 年代，纳尔托夫发明了许多机械来简化火炮的铸造和运输，还有用于炮口钻孔和炮管校准的装置，车炮弹外圆的方法等。他开发了新的导火管、炮管炮架固定系统，对火炮武器本身

A.K. 纳尔托夫发明的仿造车床

资料来源：《马克特堡》，格里戈里·齐平工作室

也进行了改良。实际上，他当时所承担的工作是俄罗斯帝国炮兵大臣应该履行的职责。

纳尔托夫在技术领域干得风生水起，但在为官方面，他的境遇却不尽如人意。他不断地与官场进行抗争。1741 年至 1745 年，科学院名义上并没有院长，是由科学院图书馆馆长德国人伊万·丹尼洛维奇·舒马赫（Иван Данилович Шумахер）代为领导。在多次申诉之后，纳尔托夫成功地将舒马赫挤出领导集团，在此后的一年半内，虽然没有公开宣布，但纳尔托夫实际掌握了科学院的领导权，只不过他头脑比较简单，行为举止也惹得众多院士不悦。他们既不认可纳尔托夫，也不喜欢他。比方说，他们不喜欢纳尔托夫的原因之一，是后者连一门外语都不懂。可是纳尔托夫经常需要与不懂俄语的德国人共事，还需要常年待在欧洲。1742 年，科学院出现了第二位俄罗斯院士——罗蒙诺索夫，他是一位杰出的科学家，也很有外交手腕。最终，是罗蒙诺索夫完成了科学院的改革，尽管这是很久以后的事情。不久，刚愎自用的极端主义者纳尔托夫被迫辞职，舒马赫再次主持科学院的工作。

结语

在生命的最后几年，纳尔托夫完成了他一生中最重要的劳动成果——《清晰的机器图景》（*Theatrum machinarum*）。书中详细记述了这位自学成才的天才发明和制造的 36 种不同机床。纳尔托夫原来设想大印量发行，最好分发到俄罗斯所有的机械工坊。遗憾的是，1756 年去世前，他才勉强完成了这部凝聚了他毕生心血的著作，纳尔托夫去世后，这本书很快就被遗忘了：叶卡捷琳娜没有时间理会科学和工艺问题。具有讽刺意味的是，纳尔托夫死后刊发的第一条有关他的消息（他在世时，他的发明和工作情况多次被《新闻报》报道），竟然是一份关于他的财产被售卖抵债的公告。两百年间《清晰的机器图景》手稿一直尘封在宫廷图书馆，直到 20 世纪中期才重见天日。至于纳尔托夫的确切下葬地点，也没有人说得清楚，直到 1950年，纳尔托夫的墓地才被偶然发现，之后安德烈·康斯坦丁诺维奇·纳尔托夫被隆重地重新安葬在亚历山大·涅夫斯基修道院，也算极尽哀荣。

纳尔托夫的一生最令人难以释怀的，不是他多么超前于他的时代，而是他的"生不逢地"。当然，他的著作也确实是一部前卫的技术典籍，反映了纳尔托夫先进的发明理念，但如果是在发明人权益受到法律保护，有专利局这样的国家机构执行既定法律的美国和欧洲，这部书的问世，一定会成为科学界的一桩盛事，引起轰动。但是在俄罗斯，这本书被认为是荒诞之作，满纸的无稽之谈。

所幸纳尔托夫的许多发明保留了下来，我们今天还能一睹真容，例如纳尔托夫的圆周速射炮垒。还有几台车床也保存得很好——其中多数都被埃尔米塔日收藏，作为展品展出。第一台刀架式机床被纳尔托夫带到了法国，成为法国工艺美术博物馆的展品。18 世纪下半叶，亨利·莫兹利参观过这座博物馆，可能研究过纳尔托夫的机床。毋庸讳言，莫兹利发明的系统远比纳尔托夫的机床更完备，也没有人否认这位英国发明家的才华，但很有可能，他在 18 世纪 90 年代设计的机床，正是基于纳尔托夫的系统。

假如一切可以重新来过，一切都可能变得不同，但历史从不假设。

第6章

舒瓦洛夫伯爵的独角兽

在谈到科奇船的时候，我说过，每个民族都有自己独特的历史船型。火炮的情况也大致如此。拥有炮兵部队的所有技术发达国家都有自己独创的、完全适合其自身需求的火炮。这种自行研发的火炮，在 18 世纪的俄罗斯军队里至少有十几种。

也许彼得·伊万诺维奇·舒瓦洛夫（Петр Иванович Шувалов）伯爵算得上是俄罗斯火炮领域最耀眼的革新人物之一。他是陆军元帅、枢密官、议政大臣，18 世纪中期最具权势的朝臣，有影响力的宫廷人物。

最饶有兴味的是，舒瓦洛夫基本上是凭借自己的力量实现了他所拥有的一切——对于他这种出身的人来说，这是极不寻常的。舒瓦洛夫伯爵的父亲伊万·马克西莫维奇·舒瓦洛夫（Иван Максимович Шувалов），是一个并不富有的落魄贵族，曾任维堡（Выборг）要塞司令，这不是什么了不起的职位，但在他行将就木的时候，却被提拔为阿尔汉格尔斯克总督。彼得一世执政时期，小舒瓦洛夫开始步入仕途。一开始，他是宫廷少年侍从，后来晋升为低级侍从，但如果不是 1741 年的宫廷政变，年幼的皇帝伊万·安东诺维奇（Иоанн Антонович）被废黜，伊丽莎白·彼得罗夫娜（Елизавета Петровна）登上王位，他也不可能获得快速拔擢。30 岁的舒瓦洛夫做出了正确的选择，他参与了那场宫廷政变，就像我们常说的，他"没有站错队"。此外，舒瓦洛夫又意外地交上桃花运，与突然被推上帝王宝座的伊丽莎白女皇的闺密马夫拉·舍佩廖娃（Мавра Шепелева）成功闪婚。总之，1749 年的时候，舒瓦洛夫已经擢升为副官长，得势之后，他开始任人唯亲，将自己的一干亲戚都提拔到高位，实际上成为俄罗斯帝国大权独揽的"灰衣主教"。

火炮革新和加农臼炮

舒瓦洛夫与我们在漫画中常见的权臣形象大相径庭，贵为廷臣，他并不疏懒怠惰。从少年时起，他就生活在普通人中间，观察普通人平凡的生活。他非常活跃，相信自己比任何人都聪明，认为周围的一切都必须改革和纠正。他采取了一些强有力的措施，例如废除国内海关及其掠夺性关税（是的，俄罗斯海关确有过这样的情况），还将全国划分为若干征兵区，这样就可以从这些地区征召到同等数量的新兵，而不像过去那样，征兵人员来到一些村庄，把所有的年轻人都带走，而另一些村庄，他们根本去都不去。但是舒瓦洛夫把大部分精力献给了他的至爱：火炮。1756 年，舒瓦洛夫被任命为炮兵（兵种）最高长官——炮兵总监。

尽管彼得一世为俄罗斯炮兵的发展做出了很大的贡献，在他统治期间，俄罗斯火炮和炮兵的水平堪与欧洲列国相媲美，但彼得还是留下了许多未解的难题。最大的难题在于，俄罗斯根本没有统一的标准：即使名义上口径相同的火炮，炮膛也会有很大的差别，有时甚至差出几个厘米。

舒瓦洛夫执掌权柄之前，一名普通的陆军大尉伊万·比舍夫（Иван Бишев）已经尝试实现火炮的标准化，他发明了一种新型火炮，名为加农臼炮。标准结构的加农臼炮（加农臼炮只是在尺寸上有区别）有一个与众不同的特点：它是双口径火炮。不同位置的炮膛宽度不同：一种是用来发射球形弹（加农炮的功能）的宽度，另一种是用来发射爆炸弹（臼炮的功能）的宽度，后者的尺寸更大一些。集加农炮和臼炮的功用于一身，这是很棒的创意，但测试结果却完全不如人意——看来不同的口径还是需要不同的系统。比舍夫制造的三门加农臼炮有两门保留了下来，分别重 12 普特[①] 和 24 普特。

舒瓦洛夫走马上任后做的第一件事就是下令按照略加改进的方案重新铸造两门加农臼炮（其中不再提及比舍夫），之后又下令增铸了 12 门——舒瓦洛夫始终没有放弃，他一心想以发明家的身份载入史册。然而，到了 1758 年，舒瓦洛夫终于还是放弃了对双口径火炮的执念。

秘密火炮和双联炮

"秘密榴弹炮"是那个年代舒瓦洛夫独立提出的另一新型火炮的创意，这份功劳，他是当之无愧的。这个新异的想法是舒瓦洛夫在 1753 年提出

---

① 俄罗斯旧重量单位，1 普特相当于现在的 16.38 千克。——译者注

的，他把工程学部分的工作交给他的下属穆辛 - 普什金（Мусин-Пушкин）和斯捷潘诺夫（Степанов）完成。"秘密武器"的炮膛被扩宽，就像海军的短铳枪膛被扩宽一样，因此这种火炮打出的霰弹飞散面积非常大。

秘密榴弹炮经过了多次改进。1758 年，炮兵准尉瓦西里·米哈伊洛夫（Василий Михайлов）进行了最大一次改动，将圆筒形的装药室改为圆锥形。各种型号的秘密榴弹炮前前后后一共造出了 169 门。由于炮管结构严禁外传，外人根本无从知晓其中的奥妙，"秘密"的称谓也就由此而得。一旦射击完毕，炮口就会被遮住，谁敢泄露秘密，将会受到极刑。

舒瓦洛夫还发明了双联加农炮，这是一种 8 磅重的双管炮（口径从 104 毫米到 106 毫米不等），结构非常简单：实际上，舒瓦洛夫是在一个炮架上组配了 2 门榴弹炮。后来，又出现了四管双联炮，口径为 3 磅（从 71 毫米到 76 毫米不等，具体尺寸取决于铸造者、制造时间和其他因素）。这种武器最大的缺点就是低效。基本上，两个炮管对准一个目标点瞄准和射击，导致弹药（球形弹或爆炸弹）消耗加倍，而杀伤力没有丝毫提高。因此，当时造出的双联炮数量很少——只有几门试射用的原型炮。

当时最著名的俄罗斯火炮是"独角兽"。

"独角兽"的那些事

舒瓦洛夫出生 11 年后，也就是 1722 年，另一个穷困潦倒的贵族家庭迎来了他们孩子的出生——这个孩子名叫米哈伊尔·瓦西里耶维奇·丹尼洛夫（Михаил Васильевич Данилов）。丹尼洛夫的仕途并不像舒瓦洛夫那样顺风顺水，没有一步登上青云梯。15 岁时，他进入炮兵学校，毕业时被授予上士军衔（低级士官），以火器专家的身份开始了他的军旅生涯。

1756 年，舒瓦洛夫组建了一个炮兵军官小组，由丹尼洛夫任组长，他给这个小组分配了一项技术任务，那就是制造一门完美的大炮。这门火炮必须既可以发射爆炸弹，又可以发射球形弹，重量比普通火炮轻，但是口径要更大，弹道性能要优于榴弹炮。这听起来简直就是天方夜谭。

但是，令人惊奇的是，丹尼洛夫和他的战友们很快就设计出了第一门名为"独角兽"的新型火炮，独角兽是舒瓦洛夫伯爵家族族徽中神兽。平心而论，舒瓦洛夫不是那种只知道发号施令、一遇到问题就推卸责任的领导者。他积极参与了设计小组的工作，绘制图纸，进行测试——他有旺盛的精力和盎然的兴趣。

"独角兽"可以发射爆炸弹（加农炮不行），拥有完美的弹道（榴弹炮的弹道性能毫不出众），上面提到的圆锥形装药室也首次应用于"独角兽"。安装圆锥形装药室后，"独角兽"的装填速度加快，炮管长度增加，从而进一步提高了射击精度和射程。另外，"独角兽"的重量要比同口径武器轻一些。"独角兽"的确是一种设计精良的大炮，其性能甚至超越了当时欧洲最先进的火炮。到 1760 年的时候，"独角兽"的各项性能基本满足了量产的要求，特别是它的重量有所增加，因为过轻的炮管会产生过大的后坐力。

黑与白

舒瓦洛夫的"独角兽"外观经过多次的改动，但是总体上还是保留了设计者最初设定的原则，并且一直在军队中使用，直到线膛武器出现。100年间，几乎在所有类型和规模的作战中，"独角兽"都是俄罗斯炮兵的主战武器——无论在陆上还是海上，无论是攻城还是防御。1906 年，最后一批"独角兽"退役。

米哈伊尔·丹尼洛夫退役时已是一名少校。此后，他写了一本《M. V. D. 炮兵少校笔记》（1771 年撰写），这本书是历史学家们非常感兴趣的作品，丹尼洛夫在其中塑造了那个时代许多的官僚、刚愎自用者和其他可悲的滑稽人物形象。

彼得·舒瓦洛夫出版了几本精美的画册，里面收集了各式各样的火炮图片，还附有说明，据舒瓦洛夫本人说，这些火炮都是他个人的发明。舒瓦洛夫创办了多家工厂，最著名的是沃特金斯克和伊热夫斯克铁制品厂。他在国家生活的各个领域都进行了许多改革，并作为一名天才的业余发明家载入了史册。他于 1762 年去世，比伊丽莎白女皇只多活了 10 天。

有意思的是，一方面，舒瓦洛夫花费国库巨资建立了一个供军事游戏用的"俄罗斯军队侦察军团"，但因为毫无所用后来又解散了；另一方面，他向伊丽莎白女皇提议并坚持创办了两所高等院校——没错，就是现在的莫斯科国立大学和圣彼得堡艺术学院。

如果这个人死后进入了另一个世界（虽然我不相信那个世界的存在，如果有的话，也不过是一种幻境），魔鬼也许仍然拿着天平，天平上有同样数量的黑白石块。伯爵倚靠在"独角兽"上，等待最后的判决。

第7章

库利宾：一个有象征意义的姓氏

"库利宾发明了什么？"回答这个问题真的有哲学上的难度。所有人都知道"库利宾"这个姓氏，它已经从专有名词变成了具有象征意义的普通名词——但是如果你们到街头随机采访，提出这个问题，却没有人能真正说得明白。

彼得时代以后，人们对科学技术的兴趣虽然并未跌落到黑暗的俄罗斯中世纪水平，但已经大为衰退。所幸彼得还是完成了最重要的工作：为科技发展奠定了基础。彼得在位期间建立的圣彼得堡科学院，是在俄罗斯科技史上具有举足轻重地位的研究机构，长期以来这里一直是国家科技发展的中心。

但从原则上讲，从 1725 年到拿破仑战争的这段时期，我们可以大胆地称之为停滞期。首先，彼得的改革虽然推动了科学和技术思维的发展，却未能实现对发明权的保护。朝着维护发明权这个方向迈出的唯一一步，是用文件记录了一些建筑师和某些设备创制者的名字。

所以，相较于彼得时代之前的那些工程师，我们对库利宾的了解要多得多。库利宾的创意的确不少。如果从促进世界进步和便利人们生活的角度来看，库利宾没有一项成功的发明。国家慷慨地拿出国库里的钱为他一些无关痛痒的小发明买了单，像烟花爆竹、为年迈的女皇设计的升降梯、自走式敞篷车、发条钟和一些机械玩具。库利宾设计的横跨涅瓦河的常规桥梁，只是停留在了设计阶段。道路照明使用的探照灯也是如此。如果是在美国，他或许可以获得近百项专利，过上衣食无忧的生活，但他出生在俄罗斯，因此，和其他发明家一样，他一生一半的时间都在官僚机构之间奔走，踏破了无数道门槛。

尽管如此，俄罗斯官僚机构的荆棘丛并没能阻挡住库利宾这位技术天才艰难前行的脚步，他还是给后世留下了非常可观的精神遗产。在这一章，我将原原本本地摘引我在《流行力学》杂志发表的一篇文章的内容。我觉得，既然自己曾经写下了一些文字，如今直接拿来用就好，完全没有必要改头换面之后再来转述，那样只会让自己徒增辛苦罢了。

库利宾：开端

库利宾于 1735 年出生在下诺夫哥罗德附近的波德诺维耶镇。如今波德诺维耶已经划为市区——库利宾故居所在的地方，竖立着纪念标志。现在那里已经高楼林立，附近还保留着一些石砌的高大建筑，虽经岁月的洗礼，依然可见当年的风貌。那些石屋应该还记得那个喜欢在附近山丘上奔跑的叫作瓦尼亚的男孩。我为什么要在这里强行插入这句话，因为苏联时期有不少关于库利宾的伪传记，这些书籍经过大量的艺术加工，更像是文艺作品，内容也基本不涉及任何研究领域。例如，若泽芬娜·亚诺夫斯卡娅（Жозефина Яновская）的作品写得非常动人，开篇就是这样：

> "淘气鬼，你干嘛老是在教堂周围转来转去？我早就盯上你了！你来这儿干嘛？"——教堂的看门人用严厉的目光注视着站在他面前的男孩。

整本书都是这样的基调。

之所以会出现这样一些传记，主要是因为作者并没有深入研究过库利宾早年的经历，不过他早年的经历也确实相当无趣。这位未来的技术奇才出生在商人家庭，家境平平，没受过教育，却博览群书，酷爱机械，跟随钟表匠学习手艺，后来靠修理钟表为生。这些都是他在回忆录中记述的往事，这些回忆是研究库利宾唯一的一手资料，可惜也少得可怜。

但是，与其他许多天赋异禀、自学成才的人不同，库利宾非常勤奋，也很有毅力。1764 年，女皇陛下要驾临下诺夫哥罗德的消息公布之后，年轻的钟表师为迎接她的到来专门设计了一款新奇的蛋钟。从种种迹象看，那个时候库利宾应该已经小有名气，为城里的不少商人都做过钟表。他从小就通过父亲认识了许多人，这一点对他寻找客户有很大的助益。

商人米哈伊尔·安德烈耶维奇·科斯特罗明（Михаил Андреевич Костромин）为库利宾制作蛋钟提供了资金。库利宾想把这份礼物亲自进献给叶卡捷琳娜，以借机博取女皇的赏识。在库利宾的身上，精于盘算的商人做派与技术技巧完美地融合在了一起。库利宾花费了三年时间，到 1769

年的时候，终于完成了蛋钟的制作。

时钟呈鹅蛋形，由 427 个小零件构成。里面有个"自动剧场"：小门每小时打开一次，播放的是《圣经》中耶稣复活的场景——"圣墓"开启，天使现身，守卫俯伏，等等。实际上，库利宾制造的是俄罗斯第一个高级机械传动玩偶。问题在于，女皇计划于 1767 年 5 月到达下诺夫哥罗德，在此之前，设计师库利宾无论怎样都赶不及造出理想的蛋钟。所以说，在下诺夫哥罗德库利宾敬献给叶卡捷琳娜女皇的只是他亲手制作的几件光学仪器——这些小玩意儿库利宾是照着面包商伊兹沃利斯基（Извольский）收藏的英国货仿制的。根据其他的说法，女皇只是看了一眼他的发明，就惊叹不已。不过，这不是重点。

这个故事看似平淡无奇，但实际上，为了让库利宾这个普通的钟表师、面粉商之子能够获准觐见女皇，一大群人都跪在地上磕破了脑袋。科斯特罗明拜见了雅科夫·斯捷潘诺维奇·阿尔舍涅夫斯基（Яков Степанович Аршеневский）总督，显然最终说服了这位长官，让他相信了库利宾设计方案的价值。如果在自己辖内城市里向叶卡捷琳娜女皇敬献珍奇的礼物能讨得女皇的开心，阿尔舍涅夫斯基倒也乐见其成。女皇一行抵达后，阿尔舍涅夫斯基拜会了宫廷宠臣格里戈里·格里戈里耶维奇·奥尔洛夫（Григорий Григорьевич Орлов）特级公爵，也不知道阿尔舍涅夫斯基用了什么手段，奥尔洛夫答应安排一次"献宝"活动。

总之，库利宾的光学仪器引起了叶卡捷琳娜的兴趣，而库利宾的话也很合乎女皇的心意，她下了一道谕旨，让库利宾在蛋钟造好之后，立刻去彼得堡见她。事情的前前后后就是这个情况。1769 年，库利宾同科斯特罗明来到帝都，向叶卡捷琳娜敬献蛋钟。商人科斯特罗明得到了一千卢布的赏金，还有一只刻有他名字的杯子，库利宾除赏金外，还得到了科学院机械工坊负责人的职位。这就好比现在我把这本书献给俄罗斯总统，他将任命我为教育和科学部副部长以表感谢一样。

水推进船

18 世纪末，拉动载有货物的行船逆流而上的最常见方法就是拉纤——这是一种苦不堪言又相对廉价的劳动。当然，还有其他选择，如使用畜力（犍牛）拉动的机械船。机械船的构造是这样的：船上有两个锚，锚绳固定在一根特殊的转轴上。其中一个锚固定在船前方 800~1000 米处的舢板或岸上。船上的犍牛拉动转轴时，锚绳逐渐收紧，将船逆流拉到锚定点。同时，另一只舢板将第二个锚向前拉到锚定点——这样就能保证行船的连续性。

库利宾想出了一种不用畜力拉船的办法。他的想法是：在船上安装 2 个带桨叶的船轮，利用水流使船轮转动，把能量传递给转轴——锚绳不断拉紧，这样行船就能利用水的能量将自己拉向锚定点。正当库利宾为这个想法苦苦奔忙的时候，皇子皇孙们不断地向他订购各式各样的小玩意儿，库利宾也是不胜其扰，不过他还是设法弄到了一笔钱，把自己设计好的系统安装在一艘小船上。1782 年，库利宾设计的船只装载了 65 吨的沙子。他的船不仅性能可靠，而且与用犍牛或纤夫拉动的船只相比，速度上也明显占优。

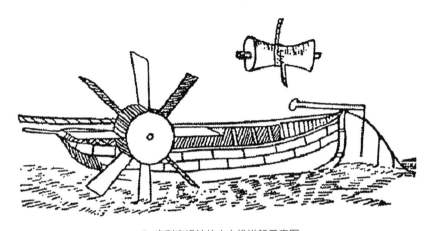

I.P. 库利宾设计的水力推进船示意图

1804 年，库利宾在下诺夫哥罗德建造了第二艘水力推进船，它的速度比纤夫拖拽的尖头平底木帆船快一倍。尽管如此，亚历山大一世执政时期的水运交通司还是拒绝了库利宾的建议，并且禁止为该项目提供资金——水力推进船因此没有得到进一步的推广。很久以后，欧洲和美国出现了扬锚机船——这是一种利用蒸汽动力将船体拖到锚定点的船舶。

螺旋升降梯

今天最常见的升降梯系统是绞盘操作的轿厢系统。绞盘式升降梯早在 19 世纪中期奥的斯（Отис）获得专利之前就已经出现，例如，古埃及就使用过类似结构的装置，只不过当时是用畜力（役畜）或人力（奴隶）来驱动。

18 世纪 90 年代中期，叶卡捷琳娜二世年事已高，身体又超重，行动渐渐有些不便，于是下旨让库利宾为她设计一部便捷的升降梯，方便她在冬宫各个楼层之间活动。她想要的无疑是一把升降扶手椅，这给库利宾带来了一个有趣的技术挑战。既然是扶手椅，升降梯的顶部必定是开放式的，这种情况下，不可能把绞盘挂在上面，如果用绞盘把椅子从下面"托起"，也会给乘坐的人带来不便。库利宾以一种巧妙的方式化解了这个难题：他把扶手椅的底座固定在一根长长的螺旋轴上，这样底座就能像螺母一样沿着转轴移动。叶卡捷琳娜坐在她的移动宝座上，仆人转动曲柄，把转动传递到转轴上，螺旋轴就能把椅子抬升到二楼的走廊。库利宾的螺旋升降梯于 1793 年完成，第二台类似的机械装置直到 1859 年才由伊莱沙·奥的斯（Элиш Отис）在纽约建造完成。叶卡捷琳娜去世后，这部升降梯成了宫廷里朝臣们的一种消遣。再后来，升降梯的梯井用砖封堵了起来。不过，升降梯的图纸和残存的升降机械还是保留了下来。

桥梁建筑的理论与实践

从 18 世纪 70 年代开始一直到 19 世纪初，库利宾一直忙于设计横跨涅瓦河的单跨永久桥梁。虽然当时还没有桥梁建筑理论，但他还是造出了一个高仿真模型，并在此基础上计算出桥梁各部分的应力和张力。库利宾根据经验，预测并提出了材料力学的一些法则，这些法则直到很久以后才被证实。发明家最初设计这座桥是自掏腰包，最终的模型是由波将金（Потёмкин）伯爵资助完成的。单是模型已经蔚为壮观，1∶10 比例的模型足足有 30 米长。

库利宾设计的横跨涅瓦河的单拱木桥方案

资料来源：版画，1799 年

所有关于这座桥的计算结果都提交给了科学院，由著名数学家列昂纳德·欧拉（Леонард Эйлер）来验证。经验证，计算结果完全正确，模型试验结果表明，这座桥具有很高的强度备用系数，也就是安全系数很高，桥的高度允许帆船在没有特别操作的情况下平稳通过。尽管得到了科学院的认可，但政府仍然没有拨付桥梁建设款。库利宾后来获得了奖章和奖金。到 1804 年的时候，第三个模型已经完全腐烂，而第一座横跨涅瓦河的永久性桥梁（报喜桥）直到 1850 年才建成。

1936 年，人们使用现代方法对库利宾设计的桥梁进行了实验计算，结果发现，尽管在他的时代，大多数材料力学法则都是不为人知的，但这个自学成才的俄罗斯天才居然没有犯一个计算错误。制造模型并利用模型进行测试，在此基础上对桥梁结构进行受力计算，这种方法后来得到了广泛的应用，许多工程师都不约而同地实践过这种方法，尽管他们生活在不同的时代、不同的国家。库利宾也是第一个提出将格构桁架应用于桥梁设计的人，比美国建筑师伊蒂尔·唐恩（Итиэль Таун）早了 30 年，可惜为格构桁架系统申请到专利的是唐恩。

机械腿和其他故事

除了作为首创者完成的发明设计，库利宾还对大量并非他最先发明的装置和仪器进行过改良。例如，著名的自走式敞篷车——我在本书第一部分的介绍中提到过，欧洲有许多类似的设计。

在 18—19 世纪之交，库利宾向圣彼得堡医学外科学院介绍了几种机械腿的设计方案，那是当时非常完美的下肢假肢，可以模仿膝盖以上缺失的部分。1791 年，库利宾制作的第一型假肢的受试者是谢尔盖·瓦西里耶维奇·涅佩伊钦（Сергей Васильевич Непейцын），当时他还是一名中尉，在强攻奥恰科夫（Очаков）的战斗中失去了一条腿。后来，涅佩伊钦晋升为少将，士兵们称他为“铁腿将军”。残缺的肢体并没有使他的生活变得残缺不全，而且不是每个人都能猜出将军为什么有点跛足。库利宾设计的假肢虽然得到了以伊万·费多罗维奇·布什（Иван Федорович Буш）教授为代表的众多圣彼得堡医生的好评，但是军方拒绝采用，后来法国开始批量生产模仿腿形的机械假肢。不管怎样，金属手和金属脚，早在中世纪中期就已为人所知，更不用说古埃及的木制假肢了。从一些现存的中世纪假肢中可以看出，它们已经有了一定程度的机械化。著名的金属义肢拥有者有施瓦本的骑士戈茨·冯·伯利欣根（Гёц фон Берлихинген，1480—1563）

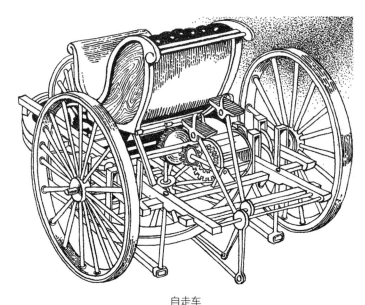

自走车

资料来源：IU. 多尔马托夫斯基《汽车的诞生》，1950 年

和法国军事指挥官弗朗索瓦·德·拉努（Франсуа де Лану，1531—1591），绰号"铁臂"，其中戈茨·冯·伯利欣根的假肢我们今天还能看到。

　　1779 年，对光学仪器情有独钟的库利宾向圣彼得堡公众展示了他的发明——探照灯。反射镜在库利宾之前就已经出现（在灯塔上使用非常广泛），但库利宾的设计更接近于现代探照灯：仅用一支蜡烛，烛光就能从放置在凹面半球内的镜子里反射出强烈的定向光流。"神灯"受到了科学院的好评，受到了新闻界的盛赞，也受到了女皇的嘉许，但探照灯最后还是沦为一种消遣的玩意儿，没有如库利宾最初所愿，用于街道照明。后来有些船东向发明家订制了探照灯。库利宾以此为基础，又制作了一些小型马车灯，甚至还小赚了一笔。俄罗斯对发明权缺乏保护，使库利宾蒙受了巨大损失：其他工匠开始大量仿造"库利宾马车灯"，使库利宾的发明大大贬值。

库利宾还发明了什么？

　　自纳尔托夫的时代起，圣彼得堡科学院的附属工坊就已经名存实亡。

库利宾把工坊重新修葺了一番，在那里制作出了显微镜、气压计、温度计、侦察望远镜、天平、天文望远镜，以及许多其他实验室仪器。他重修了科学院的天文馆，发明了开创性的船舶下水系统，制造了俄罗斯第一台光学电报机，把它作为一件奇巧之物送到了藏珍馆。库利宾还设计了一座横跨伏尔加河的铁桥，发明了均匀撒播谷种的条播机。他组织烟花燃放，制造机械玩具和供贵族娱乐的机械玩偶，还修理和自行组装过各种钟表。

1818 年，库利宾在故乡下诺夫哥罗德去世，带着他大都没有实现的奇思妙想离开了这个世界。库利宾的发明活动基本没有产生明显的社会效益，就像我们现在所说的"放了空炮"，这些"空炮"往往存有取悦当地权贵的心思。但是，库利宾在很多方面都奠定了俄罗斯工程创新的基础，他培养了一大批机械师，进一步推动了俄罗斯发明思想的发展。库利宾在这些方面所做的努力适逢其时，因为在亚历山大一世统治时期，"发明权"这个概念终于在俄罗斯大地上生根发芽。

第8章

如何干燥液态奶

我们经常把奶粉误认为是"化学物质"，但事实并非如此。奶粉是纯天然产品，是将普通巴氏杀菌乳干燥后制成。奶粉具有较长的保质期，便于运输，大部分营养成分得以保存。这项技术是俄罗斯的发明。

首先，我们应该了解液态奶是分散液体而并非溶液。溶液是一种均匀的混合物，其中一种组分的颗粒以分子或原子的形式均匀分布于另一种组分的颗粒之间。溶液与组分的化学性质不同，组分可以通过各种方式相互反应。

但是在分散液体中，各种物质成分之间并不发生反应，也没有分子水平上的混合。本质上，分散液体只是交错分布的不同组分的集合。由于这些组成部分非常微小，所以我们认为这种液体是均质的。通过物理作用可以分离出分散物质中的组分，例如，离心机通过旋转可以使较重的组分与较轻的组分分离，这种情况下并不需要化学反应。

液态奶是由 88% 的水和各种营养成分组成的分散混合物，包括碳水化合物、蛋白质、脂肪、维生素、矿物质等，而奶粉是用物理方法去除水分后制取的乳制品，或者说，奶粉就是液态奶中剩余的 12% 的浓缩营养物质。

现在的做法

现代奶粉生产工艺简单，但是过程复杂。首先要保证液态奶的各项指标符合标准。在标准化过程中，液态奶、奶油和脱脂奶混合在一起，生产出具有一定脂肪含量的产品，其中也含有特定数量的营养物质。然后进行巴氏杀菌，即加热，并在高温下保存一定时间（时间不长），以达到消毒、延长保质期的目的。之后把一些水分蒸发，使液态奶浓缩。需要说明一点，单纯的蒸发浓缩是不可能生产出奶粉的，因为这种方法不可能完全去除所有的水分。然后，将制取的物质进行均质处理——通过机械搅拌来提高炼乳的均匀性。最后，在极高温度下（最高可达 180℃），用专门的设备进行干燥，以前只有滚筒干燥机：把炼乳送到热滚筒上，蒸发残液，把液体的含量从 60% 降至 3%~5%。19 世纪后半叶开发出来的滚筒干燥机有许多缺点，特别是其生产率极低，而且由于奶粉接触滚筒表面而产生焦糖化现象，奶粉会有一种特别的后味（尽管这是一种微甜的很好闻的味道）。如今，干燥机种类繁多，滚筒干燥机正在逐渐成为过去式。最常见的是喷雾干燥机，在这种干燥机中，水通过热气流蒸发。

奶粉的用途非常广泛。大部分用于食品工业的液态奶为还原奶，即用一定量的水稀释后的奶粉。奶粉广泛用于烘焙行业，没有哪个糕点师能离得开奶粉，从酸奶到冰激凌，再到其他的乳制品，都会用到奶粉。

现在，让我们回顾一些经年旧事吧。

往事拾零

著名旅行家马可·波罗（Марко Поло）曾描述过蒙古人加工液态奶的一种方法，这种方法可以延长液态奶的保质期、减少液态奶的体积。蒙古人把装有液态奶的扁平容器置于强光下，蒸发掉其中的部分水分，制成类似炼乳的东西。但是，《马可·波罗游记》这本被誉为世界奇观之书[①]中所记载的信息，只是被马可·波罗的同时代人和他的追随者视为蒙古人的逸闻趣事，没有人认真地将之作为可以仿效的指南。因此，欧洲距离发明炼乳还有漫长的路要走，更不用说奶粉了。

最晚在 18 世纪，西伯利亚北部地区出现了另一种长期保存液态奶的方法，这种方法主要还是利用了当地的自然条件。应该不难猜到，西伯利亚人是将液态奶冷冻。没错，冷冻奶的重量和体积都比较大。1792 年，喀山大学教授伊万·伊万诺维奇·埃里希（Иван Иванович Эрих）在《帝国自由经济协会著作集续》期刊发表的简讯中提到了这项技术。

克里切夫斯基的发明

1802 年，奥西普·加夫里洛维奇·克里切夫斯基任涅尔琴斯克（Нерчинск，

---

① 即《马可·波罗行纪》，又名世界多样性之书，由马可·波罗口述，记录了 1276 年至 1291 年间他在亚洲的旅行年表。

即尼布楚）工厂的校官军医[①]。涅尔琴斯克地处外贝加尔地区，与圣彼得堡相距遥远，最早是用来关押囚犯的寨堡。在涅尔琴斯克矿区的工厂和矿场干活的主要是流放犯和苦役犯。1763 年以后，染上梅毒的妓女也被流放到涅尔琴斯克，而且只流放到那里。这座城市很有些名气，也相对富裕，因为额尔古纳斯克（涅尔琴斯克）的工厂都是炼银厂：城市周边的矿藏富含银和铅。

如果追根溯源，克里切夫斯基的发明很可能与前面提到的《帝国自由经济协会著作集续》有关。他订阅过那份刊物，也在上面刊发过简讯文章。也许，克里切夫斯基无意中看到了西伯利亚冷冻液态奶制作方法的说明，作为医生，他开始思考如何更有效地保留液态奶的营养成分并延长其保质期。

有一点需要特别说明一下。涅尔琴斯克地区地域如此广大，最初却只有一名医生。第一位医生名叫彼得·特鲁姆列尔（Петр Трумлер），他从1740 年到 1744 年在涅尔琴斯克行医，到 18 世纪末期，医生人数增至 3 人。然而，这里的工作环境十分恶劣。药品奇缺，因为所有的药品都是专供这个地区的自由民使用的，数千名在矿区干活的囚犯卫生条件极差，一旦生病，往往没有康复的可能。

奥西普·克里切夫斯基于 1767 年出生，曾在圣彼得堡陆军总医院学医，通过了医师资格考试，于 1792 年 2 月分配到涅尔琴斯克。在调查研究了当地缺医少药的情况后，面对这种"惨不忍睹"的景况，坦率地说，他采取了新的做法。克里切夫斯基没有忽视当地人的经验，他广泛使用草药、树皮和根茎来治病，并收集民间土方、验方。在"舍此无他"的环境中，这是一个不错的解决办法。同时，他还从事医务人员的培训——他在涅尔琴斯克开办的学校，以及伊万·雷斯莱因（Иван Реслейн）在上乌金

---

① 一种军衔，属于高级团职军医。——译者注

斯克（Верхнеудинск）开办的学校，是在外贝加尔地区接受医学教育的唯一机会。

这个地区的居民深受传染病（天花、炭疽病）之苦，这些传染病也通过变质的食物传播。液态奶可能是克里切夫斯基手头能够找到的最有营养同时也是最易变质的食物了。大约在 19 世纪初，他开始尝试延长液态奶的保质期。1802 年，奥西普·克里切夫斯基发表了一篇简讯，介绍了通过蒸发水制作奶粉的技术。同时，他为改善囚犯的羁押条件四处奔走，最终因与工厂管理层发生冲突而被解雇（工厂招收患病的人做工）。

但克里切夫斯基该做的事情已经做完了，后来继任的医生开始使用克里切夫斯基的技术来储存液态奶。诚然，这项技术并未在涅尔琴斯克以外地区传播开来。克里切夫斯基也不认为这是自己的什么发现，对他来说，这项发明只是他在外贝加尔地区医学实践活动中所做的几十项改进之一。

风靡全球

克里切夫斯基于 1832 年在涅尔琴斯克去世，直到离世，他都没有意识到自己的这一发现的全部价值。据说，世界上第一家将奶粉作为商品进行生产的公司于同年在圣彼得堡开业。公司创始人、化学家迪尔霍夫［Дирхофф，或迪尔乔夫（Дирчов）］，按照克里切夫斯基说明的技术方法进行过尝试，很可能由此受到了启发。

有趣的是，关于这位迪尔霍夫竟然查不到任何的俄语资料，这就造成了这个姓氏的转写问题——源语言（竟然是英语！）中的拼写形式是"Dirchoff"。奥托·亨齐克（Отто Ханцикер）是美国著名实业家和乳制品生产先驱，他在自己所著的《炼乳和奶粉》（*Condensed Milk and Milk Powder*，1920 年）中谈到了迪尔霍夫的经营情况。亨齐克不太可能凭空臆造出这么一个迪尔霍夫，但是很遗憾，我们至今也不知道亨齐克是从哪里获悉了迪尔霍夫的相关情况。

多年以后，第一项欧洲奶粉生产技术专利诞生了——1855 年由英国人托马斯·希普·格里姆韦德（Томас Шипп Гримуэйд）获得。早在 1847 年，他就开始生产奶粉，商品的品牌是 Grimwade's Patent Desiccated Milk（格里姆韦德的专利脱脂液态奶）。他出售瓶装奶粉，在一些私人收藏中，至今仍然可以找到带有他姓氏的奶粉瓶。正是在格里姆韦德的推动下，奶粉风靡全球，尤其在军队中很受欢迎（格里姆韦德与国防部签订了合同），也深受旅行者的青睐。

尽管奥西普·克里切夫斯基的发明从未流传到外贝加尔之外的地区，但他的技术确实有益于强健体质、救助生命，而且克里切夫斯基的技术也确实比格里姆韦德的技术更早问世。

第 3 部分

从 1812 年到
20 世纪初

尽管《手工业和艺术领域各种发明和发现专利权解释性诏令》已经颁布，但 1812 年以后的情形并没有太大改观。国家仍然没有为发明家提供权益保障，也没有给他们"从零开始"的机会：财富和成功依然是获取专利权的敲门砖。另外，俄罗斯从来没有成为任何国际专利组织的成员。

国外专利法规定，发明创造的第一个要素是发明人，他有权拥有其劳动成果。按照国外的专利法规规定，在一定时间内（这个期限比较长，一般是 15 年左右），发明人必须想办法为自己的发明成果寻找出路：要么找到投资人实现成果转化，要么将专利卖给更有实力的企业家，如果这两条路都走不通，那就只能放弃。不过，发明人也可以继续去搞发明，开创更新奇、更高效的技术，申请新的专利。然而在俄罗斯，我们前面说过，特许权诚然可以巩固首创者的地位，但俄罗斯特许授权的方式更像君主的恩赏，而不是明确规定的所有权。换言之，国家随意决定一项发明是否值得享有特许权，授权之后，也可以轻易地改变决定，剥夺授予创新者的权利，可以说，"予"与"夺"均在君王一念之间。

这里我可以给你们举一个实例，一个让你们听罢都会不由喟然长叹的实例。德米特里·扎格里亚日斯基（Дмитрий Загряжский）上尉的故事很多人都有所耳闻，1837 年，他获得了世界上第一台履带式行走装置原型设备的专利权。扎格里亚日斯基虽然拥有专利，但国家征收的专利税高得吓人，扎格里亚日斯基没有足够的资金去转化自己的研究成果，而陆军部又对他的发明不感兴趣，将之拒之门外。两年后，政府收回了这项专利，理由是发明家无法制造出真正的产品，也可以说，没有能力"推广"自己的发明。诸如此类的事情数不胜数。你们能想象这种逻辑吗：你给我们钱，我们给你两年的时间来转化成果，如果你不能按时完成，你必须再付钱，否则我们就收回你的权利。而在其他国家，比如英国，那里与发明专利相关的事情办理起来要便宜和便捷得多，而且可以以合理的价格获得 20 年的专利，然后把专利卖给某个实业家。很多人都是这么做的。

数字就是真相。俄罗斯的悲惨处境可以从以下数字中得到佐证。1813 年至 1917 年的一百多年间，俄罗斯共授予专利 36079 项，而美国仅 1889 年一年就颁授了 23322 项专利（同年俄罗斯只颁授了 40 项），到了 1917 年，美国每年新授专利数量增至 40927 项。这其中的差距，你们可以想象吗？还有一件事值得关注：36079 项俄罗斯专利中，只有 3649 项，也就是 10% 属于俄罗斯的同胞。剩下的 90% 都是外国人的发明（他们在很多国家都会申请专利）。俄罗斯的专利制度从来都是残缺不全，这反而让外国发明家在"盛产熊和巴拉莱卡琴的神秘国度"有机可乘，极大降低了他们在俄罗斯出售技术的难度。

合乎常规的专利法，也可以说是接近现代理念的专利法，在俄罗斯出现的时间比美国和欧洲晚了一个半世纪。这部专利法于 1896 年 5 月 20 日通过，命名为《发明和改进专利权条例》。如今，专利权不再是沙皇陛下的恩赐，必须经过特别委员会的审查，才能授予，这个委员会就是俄罗斯历史上第一个保护发明人原创权的机构。在英国，完全相同的法律（名字几乎一字不差）早在安妮女王执政时期就已经颁布，而女王在位的时间是 1702 年到 1714 年。《条例》引入了"新颖性标准"的概念，明确规定了发明范围，限制了审查期限，并将专利本身的有效期定义为普遍采用的 15 年（无论专利最终是否得到推广）。诚然，最终文件没有采用现代"专利权"的表述方式，而是沿用了"特许权"的说法，但在形式上这就是"专利权"！

主导领域

毫无疑问，19 世纪的发明创造更上了一层楼。占据主导地位的发明，大都在军事上很有意义。首先是冶金和武器制造，其次是造船。在这些领域，尤其是 19 世纪后半叶，俄罗斯一直保持着世界的领先地位，并且在某些方面独占鳌头。但总的说来，与以往任何时候都一样，俄罗斯的发明活动所依赖的只有孤勇者，他们愿意为了头脑中的巧思妙想抑或异想天开，去尝试、去实现，不管结果如何，大功告成、小有所成还是无功而返，他们都是俄罗斯发明事业的推动者。例如，帕维尔·希林格（Павел Шиллинг）发明了电报机，赢得了尼古拉一世皇帝（Николай Ⅰ）的青睐，从而有力推动了俄罗斯电气工程的发展。

也有一些成功或许算不得全球瞩目，但也意义非凡。例如，1858 年春，巴黎摄影师加斯帕德 - 费利克斯·图尔纳雄［Гаспар-ФеликсТурнашон，他的笔名纳达尔（Надар）知名度更高］乘气球飞越法国首都，完成了历史上首次航拍。近 30 年后，俄罗斯也有了类似创举：1886 年 5 月 18 日，俄罗斯帝国技术协会第 7 部（浮空飞行）的成员，俄军中尉亚历山大·马特维耶维奇·科瓦尼科（Александр Матвеевич Кованько）飞越圣彼得堡上空，从 800 米、1200 米和 1350 米的高度拍摄了这座城市。此后不久，另一位才华横溢的工程师、发明爱好者维亚切斯拉夫·伊斯梅洛维奇·斯列兹涅夫斯基（Вячеслав Измайлович Срезневский）登上了历史舞台。他向科瓦尼科毛遂自荐，说可以尝试在科瓦尼科的第二次飞行前，造出一架专门用于高空热气球拍摄的相机。

三个星期之后，1886 年 7 月 6 日，斯列兹涅夫斯基发明的相机在俄罗斯进行了世界上第一次高度专业化的航空摄影。这架照相机的焦距定为无限远，没有活动元件来重新调焦。这是高空拍摄时从摇摆不定的热气球吊篮中获取清晰底片的唯一可靠方法。照相机安装在吊篮内的专用支架上，镜头朝下，尺寸为 24 厘米 × 24 厘米的照相底片依次插入侧面的凹槽。照相底片是焊在防光罩内的，只有当照相底片装进照相机的时候，才能把底片从防光罩中取出来。从某种意义上说，整个系统的结构与霰弹枪相似：

重新装弹时，必须先将子弹沿托架向前推，再向后拉动。科瓦尼科和他的同伴兹韦林采夫（Зверинцев）在圣彼得堡市区、海运运河、波罗的海海湾和科特林岛等地一共拍摄了 4 张照片，并且拍摄到了科特林岛的全景，这也是喀琅施塔得第一次出现在航拍照片中。在三周的时间里，俄罗斯追赶了 30 年被落下的路程——这种方式真的很俄罗斯。

然而，天才辈出的俄罗斯却一如既往地毫无体恤人才之心，徒然浪费了大好的人才资源：多利沃 – 多布罗沃利斯基（Доливо-Добровольский）、亚布洛奇科夫（Яблочков）（后来他又回到俄罗斯，这也是他不幸的宿命）、洛德金（Лодыгин）等一批最优秀的俄罗斯工程师纷纷弃国离乡。皮罗茨基（Пироцкий）、伊格纳季耶夫（Игнатьев）、科尔萨科夫（Корсаков）、博尔德列夫（Болдырев）最终在现实面前弃甲投戈，放弃了自己的发明和设计。俄罗斯每一个成功的案例，都是普遍规则之外的特例。成功，意味着在上上下下的机关数年的奔波，意味着忍受被当权者和潜在投资人完全无视的落寞。

总的说来，我所描述的情况，解释起来也很简单。与世隔绝、闭关自守，只是痴人说梦罢了。世界的进步不可否认，最重要的是，本国人民的创造力，更不可否认。从本质上讲，所有这些专利法都是一场"自下而上的革命"。当民众成为关键性的力量时，政府必须顺应民心民意。尽管沙俄政府一向不惜余力地抵制和对抗进步，是不折不扣的顽固派，但国家没有自己的专利法，这种情况下，连购买外国技术也几乎难以实现，当这一事实变得显而易见时，俄罗斯颁布了专利法。当沙皇已经没有能力亲自决定每项申请的命运时，俄罗斯通过了新的法律……俄罗斯技术的发展史就是一部顽固的当权者与世界潮流的对抗史，由此才形成了俄罗斯技术发展的特殊轨迹——一条背负了许久恶名的起起伏伏的正弦波线。

第 9 章

电报机

19 世纪 30 年代，有好几个国家都开始研制和开发电报机。各国工程师几乎同时提出通过导线传输信息的想法。俄罗斯在这方面也有先行者，他就是帕维尔·利沃维奇·希林格（Павел Львович Шиллинг）男爵，他比其他国家的工程人员更早地实现了目标。

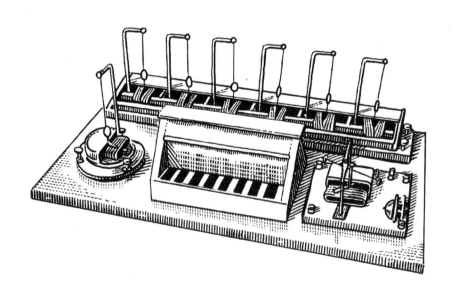

一切都要从弗朗西斯·罗纳尔兹（Френсис Рональдс）说起。1816年，年轻的科学家罗纳尔兹制造了世界上第一台能够将信号传输到近 13 千米外的电报机。罗纳尔兹住在哈默史密斯（Хаммерсмит）的克姆斯各特厅（Келмскотт-хаус，现在属于伦敦地界），他把装在玻璃绝缘套管中的传输线路全部铺设在自家花园里。他的花园当然没有 13 千米长，罗纳尔兹把整条线路紧密铺设成往来反复的"之"字形，看起来是曲曲折折、密密麻麻的一片。在确信以这种方式传输信号完全可行之后，罗纳尔兹向军方推荐了自己的项目方案以期解决军事通信问题，但军方对此不感兴趣。这项发明最终也没有获得专利，只能束之高阁。问题在于，罗纳尔兹虽然确认了信息传输的事实，但并没有开发出任何加密系统将脉冲信号转换为人类语言。

直到 19 世纪 30 年代，人类在这个方向上一直没有任何新的作为。罗纳尔兹的发明就这样"安然"地被遗忘，因为罗纳尔兹的思想超越了他的时代，而他的时代还不能认同他的思想。然后，电报机迎来了新的发明者。

波罗的海男爵

据说，普希金的诗句"启蒙精神为我们准备了多少奇妙的发现……"是献给希林格的。尽管男爵比普希金年长 13 岁，他们却结为忘年交。年龄上的差距并没有影响到他们之间的交往：他们的社交活动都是围绕着俄罗斯知识分子的狭小圈子进行的。普希金虽然对精确科学一窍不通，但始终抱有浓厚兴趣，机械和电气方面的发明也总令他惊叹不已。总之，友谊的种子只有在合适的土壤里才能生根、发芽、结果。

不过，这些都不是我要讲的重点。毕竟我这里要谈的主人公是保罗·路德维希·希林格·冯·坎施塔特（Паул Людвиг Шиллинг фон Канштадт）男爵，他于 1786 年 4 月 5 日（16 日）出生于雷瓦尔的一名军人家庭，按出身他是波罗的海德意志人 [1]。希林格的父亲很快调往喀山，担任驻守当地

---

[1] 指波罗的海东岸爱沙尼亚和拉脱维亚的德意志人居民。——译者注

的第 23 尼佐夫斯基步兵团团长。1797 年，作为军人之子，帕维尔 ① 进入圣彼得堡武备学校。不过毕业后，他没有去部队历练，而是到总参谋部就职，成为一名外交人员，后来调任外交院（今外交部），由于精通德语，他在慕尼黑的俄罗斯大使馆任职了一段时间。帕维尔的母亲在丈夫去世后再嫁于卡尔·雅科夫列维奇·比勒（Карл Яковлевич Бюлер）男爵，一位致力于俄德关系研究的有影响力的外交官，有了这样强大的助力，帕维尔从此平步青云。

希林格在慕尼黑结识了著名的生理学家、俄罗斯公使馆主治医师塞缪尔·托马斯·萨默林（Самуэль Томас Зёммеринг）。这位萨默林医生也是奇才，其他的姑且不谈，除了行医，他还做过许多电气实验，由此希林格男爵开始接触电学。他对这个科学领域一下子就着了迷，爱得一发不可收拾，颇有"一眼误千年"的意味。不过，痴迷归痴迷，技术领域从来都不是他人生的主舞台。首先，他仍然是外交官和研究者：他创办了一家平版印刷所，主要印刷地图，他环游东方，四处采风，收集各地民间传说。他后来甚至成为圣彼得堡科学院通讯院士，不过这和电气没有丝毫关系，而是因为他在东方国家和部落文化领域出色的研究工作，所以他是一位文学方向的院士。

男爵在 1812 年完成了第一部有分量的电气学著作，这部书主要涉及军事电气问题。

电气领域的雄狮

在俄罗斯，任何对军队发展有益的倡议通常都会得到资助和支持。我们不妨做个推测，假使希林格当时以民用电气作为主要研究方向，他未必会有日后的盛名和建树，但希林格有幸生在一个需要他的发明的时代。

---

① 这个名字在俄语中一般译为"帕维尔"，在其他欧洲国家语言中多译为"保罗"。原文中作者使用的写法不尽一致，为尊重原文，依样翻译。——译者注

1810 年，欧洲外交界开始公开谈论俄法之间一触即发的战争，一年后，法国的进攻意图昭然若揭，就如同拿破仑已经正式宣战一般。

希林格的科学思想于是有了清晰的定位：将电气用于军事目的。他开发了一种用电引爆海底水雷的方法。这项技术是希林格在慕尼黑任职期间发明的。俄法战争爆发后，随使馆人员匆忙撤回圣彼得堡的希林格向军方推荐了自己发明的装置。装置本身很简单：水雷浮在水中，工兵营士兵在岸上闭合触点，电流沿着包有绝缘体的电缆传导，然后引爆水雷。这种装置必须通过电缆连接，这是它的基本作用原理决定的，但这样一来，它的使用范围会受到电缆长度的限制，换言之，这种装置不适合在开阔水域使用，但如果是河流湖泊，它就能发挥应有的作用。因此，电缆就成了这个发明的关键：希林格想出了一种办法，那就是用浸泡过亚麻籽胶溶液的丝质材料做绝缘体，确保电线在水中安全铺设。

希林格在涅瓦河演示了这项技术，试验成功，好评如潮，项目获得了资金支持，并逐步推广。希林格本人在同一时间却投笔从戎，主动参战，作为一名作战军官，随大军一直打到巴黎城下。尽管听上去有些匪夷所思，但是，当希林格踏上侵略国的土地后，他与法国科学院（科学院没有受到战火的影响，依然正常运转）进行了密切的沟通交流，并与安德烈－马里·安培（Андре-Мари Ампер）以及年轻的弗朗索瓦·阿拉戈（Франсуа Aparo）成为朋友。拿破仑统治下的法国成功地保留了法国文化在俄罗斯精英和知识分子心目中"开时代先河、领风气之先"的地位，因此即便是以战斗者的身份攻抵巴黎，希林格随即又回归了科学家的生活轨道。

如果你们读过希林格的传记，就会发现，他大部分时间都致力于民族学和东方学的研究。19 世纪 20 年代至 30 年代，他跟随政府派遣的考察团穿越布里亚特、东西伯利亚等地，完成了民族学领域的一次壮举：他收集了大量的藏蒙文化典籍，数量之巨，举世罕见。他把主要精力放在寻找原始手稿上，但为了将收集的典籍补全，他在恰克图（Кяхта）聘请了一个庞大的抄写员团队，让他们帮助抄写孤本或者以文字记录下那些口口相传的民间文学。

此外，1813 年，作为现役军官，希林格向沙皇奏陈了俄罗斯设立平版印刷工坊的必要性。平版印刷是当时的新技术，可以复制原始图纸和地图。亚历山大一世对希林格的奏章赞叹不止，下旨让希林格按照德国曼海姆（Маннгейм）平版印刷工坊的模式创办俄罗斯的工坊。战争进入尾声时，俄罗斯已经开始使用采用平版印刷方法印制的现代地图。

希林格还有一重身份，那就是外交部密码科的工作人员，因此他深入研究过实用密码学。希林格为军队和外交使团编制了几套二字母组密码。这种编码方式就是对由 2 个字母组成的字母对进行加密（早期版本中是连续字母对编码，后来的版本采用随机字母对编码，字母对由算法设定）。一些资料显示，希林格是这种密码的发明人，这显然是一种误念。早在 16 世纪初，密码学（作为一个科学门类）的奠基人、德国修士和词典学家约翰尼斯·特里特米乌斯（Иоганн Тритемий）就曾描述过二字母组。密码本身虽然不是希林格的发明，但希林格发明了一种快速加密技术，这就是另一码事了。具体地说，希林格开发了一种特殊排版格，使用这种工具可以以机械方式改变字符对，希林格还证明，可以在不使文本失去意义的情况下，用一组顺序混乱的随机字母来补充加密二字母组加密过的文本。如果有密钥，这种方法不会对解密造成困扰，但如果是强行破译（现代的黑客攻击），破解难度会骤增。

总而言之，希林格非常博学多才。现在言归正题，我们来谈谈帕维尔·希林格最著名的发明——电报机。

导线上的标记

我们首先需要回头再说一说塞缪尔·托马斯·萨默林医生。他的电学实验在德国很有名气，1809 年，巴伐利亚国王马克西米利安一世（Максимилиан I）提议，也许是命令这位科学家研制一种全天候电报机，当时的光学信号电报机还做不到这一点。那个时候驰名欧洲的沙普（Шапп）兄弟系统是由多个塔顶装有信号器的塔架构组的网络。每个信号器都由一根杆子和三个相互移动的部件组成，利用杆子和移动部件总共能够完成 196 种不同的视觉组合，这些组合形式可在 12~25 千米外（视不同的地形条件）清晰地看到。

萨默林对电报领域的实验非常熟悉，特别是他与加泰罗尼亚的物理学家弗朗西斯科·萨尔瓦·坎皮略（Франсиско Сальва-и-Кампильо）一直保持联系。15 年前，坎皮略在巴塞罗那展示了一套由 35 根导线组成的系统：导线铺设在绝缘护套中，每根导线对应于字母表上的一个字符，导线两端浸泡在装有酸溶液的透明小瓶中。当相应容器内的导线短路时，分解过程开始，氧气气泡被释放。接收讯息的人会查看"气泡"的确切位置，并且记录下相应的字母。萨默林对这个系统进行了改进，将导线数减少至 24 根，但事实证明，如果是长距离铺设，即使导线数量有所减少，但铺设和绝缘费用仍然十分高昂，性能也不可靠——萨默林设法实现的最大发送距离为 3 千米。

希林格的众多朋友中，还有一位伟大的科学家——安德烈-玛丽·安培。安培在 1824 年写了一篇文章，论述了使用电流计制造电报机的理论可行性。在此之前，电流具有影响磁针的特性这一事实仅用于电流特性研究，并未有实际用途。希林格把萨默林与安培的思想结合起来，发明了一种电报机。事实证明，希林格的电报机完全可用。

1832 年 10 月 9 日（21 日），希林格在自己的寓所里进行了首次展示。他的寓所位于察里津库特卢格（Царицын луг）奥夫罗西莫娃（Офросимова）的旧宅（今马尔斯广场 7 号）内。希林格设备的工作方式是这样的：发射台配有类似于钢琴键的按键盘，不同的按键组合可以闭合不同的电路。从按键盘到接收台有 8 根导线连接：其中 1 根用于闭合呼叫电路，表示发射开始；另有 1 根用于反向电流；剩下的 6 根，则是用来传递消息的。接收站由 6 个倍增器组成，这些倍增器本质上就是复杂的电流计：当其中一根导线闭合时，相应的电流计对电场做出反应，并绕着导线旋转。每个电流计的上方，都固定有一面小圆旗，正反面分别是黑白两色。希林格通过让电流朝一个方向或另一个方向流动，可以远程翻转任何一面小旗，从而获得一组六位数代码（无电流时小圆旗侧向静止）。也就是说，希林格通过依次翻转 6 面小旗，使之呈现不同的旗面颜色，例如，白－黑－黑－白－白－白。为什么要选择 6 面小旗？原因在于，希林格开发的六位数代码能显示所有字母和数字，本质上这就是莫尔斯电码的原型，只不过后者采用了更紧凑的两位数编码系统。

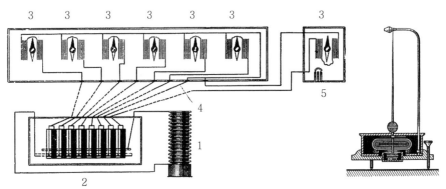

1.电源（伏打电池组）；2.按键盘；3.磁针；4.反馈导线；5.呼叫设备　　　　侧视图

电报机的工作原理图及侧视图

第一封电报的拍发演示格外引人注目，因为尼古拉一世亲临现场，并亲自起草了电文。发报的距离很近，就是在两个房间之间进行了电文的传递。希林格电报机的首秀非常成功，希林格当即得到了皇帝陛下的祝贺。

1833 年，在圣彼得堡工作的芬兰物理学家约翰·雅科夫·涅尔万代尔（Иоганн Яков Нервандер）发明了刻度电流计，也就是一种可以记录指针准确偏转幅度而不仅仅记录发生偏转这一事实的仪器。希林格很快就把它安装到自己的设备上，到 1835 年的时候，他开发出第二个版本的电报机（实际上，已经说不清楚这到底是第几个版本，因为希林格对设备进行了多次改进），其中连接收发台的只有 2 根导线。在新设备中，发射导线闭合时，开始发报的振铃就会响起，然后正式发送电文。根据不同的按键组合方式，施加一定的电流，接收装置中唯一的电流计指针会按设定量发生偏离。指针有 36 个指示位，对应于俄语的 36 个字母。而且，刻度是可以随意更改的，也可以在更改后的刻度位置标记任意的符号。

希林格并未藏私，而是公开展示了自己的设备，包括 1835 年在德国博物学家大会（柏林）上进行展示。他的系统引起了广泛关注，1836 年，英国政府正式邀请男爵前往英国发展电报业务。但就在此前不久，希林格接到了海军部的订单，希望希林格在海军部庞大建筑群的两栋大楼之间铺设一条电报线路，希林格因此婉拒了英国的邀请。海军部订购的电报机成为历史上第一个远距离传输信息的电气系统，不是实验系统，而是实际使用的系统。

猝然结束

在完成了海军部电报线路技术检查后不久，发明家随即接到下一份订单：政府需要在彼得霍夫（Петергоф）和喀琅施塔得（Кронштадт）海军基地之间发送电报。1837 年 5 月，在芬兰湾海底铺设橡胶绝缘导线的方案得到了沙皇的御批。当时，希林格建议用陶瓷绝缘体将导线固定在线杆上。

然而，就在这个时候，帕维尔·利沃维奇·希林格却患上了恶性肿瘤。尼古拉一世的私人医生尼古拉·费多罗维奇·阿伦特（Николай Федорович Арендт）亲自进行肿瘤切除手术，但手术失败。1837 年是个不幸的年份，那一年的 8 月 6 日，阿伦特已经失去了一位伟大的患者（半年前，普希金就死在阿伦特的怀中）。

很遗憾，在俄罗斯再也找不到其他工程师来完成希林格未完成的工作。

芬兰湾海底铺设电报线的工程最终被放弃。第一台商用电报机是英国人威廉·福瑟吉尔·库克（Уильям Фотергилл Кук）和查尔斯·惠斯通（Чарльз Уитстоун）基于希林格系统开发的。这没有什么可以隐瞒的：库克指出，希林格的发明启发了他的电路设计，而关于希林格的发明，他是从德国物理学家乔治·威廉·蒙克（Георг Вильгельм Мунке）在海德堡大学所做的学术报告中了解到的。1837 年 7 月 25 日，在伦敦至伯明翰铁路线上，库克－惠斯通系统进行了首次演示。那时候，希林格已经命若悬丝。同年，塞缪尔·莫尔斯（Сэмюэл Морзе）为自己的发明申请了专利。

后来，电报系统经过了多次改进，新出现的系统有的完全另辟蹊径，有的则是借鉴了早期的研发成果，其中也包括帕维尔·希林格的发明。在俄罗斯，希林格去世几年后，鲍里斯·雅各比（Борис Якоби）成为伟大科学家希林格事业的接班人（你们可以在本书的第 5 部分找到他的相关章节）。

1852 年，唯独信赖外国承包商的交通和公共建筑总局局长彼得·安德烈耶维奇·克莱因米赫尔（Петр Андреевич Клейнмихель）伯爵促成了西门子－哈尔斯克联合公司（Siemens & Halske）在俄罗斯开展电报业务。

第 10 章

蜂箱中的蜜蜂：蜂箱的历史

蜂箱是一项伟大的发明。你们一定会提出质疑："是吗？那汽车呢？电脑呢？还有手机？"这些当然都是了不起的发明。但是，如果你们在商店买了新鲜的蜂蜜，加到茶里，涂在面包上，或者直接从蜜罐里取出来食用，你们应该感谢一个人——彼得·伊万诺维奇·普罗科波维奇（Петр Иванович Прокопович）。

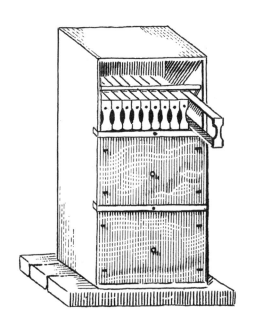

不过，也不能说全是他的功劳。蜂箱，和收音机、飞机一样，是许多杰出的工程师和养蜂人同时共同努力创造出来的。波兰人扬·杰尔容（Ян Дзержон）和美国人洛伦茨·洛连·朗斯特罗特（Лоренц Лорен Лангстрот）也在不同时期各自设计出可拆卸蜂箱，但那是后来的事了。

杀蜂取蜜

从石器时代起，人们就开始养蜂。最初的养蜂是一种原生态的活动，即原始人仅仅从蜜蜂的天然栖息地采集蜂蜜。后来，出现了树穴养蜂。人们挖空树干，做出人工树穴吸引蜜蜂筑巢，这就是所谓的野蜂巢。树穴中有一个十字形支棍，用于放置和加固蜂窝。蜂蜜流到树穴的底部，那里又另开了小孔方便收蜜，叫作"多尔热亚"。野蜂巢也有明显的缺点：并非每一棵树都适合挖成树穴，一片林子里能找到 10~15 棵适合做树穴的树就已经谢天谢地，所以树穴往往相距比较远。利用野蜂巢养蜂的方式在中世纪之前非常普遍，中世纪的时候出现了最早的养蜂场。

养蜂场的蜂箱最早是用整块木头挖成的，叫作整木蜂箱。蜜蜂被养在黏土或木头制成的整体蜂箱中，也就是不可拆卸的蜂箱。最早的整体蜂箱就是受到野蜂巢的启发制成的：直接锯切中空的树段，然后集中在一处，形成养蜂场。无论材料和结构如何，不可拆卸蜂箱有一个致命缺点，那就是蜂箱里到处都是蜂窝，要想割蜜，就必须劈开蜂箱，也就是把蜂箱毁掉。蜂箱毁了，整个蜂群也就死了，要想继续养蜂，必须重新诱养新的蜂群。

19 世纪，当经济开始发挥比在中世纪更大的作用时，养蜂人遇到了一个棘手的问题：如何制作可重复使用的蜂箱，即在不破坏蜂箱的情况下割取蜂蜜，然后到了每年的养蜂季再重新搭建起这些蜂箱，让蜂群在里面筑巢安家。俄罗斯人、波兰人和美国人以各自的方式独立解决了这个难题。但俄罗斯人最先解开了这道难题。

普罗科波维奇蜂箱

普罗科波维奇的想法是将木制蜂箱分隔成两个箱室。育雏室仍然空置，蜜蜂照常在那里建造蜂窝。但是，采蜜室采用框架结构。每个小格子都能像桌子抽屉一样拉出来，方便采集蜂蜜、蜜蜡和其他有益的蜂产品，采集之后再把小格子推回去。蜂箱的其余部分不会受到影响，蜜蜂还能在清理过的小格子上重新建造蜂巢。

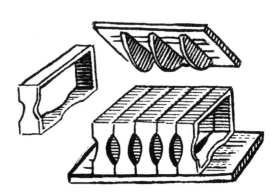

普罗科波维奇蜂箱的部件

这个结构是普罗科波维奇在 1814 年发明的。多年后的 1838 年，波兰人扬·杰尔容发明了在两个隔间中都放置格架从而控制蜜蜂育雏的蜂箱。杰尔容后来还设计了一种更为完美的框架蜂箱，里面的格架板间距达到了最理想的 38 毫米，这种蜂箱在 1848 年取得了专利。到了 1852 年，美国人洛伦茨·洛连·朗斯特罗特在杰尔容的设计基础上，创造了至今仍在使用的蜂箱模型，这就是 38 毫米标准框高的八框蜂箱或十框蜂箱。

很难说杰尔容对普罗科波维奇的蜂箱有没有了解，或许，还是了解的。19 世纪中期，相当一部分俄罗斯养蜂人已经使用框架蜂箱，此时，他们在世界其他地区的同行仍然在使用截断的树穴养蜂。杰尔容生活在西里西亚（Силезия），当时西里西亚属于普鲁士，但与俄罗斯帝国的属地波兰有密切联系。我们可以这样大胆推测，在他的某次"俄罗斯波兰"之行中，他想到了该如何改进普罗科波维奇的蜂箱。（如果有人忘记了，我可以提醒一句，波兰在 1795 年至 1918 年间已经从世界版图上消失，其领土被周边国家瓜分了。）

由于杰尔容是世界知名科学家——他不仅自己养蜂，而且还是位生物学家，他的作品以多种语言发表，在世界养蜂业发达国家的养蜂人中也拥有广大读者。朗斯特罗特就读过杰尔容的书。这里顺便插一句，是杰尔容最早发现了蜜蜂的单性生殖现象（雄蜂来自未受精卵）和蜂王浆。

我们还是回头继续谈谈普罗科波维奇。

人与蜜蜂

彼得·伊万诺维奇·普罗科波维奇，于 1775 年 7 月 10 日出生在科诺托普县（Конотоп，今乌克兰境内）米乔恩基村（Митченки）一个相当富有的牧师家庭。他就读于基辅神学院，在轻骑兵团服过役，由于健康状况不佳，被迫退役。1798 年，他回到家乡，在哥哥经营的养蜂场干了一段时间，从此爱上了蜜蜂，并意识到他会为此奉献自己的一生。

应当说，普罗科波维奇很有商业眼光和头脑。他用在军队服役时攒下的积蓄在米乔恩基附近的帕利奇基村（Пальчики）买了一俄亩 [①] 的地，盖了房子，开始养蜂。1801 年，一场大火烧毁了他的产业，但普罗科波维奇并不甘心，他重建了一切，并在 19 世纪初拥有了一个大型养蜂场（养有300 个蜂群）。

框架蜂箱（或者更确切地说，内插式蜂箱，这是发明家自己的命名）的发明刺激了蜂蜜的生产：1814 年，普罗科波维奇养的蜂群数量达到了6000 个，到 1830 年的时候——超过了 10000 个，也就是说，他拥有了全世界最大的养蜂场！普罗科波维奇的成功归因于他将蜂箱成本降至最低，而且在采集蜂蜜的过程中尽量避免对蜂群造成损害，这也意味着，他的事业比同行们发展得更快，更富有成效。

---

① 俄罗斯旧计量单位，相当于现在的 1.09 公顷。——译者注

19 世纪 20 年代以来，普罗科波维奇投入了大量的时间从事科学研究。1827 年，他出版了养蜂的相关书籍，于 1828 年创办了俄罗斯和世界上第一所养蜂学校，使养蜂由家庭经营转变为人人都可从事的职业。学校历经半个世纪的办学历程，培养的专业技术人才超过 600 人。学校的学制是两年，初期大部分学生为农奴，学费由主家负担。目不识丁的农奴在养蜂学校学会了阅读和写作。

不知是该哀伤还是该怎样？

1850 年，彼得·伊万诺维奇·普罗科波维奇在富足和满足中离开了这个世界，当时他拥有世界上最大的养蜂场和养蜂学校。他撰写并发表了六十多篇关于蜜蜂生物学和蜜蜂养殖方法的研究论文，并对他的蜂箱和其他养蜂技术要素做出了诸多改进。特别是，他比巴西人哈内曼（Ганеман）更早地使用了"分离网"，将母蜂隔离并限制其产卵。遗憾的是，普罗科波维奇并没有为他的发明申请任何特许权（专利），因此要认定他是框架蜂箱发明人这一事实相当困难。

他的儿子斯捷潘·彼得罗维奇（Степан Петрович）一直管理着父亲开办的学校和产业，直到 1879 年去世。可惜斯捷潘没有合法继承人，他的财产一部分被拍卖，一部分被附近的农户一点点偷光，学校被迫关闭。

普罗科波维奇的发明遗产在历史上一直存在争议。我们既无法证明杰尔容采用了普罗科波维奇的设计，也无法证明相反的情况。今天的世界公众采取的立场是：承认普罗科波维奇是框架蜂箱的发明者，但同时也认为，杰尔容发明的蜂箱，与普罗科波维奇无关，换言之，没有借鉴普罗科波维奇的技术，而且正是杰尔容将框架蜂箱推广到了世界各地。但在内心深处，我当然希望把鲜花和歌声献给普罗科波维奇，希望将他的发明与波兰人后来的一系列发明设计联系在一起。我们就这么做吧。

第11章

售卖空气的人：离心通风

许多家庭拥有家用风扇，它们也被称为轴流式风扇：空气吸入和排出的角度相同。但在工业中，更常用的是另一种风扇——离心式风机，其中空气排出的角度与进气流成 90° 角。这才是我们要讲述的内容。

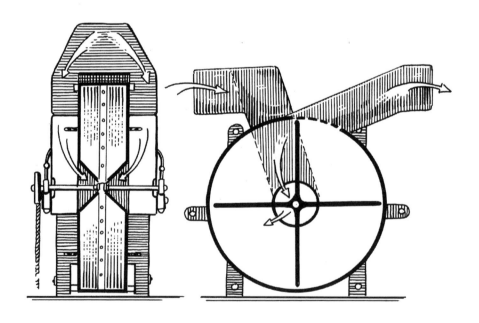

离心式（或径向式）风机结构简单，风机罩内装有带弧形叶片的转子，空气从进气口沿转子轴进入转子内部，叶片以直角侧向排出。由于外形相似，所以这种结构在英语中被称为"松鼠笼"。相对于我们所熟知的轴向系统，径向系统在工业应用中的主要优势是显而易见的：它更加坚固可靠，更加静音，而且最重要的是它的尺寸可大可小，大型径向系统的外形十分壮观，这意味着它可以驱动超大量的空气或气体。这类风机一般用于输送易燃或易爆混合气体。

还有一点，从某种意义上讲，径向式风机就是叶轮，也就是封闭在环形外壳内的叶片装置。因此，叶片末端的气流不会中断[1]，也就不会产生感应阻力，这也意味着这种结构比轴向结构经济许多。用于供暖、通风和空气调节系统的风机的 90% 都是离心风机。

现在让我们深入了解一下离心风机的历史吧。

军事工程师

亚历山大·亚历山德罗维奇·萨布卢科夫（Александр Александрович Саблуков）于 1783 年出生在一个显贵之家。家境富有，他父亲是二等文官兼枢密官，1797—1800 年任工厂手工业委员会[2]主席，相当于现在的工业部部长。

等待着亚历山大和他的兄弟尼古拉的是在军中的锦绣前程。前者后来升格为俄罗斯矿业工程师高等武备学校[3]的中将，后者则荣升俄罗斯帝国陆军少将。很久以后，19 世纪 60 年代，尼古拉·萨布卢科夫（Николай Саблуков）因其英文版的《笔记》被发表而闻名于世（此时他已经去

---

① 简单地说，叶尖会破坏液体或气体的平稳流动，产生对叶片自身及周围部件的扰动波。特别是，这些扰动波会阻碍风机的运动，降低效率和耐用度。

② 彼得一世在 1718 年所设立的中央机构之一，主管工业。——译者注

③ 俄罗斯矿业工程师高等武备学校 1834 年成立，其前身为矿业中等武备学校，1866 年改制为矿业学院，是俄罗斯帝国一所军事化的高等技术教育机构。——译者注

世）——这是我们了解保罗一世时代历史风貌的重要信息来源之一。

亚历山大从小就对技术科学感兴趣，他父亲也通过各种方式鼓励他发展这方面的兴趣。因此，亚历山大接受了良好的教育，后来在俄罗斯工程界享有很高的声望。他在火炮、瞄准系统结构等方面进行了多项改进，但他做出一生中最重要的发明时，已经不是意气风发的年轻人，而是一个即将退休的垂暮老者。

此前和之后

关于类似离心风机系统的记载，最早见于 1556 年。德国科学家、"矿物学之父"格奥尔吉·阿格里科拉（Георгий Агрикола）在其不朽著作《论矿冶》这部欧洲第一部冶金和矿业的百科全书中对这个系统进行了简要描述。这部长达 12 卷的鸿篇巨制在一个半世纪的时间里，一直是采矿行业最具权威性的信息来源——从对矿井建设环境的研究到金属冶炼，再到利用冶炼出的金属制造各种产品，无一不有。在书中的一幅木刻画上，阿格里科拉绘制了一台制作简陋、由肌肉力驱动的离心风机，用以向矿井输送空气。

在 19 世纪之前，这是唯一一处可考可查的关于离心风机的书面记载。1827 年，美国新泽西州的工程师埃德温·史蒂文斯（Эдвин Стивенс）在"北美"号蒸汽船上安装了一台用于锅炉冷却的离心风机的试验产品。著名的发明家约翰·埃里克森（Джон Эрикссон）也有过同样的想法，他以舰船设计闻名于世，尤其是他设计的"莫尼特"号战舰成为新一级舰艇的先驱。埃里克森在"海盗"号蒸汽船（1832）上安装了离心风机用于锅炉的冷却。

但奇怪的是，无论史蒂文斯还是埃里克森都没有看到离心风机系统的潜力，所以这两个例子都仍然是孤例，没有后续的进展。亚历山大·萨布卢科夫却预见了离心风机的前景，并设法向周围的人证明他是对的。

俄罗斯风机

亚历山大·萨布卢科夫于 19 世纪 20 年代末退休后，开始密切参与土木工程项目。1832 年，萨布卢科夫几乎和埃里克森同时设计出经典结构的离心风机。外壳内配有 4 个直叶片的转子通过旋转（根据气流方向弯曲叶片是很久以后的做法），从设备两侧而不是单侧吸入空气。第一台风机是由两名工人转动的手动设备；随后，蒸汽机开始使用类似的系统，效率明显提高，萨布卢科夫也是亲见了这样的变化。但即使采用肌肉力驱动，风机每小时也可以吸排高达 2000 立方米的空气。

萨布卢科夫手里握有一张底牌，那就是他的财富和成就，以及他同当时所有实力派人物的私交，俄罗斯皇帝也在其中。因此，当萨布卢科夫将他的发明提交给总监察长领导的特别军事委员会审议时，尽管也不是那么一帆风顺，细节我在下文会具体谈——但总体上他的发明被认为是大有前景，萨布卢科夫获得了国家特许权并在接下来的两年内顺利将新型风机投产。

起初，这些风机安装在矿山和矿井中（这也是萨布卢科夫开发风机的初衷），同时也用于大型船舶的货舱通风。第一台风机安装在阿尔泰（Алтай）的恰吉雷矿山。不到十年，这项发明就在俄罗斯境内所有主要采矿点推广开来，19 世纪 30 年代末，欧洲国家也开始购买萨布卢科夫的专利。

"蜜蜂"与"蜂蜜"之争

推广风机过程中最有趣的一幕，莫过于萨布卢科夫与另一位俄罗斯著名工程师卡尔·安德烈耶维奇·希尔德（Карл Андреевич Шильдер）中将之间的"对台戏"。希尔德与萨布卢科夫同龄，同时退休，在不同的工程项目中都有参与。希尔德是批准萨布卢科夫发明的那个特别委员会的委员，也是唯一绝不认可"竞争对手"发明前景的委员。希尔德拒不同意向萨布卢科夫拨付风机改进和生产的款项。此时，一些生意人给萨布卢科夫救了急：一些工厂主对他的发明成果产生了兴趣，而国家在批准并颁授特许权后，便不再对他的发明成果感兴趣。

但在 1834 年，希尔德遇到了技术难题。那年，他造出了俄罗斯的第一艘潜艇并进行了展示。由亚历山大铸造厂建造的这艘潜艇长 6 米，可下潜 12 米，由 13 名船员操作。这时候，希尔德潜艇的氧气供应出现了问题。起初，他认为可以在下潜之前向潜艇一次性注足空气（根据计算，下潜时间为 10 小时），但是这个方法原则上行不通：潜艇内的氧气在 3~4 小时内就会被耗尽，必须定期换气。然后，希尔德加装了一个进气口：潜艇需要浮出水面，伸出进气口，"吞一口"新鲜空气。问题来了，如何加快换气速度？希尔德除了认清自己往昔的过失外，没有别的办法，他向亚历山大·萨布卢科夫求助。萨布卢科夫很快就设计出一种小型离心风机，可以

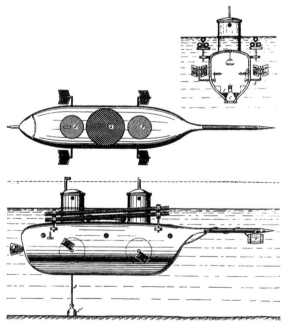

K.A. 希尔德设计的潜艇外观和横截面

在短短 3 分钟内将空气吸进潜艇。从这时起，以前的敌对变成了长久的合作与友情。

失败的喷水式推进器

萨布卢科夫受到这一成功设计的启发，在接下来的几年里，他又多次改进系统，并且积极开发新的离心泵。为了"不时之需"，我在这里要稍微作些说明。离心泵的工作原理与离心风机相同，不同之处在于它通过叶片吸入和增压的是水，而非空气。

和风机的情况一样，之前也有人尝试过制造离心泵，但都是百无一二的个例。1475 年，意大利艺术家、雕塑家和工程师弗朗西斯科·迪·乔治（Франческо ди Джорджо）就首次接近了这个想法；17 世纪，丹尼斯·帕潘（Дени Папен）制造了一个实验室模型。

设计新潜艇时，希尔德又遇到了低速问题：他需要一个比螺旋桨更有效的推进系统。萨布卢科夫建议根据离心风机的原理，设计一种喷水式推进器。从本质上讲，可以认为，离心泵就是喷水式推进器（发明者称为"吸水器"）研制过程中产生的适于陆地使用的副产品。1838 年，潜艇建造完成。

1840 年 10 月 3 日，喀琅施塔得见证了安装有萨布卢科夫"吸水器"的希尔德潜艇的公开试验。由于资金短缺，希尔德被迫放弃了原本的电动机方案，改用人力（水手）驱动"吸水器"。正因为如此，潜艇在克服水流的能力上出现了严重缺陷，专门负责分析这艘潜艇设计的特别委员会对潜艇的功能给出了否定的结论，试验宣告失败。俄罗斯陆军大臣亚历山大·伊万诺维奇·切尔内绍夫（Александр Иванович Чернышёв）特级公爵在听取委员会意见后，以"缺乏前景"为由下令终止试验。俄罗斯因此错失了成为第一个在战争中使用潜艇的军事强国的历史机遇，但它本可以成为这样的国家！

和风机一样，萨布卢科夫的离心泵也获得了特许权，但是并未实际应用。仅仅十年后，离心泵就从英国走向了世界。英国工程师约翰·阿波德（джон Эпполд）在 1851 年的伦敦世界博览会上展示了他发明的系统。他的离心泵比萨布卢科夫的要完善许多，效率系数达到 68%——这已经是那个时代的高标了，因此受到世博会委员会和参观者的盛赞。

终局

亚历山大·亚历山德罗维奇·萨布卢科夫度过了漫长的一生，功成而名就。尽管离心泵的发明无疾而终，但他在技术上还是留下了一笔不菲的遗产。1835 年至 1845 年间，萨布卢科夫成立了几个新的工坊和化学实验室，当时他是帝国自由经济协会（俄罗斯最重要的科学协会之一）第四分协会会长。他周游欧洲，把各种新技术带回俄罗斯，并邀请大批外国科学家和机械专家来俄交流。1841 年，他在巴黎出版了一本关于离心风机和离心泵的法语专著，而约翰·阿波德发明的系统很有可能就是以此为基础的。

也许，萨布卢科夫唯一没有来得及做到的，是开办一所机械学校。他已经为之努力了好几年，但最终没有获得授权和经费。1857 年，萨布卢科夫去世，他留在自己身后的，是后人对他美好的追忆，还有一个可以让后人利用他的发明进行技术试验的广阔空间。

第12章

领先于时代的控制论

在顺势疗法支持者的网站上，你们可以找到一个名叫谢苗·尼古拉耶维奇·科尔萨科夫（Семен Николаевич Корсаков）的人及其传记。里面通常会谈到科尔萨科夫的顺势疗法对俄罗斯社会的有益影响，稀释草药治愈了数以千计的病人，等等。客观地看，科尔萨科夫确实是位了不起的人物，但绝对不是在医学（和伪医学）领域。他是计算机的发明人。

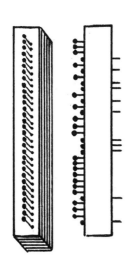

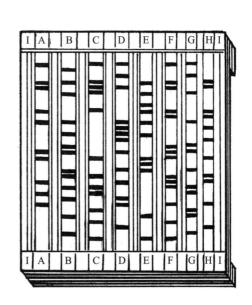

紧接着我要说的是，科尔萨科夫其实并没有干成什么像样的大事，尽管他是贵族，四等文官（他的文官等级相当于军队里的将军），地主，不算贫穷，也小有成就。然而，科尔萨科夫远远超前于他的时代。一方面，19世纪上半叶的技术发展水平，使制造可编程机器成为可能——雅卡尔提花织布机就是一个明证[①]——但另一方面，这些机器又没有实际用途。我现在一下子想不起来，当时除了织布机，在哪里还使用过穿孔卡片。也许，是在机械钢琴或其他自动装置中。

奇特的嗜好

谢苗·科尔萨科夫于 1787 年出生在一个富裕的贵族家庭。这个男孩的教父是格里戈里·亚历山德罗维奇·波将金－塔夫利达（Григорий Александрович Потемкин-Таврический）特级公爵，这一事实本身就说明了许多问题。科尔萨科夫的父亲尼古拉·科尔萨科夫（Николай Корсаков）是军事工程师，毕业于牛津大学，是赫尔松城和赫尔松要塞的主要建造者，他的外祖父谢苗·伊万诺维奇·莫尔德维诺夫（Семен Иванович Мордвинов）是海军上将，他的舅舅是海军大臣。这是一个含着金汤匙出生的孩子，所有的路都已经为他铺好。尽管父亲早逝，当时科尔萨科夫还未满一岁，但这些路他都走得很顺利。

科尔萨科夫参加了反对拿破仑的战争，既参加了卫国战争阶段的战事，也参加了国外的战役（一直持续到 1814 年）。之后他在司法部和内务部任职，荣膺"安娜"和"格奥尔吉"勋章，总的来说，仕途顺风顺水。

但是，科尔萨科夫有一个嗜好——对于他这个阶层和这样教养的人来说很奇怪的嗜好。科尔萨科夫之所以对此感兴趣，很可能是因为他身处公务员系统，经常要应付各种各样的统计和没完没了、重复性的文书工作。

---

① 采用穿孔卡片系统在织物上形成图案的雅卡尔织布机于 1801 年首次向世人展示。

1832 年之前，即科尔萨科夫 45 岁之前，没有人真正了解过他的爱好，当
然，除了他最亲近的人——妻子和孩子（科尔萨科夫有 10 个孩子）。

科尔萨科夫热衷于控制论，这是一门在当时还不存在的科学。1832 年，
他在法国出版了一本名为《通过思想比较机器进行研究的新方法指南》的
小册子，其中说明了各种"智能机器"的构造。同时他向圣彼得堡科学院
递交了一份书面申请，建议审议他的发明成果，以便完成后续的实际应用。
无论他的说明还是书面申请都没能给人留下应有的印象，主要是因为没人
明白为什么要这么做。

谢苗·科尔萨科夫发明的机器

总共有五台机器：固定部件直线顺势镜、活动部件直线顺势镜、平
面顺势镜、表意镜和简单比较器。从这些设备的用途来看，科尔萨科夫
显然是在试图简化统计工作，而这正是他的直接职责之一。结果，事情
却办得没头没脑：科尔萨科夫既没有能力独立推广这些设备，甚至也没
有能力独力使用这些设备来加快自己的工作进度，因为他发明的机器需
要穿孔卡和穿孔表作为信息载体。假使科尔萨科夫当时真的制作了示范
版本，但也只有在顺势镜和表意镜得到广泛推广的前提下才能更好地使
用，充分发挥出它们的效用。这就好比如果你们发明了一种新型燃油车，
在加油站网络建成之前，你们无法让这种汽车普及起来，而单凭一己之
力是建不成所有这些加油站的，因为加油站不仅意味着储油罐，这只是
生产链条的最下游、金字塔的顶端，金字塔的底部则位于最初的采矿区
的某个地方。

最原始的顺势镜是以表格为基础建立的，表格的每一列都表征着某种
现象（具体说到科尔萨科夫，他对医学也很感兴趣，所以他制作的表格的
每一列都代表着某种疾病），每一行对应于表征特定现象的症候，具体到科
尔萨科夫的设计中就是疾病的症状。

想象一下，如果你们得了流感，你们的症状是咳嗽、流鼻涕、发烧、身体发虚、头昏脑涨，这 5 种症状就填入了"流感"这一列的 5 个单元格。现在再想象一下，有 1000 个症状行和 100 个疾病列。这种情况下，该如何利用这个体系根据典型症状找到正确的诊断？

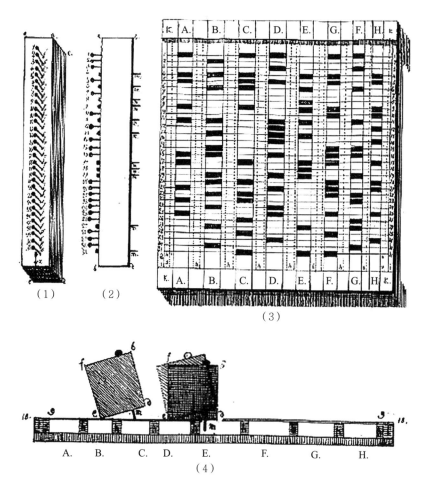

（1）以透视方式呈现的顺势镜；（2）顺势镜侧视图；（3）顺势镜用表（穿孔卡片），俯视图；
（4）顺势镜截面和第 18 行上的表格，以此图示说明设备如何操作
带固定部件的直线顺势镜①

---

① 它是科萨科夫提出的五种"智能机器"之一，是一种分类逻辑装置，用于机械式地比较各种想法。——译者注

这就是顺势镜的用武之地。顺势镜是一个带有小孔的圆柱体。它的长度与列高一致，每行对置的小孔中都插有钉针。我们把与 5 种病症相匹配的行（假设这些行的行号分别是 3、5、10、34 和 71）从小孔中推出，然后拿着圆柱体贴着表格移动。如果突出的钉针与某一列的"图案"完全契合，钉针就会落进组成"图案"的孔洞，在那里我们就能找到对应的疾病名称。我们来看一下这一列的标题——"流感"！

现在看来，似乎还是没有必要这么大费周章。一个好的医生，当然会记得每种疾病的症状。科尔萨科夫只是拿医学举例。但是，如果我们需要将 10 万名士兵按 50 种训练特征分类，然后只挑选合适的士兵来分配任务呢？如果有 200 个特征呢？顺势镜的原理对于大型阵列来说似乎是不可替代的。

基于带固定部件的顺势镜，我前面说明的就是这种情况，科尔萨科夫设计出带活动部件的顺势镜，这样一来就可以比较不同列的疾病特征集。下一步是顺势镜的扁平化，圆柱体被方形板代替。新系统不再使用钉针，而是标注有刻度的专用杆，通过拉出或推入一定量的刻度进行组合，使特征总数达到一百万！

带活动部件的顺势镜可以根据重要程度识别症状：不仅仅是"5 个症状 = 流感"这么简单，而是"3 个重要症状 +2 个次要症状 = 流感"，即使症状相同，但当重要程度和顺序不同时，也可以判定为另一种疾病。

最后一台机器是比较器，它能比较两种预先设定的想法（在前面所说的情况下，我们将自己预先设定的想法与穿孔表中已经包含的想法进行比较。比较器已经不需要表格的帮助）。科尔萨科夫用法语将信息数组命名为"复杂的思想"（idée compliquée），因此才有了"思想比较"和"思想镜"的说法。

科尔萨科夫的主要突破在于把穿孔卡用作信息库。雅卡尔提花机仅仅是把穿孔卡作为一种程序算法来定义机器的操作顺序。除了针脚图案，雅卡尔的穿孔卡再不能提供其他任何信息，而科尔萨科夫的穿孔表包罗万象，能储存和分类几乎所有的信息——从军事信息到普希金的诗歌，不一而足。

但现在看来，科尔萨科夫的发明过于超前了。

故事的结局

科尔萨科夫相信，他的机器能增强人的思维能力（这是他本人的措辞），这个判断完全正确。他首次提出"特征权重系数"这一概念，即特征的重要性，学会了对集合进行机械操作。实际上，他的突破原本可以使 19 世纪的科学发生翻天覆地的变化，使现代计算机提早 30~50 年问世。

但他不走运。他把一些亘古未有、别开蹊径的原理突然一下子都摆到桌面上，不管是墨守成规的俄罗斯社会，还是更加活跃和现代化的欧洲，都无法接受这些具有颠覆性意义的原理。数学界和机械学界对科尔萨科夫出版的小册子都视而不见。

1832 年 9 月 11 日，科尔萨科夫写信给圣彼得堡科学院秘书帕维尔·富斯（Павел Фусс），请求组织一个委员会来审议他提出的概念，两天后，他还提供了一份智能机器的说明材料。信中有这样一句话："仁慈的君主，我原本拥有独占特许权，根据这项权利，我有权要求使用一种迄今未知的方法，但我被迫主动放弃独占特许优先权，希望科学院能理解我的苦衷。"也就是说，他是有意放弃了专利。

10 月 24 日，科尔萨科夫接到了科学院的回函：科学院拒绝协助推广他的概念。结论如下："委员们指出，就其性质而言，这种方法仅适用于某些科学门类，此外，每种科学门类都需要单独编制表格。多数情况下，表格的体量将会非常庞大，而且所涉费用远远超出原创者自认为设备可能带来的益处。"尽管我这么说你们可能会觉得奇怪，但委员会之所以反对科尔萨科夫，就是因为它看到了问题的本质：相对于这么超前的智能机器而言，当时的技术水平实在太过于原始，在短时间内迅速推广这种技术，显然无异于痴人说梦。网上流传着这样一则故事：说科学院委员会公开嘲讽这位发明家，说"科尔萨科夫先生为了教人变笨，花了太多脑筋"。这其实是一种讹传，事实上，科尔萨科夫的机器被委员会认真审议了好几个星期，而且最终给出的批评意见也有理有据。堂堂科学家们可不想冒这个险。

发现"科尔萨科夫的发现"

科尔萨科夫于 1853 年去世。他再也没有试图推广他的机器，即使后来他做了一些后续的开发工作，他也把它们带进了坟墓。

一百多年过去了，人们才想起他。1961 年，科技史学家、传记文学家摩西·伊兹赖列维奇·拉多夫斯基（Моисей Израилевич Радовский）在科学院档案中发现了与科尔萨科夫有关的所有文件——申请书、说明材料和委员会结论。他把这些史料刊发了出来，20 年后，拉多夫斯基刊发的资料为莫斯科工程物理学院控制论教研室教授格利·尼古拉耶维奇·波瓦罗夫（Геллий Николаевич Поваров）所用。1982 年，波瓦罗夫在莫斯科的一次人工智能研讨会上发表了关于科尔萨科夫的演讲——俄罗斯人突然想起了这位才华横溢的同胞。今天，科尔萨科夫在逻辑机器发明方面的优先地位得到了全世界的认可——这在很大程度上要归功于波瓦罗夫在 2001 年编辑出版的英文著作《俄罗斯的机器计算》（*Computing in Russia*）。遗憾的是，科尔萨科夫的发明成果一直处于封存状态，未能为世界科学的进步和发展做出任何贡献。

> **附言：**既然我原先说的是"A"，那我现在就说"B"。谢苗·科尔萨科夫真的非常醉心于顺势疗法，他研究过顺势疗法创始人克里斯蒂安·哈内曼（Христиан Ганеман）的著作，并在自己喜爱的顺势疗法实践活动中广泛应用哈内曼的思想成果，为亲

戚和一些农奴提供他自己发明的药物。但是别忘了，顺势疗法在科尔萨科夫时代还是一个全新且尚未探索的医学领域，从理论上讲，顺势疗法是有机会成为像神经外科一样严肃的科学学科。如果没有顺势疗法，科尔萨科夫可能也不会发明智能机器——医学为他制作顺势表提供了绝佳的数据库。

第13章

钢与布拉特的故事

也许，在俄罗斯历史上，至少在"十月革命"以前，没有人像帕维尔·彼得罗维奇·阿诺索夫（Павел Петрович Аносов）那样，为俄罗斯，乃至在某种程度上为世界冶金学做出如此重大的贡献。这么说，没有丝毫夸张的成分。如果有人可以说是"上帝赐予人间的冶金师"，那这个人非他莫属，他发明的布拉特[①]铸钢技术代表了他最高的成就和技术思想的巅峰。如果用现代网络语言来形容，他就是一个"酷叔叔"。

---

① 一种枝晶花纹钢，一度被认为外表最接近古代乌兹钢的模仿品，但有本质区别。文中所指古代布拉特钢即乌兹钢。——译者注

"都是我的，"金子说；

"都是我的，"布拉特说。

"我全要了，"金子说；

"我全拿了，"布拉特说。

以上文字摘自亚历山大·谢尔盖耶维奇·普希金于 1827 年创作的经典作品[1]。唯一的问题就是布拉特钢在普希金时代还没有出现——更确切地说，布拉特的制作技术早已失传，所有的冷兵器或者制造冷兵器所用的钢，都被称为布拉特。然而，对于一个连彼得大帝的雕像究竟是"铜"还是"青铜"制作的都搞不清楚的诗人来说，这个错误是可以谅解的。

阿诺索夫的伟大之处在于，他首先设法恢复了布拉特的传统历史工艺，然后在他意识到这种材料与普通铸钢相比存在一定弱点后，果断停止了布拉特的生产。我们就一件件慢慢地说吧。

如何成为冶金师?

阿诺索夫从最底层的"清水衙门"的低级小吏做起，最后干到托木斯克总督的位置。他父亲是省税务局的书记员，先是在特维尔省任职，然后去了圣彼得堡，1809 年去世，留下四个孤儿，包括 13 岁的帕维尔。两男两女四个孩子都被送到他们的外祖父列夫·费多罗维奇·萨巴金（Лев Федорович Сабакин）家里寄养，萨巴金是相当知名的机械专家和发明家。萨巴金与叶卡捷琳娜二世相识，在女皇的授意下，萨巴金在英国学习了制表，之后他设计了钟表，制造了机床、天平、测量机——总之，在素有技术气质的男孩帕维尔的眼中，外祖父就是卓尔不凡的完人。

不久，列夫·费多罗维奇就把帕维尔和他的兄弟彼得送到矿业武备学校（今圣彼得堡矿业大学）学习，但彼得健康状况不佳，上学期间就不幸

---

① 指普希金名篇《金子和布拉特》。——译者注

病逝了。之后，阿诺索夫的外祖父也去世了，阿诺索夫在 1817 年从武备学校毕业时，被授予士官军衔，被派往兹拉托乌斯特矿区，职务是最低级别的见习专家。按照官阶表，阿诺索夫当时的官职是值班长（采矿业 13 级），相当于准尉军衔。

我注意到一个很有趣的事情，这个当然有些跑题：1999 年之前，阿诺索夫的确切出生地点和日期还不得而知，文件中最多只有"帕维尔·阿诺索夫，45 岁"这么一句话。但 1999 年，研究人员在帕维尔档案馆发现了西梅奥诺夫教堂保存的未来冶金师的出生登记证——1796 年 6 月 29 日。还有一件有意思的事情：在圣彼得堡读书的时候，阿诺索夫是伊利亚·柴可夫斯基（Илья Чайковский）的同学，后者后来也成为著名的采矿工程师，他有一个了不起的儿子——伟大作曲家彼得·柴可夫斯基（Петр Чайковский）。

帕维尔·彼得罗维奇·阿诺索夫在兹拉托乌斯特采矿厂工作了近 30 年，其中有 16 年的时间一直担任矿业主管和兵工厂厂长。那些年里，阿诺索夫在工厂推行了多项改革措施，这样的措施无论在他之前还是在他之后，都没有人再实行过。

阿诺索夫的主业当然还是冶金。阿诺索夫留下了许多相关的笔记、文章、书籍、公务便笺和说明材料，这些丰富的史料为 1954 年出版的阿诺索夫文集奠定了坚实的材料基础。阿诺索夫不断地研究各种添加剂对钢的影响，并留下了宝贵的说明材料，他还进行了添加锰、金、铝等的试验，用显微镜研究钢的微观结构，开发新型熔炼坩埚，等等。拿起任何一本关于阿诺索夫的书，你们都可以看到他的成就列表。

我们现在只关注两个方向，它们在帕维尔·阿诺索夫的发明中占据着突出地位：一是生产优质铸钢，二是恢复布拉特铸造工艺。

简单说说钢的那些事

无论何时，钢铁的生产方法都是趋同的——以生铁炼制钢铁。生铁是铁、碳和其他元素（硅、锰、硫）组成的合金，生铁的碳含量应超过 2.14%。如果低于这个标准，那就已经是钢了。生铁是由高炉里的矿石直接冶炼而成，80%~90% 的生铁不是用于生产生铁制品，而是用于炼钢（这种生铁称为炼钢生铁）。

冶金师的工作就是要降低含碳量和不纯物质，从而炼制出优质钢。从过去的经验来看，要达到这个目的的途径只有两个：一是搅炼熟铁，二是在熟铁吹炼炉中熔炼。两种方法的基本原理相似，而且早在公元纪年之前就已经出现：公元前 14 世纪至公元前 13 世纪，乌拉尔图部族（公元前 9 世纪至公元前 6 世纪生活在小亚细亚一带）就使用过熟铁吹炼炉。这种炉子里的铁是通过加热与木炭混合的矿石、从矿石氧化物中还原出来的。这样生产出的就是熟铁锭——经过锻造的含杂质的铁锭，在锻造过程中，炉渣将被"榨出"。然后将铁渗碳（字面意思就是，像海绵一样，在一定温度下用碳浸渍），再把制好的钢层焊接到铁上，以保证武器的强度和硬度。生吹炉的下一个发展阶段是灰泥烤炉和高炉，这两种炉子已经采用了空气预热工艺，具有连续的工艺过程。

英国工程师亨利·贝塞麦（Генри Бессемер）和法国冶金师皮埃尔·埃米尔·马丁（Пьер-Эмиль Мартен）在 19 世纪中期完成了冶金业的一场革命，他们分别发明了贝塞麦法（又称酸性转炉炼钢工艺）和马丁法（又称平炉炼钢工艺），后者发明的基础是卡尔·威廉·西门子（Карл Вильгельм Сименс）早先申请的专利。1865 年首次公开展示的平炉，可以在以前无法达到的高温下冶炼钢铁，直到 20 世纪中期，这种炼炉在钢铁生产中一直占据主导地位。贝塞麦法要求用压缩空气吹扫生铁，促进杂质氧化和优质钢生成。有趣的是，这种工艺起初输给了马丁法，但在第二次世界大战后，贝塞麦法得到了迅速改进和积极发展，现在（以吹氧转炉炼钢法的形式）已成为黑色金属冶炼的主流工艺方法。

但这些都是后话。当帕维尔·阿诺索夫意识到必须以某种方式改进钢铁生产时，世界上还没有马丁和贝塞麦。

铸钢

在兹拉托乌斯特的工厂里，钢铁的生产还在采用老掉牙的方式——先是在熔铁炉（熟铁吹炼炉的进一步发展）里冶炼，随后对熟铁锭进行后续锻造加工。即使按照俄罗斯当时的标准，这也属于过时的淘汰技术：在技术领先的企业，坩埚法已经非常普及，在欧洲更是如此，从18世纪中期起，坩埚法在英国就广为人知。坩埚是一种特殊容器，按照经典的工艺流程，需要将由纯铁、熟钢、生铁、煤等组成的复合炉料（炉料由多种材料混合而成，经过熔炼，可以生产出合格的钢）放入其中。坩埚自身所用材料也会对成品钢的质量产生影响。

阿诺索夫发明了一种俄罗斯铸钢工艺，这种工艺既借鉴了俄罗斯某些工厂引进的国外产品工艺，同时也基于阿诺索夫自己的经验和知识积累。他设计制造了8个炉子，每个炉子各有8个坩埚。但是坩埚后来出现了问题，因为俄罗斯当时仅出产熔炼有色金属的陶坩埚，炼钢需要产生更少钢渣的容器（"熔炼罐"，这是当时的叫法）——也就是陶制石墨容器。阿诺索夫于是组织人员勘探石墨矿床，进行开采。在此之前，俄罗斯还从没有把石墨这种材料应用到任何工业生产中。

但是，之后的事情就全靠俄罗斯冶金师自己完成了。由于采用原始的碳饱和工艺（也就是渗碳或烧结工艺），欧洲的铸钢产量很小。为达到适当的碳比，就把铁与含碳材料熔合，即所谓的固相烧结。将坯料填到炉子里，与木炭等接触，这种情况下，钢材的品质就取决于冶金师的直觉，因为碳比与填料方式直接相关。

阿诺索夫发明了气体渗碳。他从试验中发现，在封闭的炭炉里熔炼钢会使空气中的一氧化碳和二氧化碳含量达到饱和，从而导致钢的渗碳。同时，由于含碳气体数量减少，开启闸板阀可以延缓渗碳进程。

总而言之，阿诺索夫在兹拉托乌斯特实现了完全自主的铸钢生产全流程，也就是说，不仅形成了完整的生产周期，而且无须使用进口部件。1837 年，他在《矿业杂志》上发表了他最著名的一篇论文《论铸钢的生产》。这个刊物通常刊发的都是矿业和金属学方面的文章，有俄语的文章，也有翻译的文章，刊物一般会寄送圣彼得堡科学院和其他国家的科学院。搞笑的是，俄罗斯曾经因为阿诺索夫的成就一跃成为世界钢铁行业的领导者，同样因为阿诺索夫的成就，后来又跌落到原来的位置。近 30 年后，随着更为先进的平炉冶炼技术在全球范围内普及，因循守旧的俄罗斯政府一开始就拒绝购买这项工艺的专利，理由是国内工厂的铸钢生产状况良好。我想，要是阿诺索夫还在世的话，他一定会第一个提出把平炉炼钢工艺引进他的厂里来。

在开发了铸钢技术之后，帕维尔·阿诺索夫随即做出了他最著名的发现。

从钢到布拉特

布拉特钢在历史上一直都是由亚洲国家制造的，俄罗斯也进口布拉特钢，但只是成品，所以布拉特钢的制造秘密一直不为人知。花纹金属是布拉特制品，特别是布拉特宝剑的特点之一——宝剑表面清晰可见突起的折线状晶格花纹，犹如绣花织品一般。就工艺而言，布拉特既非钢铁，亦非生铁，而是介于两者之间。一方面，布拉特的碳含量超过 2.14%，另一方面，布拉特的延展性和钢相当，但是淬火后变得比钢还要坚硬。一般来说，

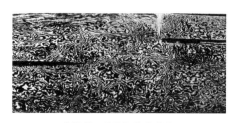
布拉特刀片的折线状花纹

布拉特是一种含碳的铁合金，决定布拉特这种状态的不是碳量，而是金属的特殊结构。

但是古人并不懂这些，布拉特是他们经过无数次试验才炼制出来

的。此外，布拉特是所有"有图案纹路"金属的共有名字，所以一些史料（包括布拉特产于古罗斯的说法）的真实性和准确性应该大打折扣，至少要除以 100。"布拉特"这个词本身来源于波斯语，意为"钢铁"。在不同时期、不同语言中，类似于布拉特这种有纹路、有分层的钢的名称多达数十种，最有名的是"乌兹""呼罗珊""法兰德"等。

我们不清楚究竟发生了什么，布拉特的技艺在 18 世纪就失传了。即使在印度，那些能让这种技术复苏的传统制造企业都没有保留下来。一些伟大的科学家和冶金师努力探寻布拉特这种有花纹且又坚硬耐用的钢铁的制造技术。有一点很重要，我们必须要明白，他们当中的许多人，而不仅仅是一个阿诺索夫，都取得了成功。

他们采用的方法大相径庭，不过殊途同归。例如，英国著名的物理学家迈克尔·法拉第（Майкл Фарадей），早在阿诺索夫之前，就参与了印度"乌兹"工艺的复苏工作。1819 年、1820 年和 1822 年，法拉第先后发表了三篇相关研究论文。法拉第错误地认为布拉特花纹是铝、银或铂的机械杂质造成的。事实上，法拉第在实验室里获得的是一些表面上符合布拉特钢特点的"合金"。欧洲其他一些著名的冶金师也有类似收获，包括德国的威廉·冯·法贝尔·杜·福尔（Вильгельм фон Фабер дю Фор）、法国的皮埃尔·贝蒂耶（Пьер Бертье）等。但总的来说，在 1800 年代，"布拉特"，也就是"乌兹"，是全世界冶金师挥之不去、迷梦一般的理想。他们对古老花纹刀片样本进行了悉心研究，但还是无法重现其生产工艺。

虽然布拉特的图案与杂质无关，而与钢自身构造相关的推测在早些时候已经被提出，但帕维尔·阿诺索夫是第一个实际证明这一结论的人。19 世纪 20 年代后期，他开始关注这个问题，并投入了大量时间研究布拉特。他从欧洲邮购了所有能找到的研究资料，认真阅读，亲自重做了法拉第和其他科学家将铁与各种金属熔合的实验，仔细研究了各种收藏中的布拉特刀片（俄罗斯有很多），并收集了数量可观的样本——主要是印度"乌兹"。

阿诺索夫是最早对"乌兹"进行化学分析的人之一，他证明了"乌兹"只含有铁和碳成分，此外，杂质降低了钢的品质，而布拉特又优于普通合金。阿诺索夫的研究逻辑像铁一样无懈可击，或者说，他的逻辑像"布拉特"钢一样坚不可摧。

帕维尔·阿诺索夫比他的竞争对手更有优势：他有渠道找到技术设备，有充足的试验材料供应，随用随取，他还有许多僚属。因此，他走的是纯粹的试验路线，而非研究路线。阿诺索夫得出的第一个正确结论是，钢铁不应该通过瞬间淬火来冷却，而应该让其慢慢冷却。到 1839 年的时候，经过无数次的尝试和失败，阿诺索夫终于完全掌握了布拉特的生产工艺。这里我不再对工艺本身进行具体说明——不过是炉料成分、助熔剂数量、熔炼时间等技术参数。1841 年，阿诺索夫发表了他最常为后人引用的文章《论布拉特》，详细说明了这项工艺，将布拉特按花纹的大小、形状和颜色分成不同的类别，确立了这一领域未来许多年的规范。

1851 年，阿诺索夫制作的布拉特刀片在伦敦世界博览会上展出，之后阿诺索夫的作品在俄罗斯国内外大受追捧，获奖无数，被私人收藏家竞相收购。

这里，请注意，我又要说"但是"了，不过这个"但是"更加重要。布拉特制作的刀片品质精良，完全可以用作武器，但与普通军刀相比造价昂贵，无法大规模生产来满足军队需求。正因为如此，阿诺索夫制作的刀片仍然只能作为展品和礼品存在。冬宫里珍藏着一把阿诺索夫军刀的真品——这把刀原先的主人是米哈伊尔·帕夫洛维奇（Михаил Павлович）亲王，刀片用塔班布拉特制成（阿诺索夫对布拉特进行了分类，分为塔班和呼罗珊两个品类）。

1841 年，帕维尔·彼得罗维奇在《矿业杂志》上写道："我相信，随着布拉特钢的制造和加工工艺日益普及，它将取代目前所有类型的用于生产对锐度和耐用性有特殊要求的产品的钢。"同时，他自己一定也意识到（或后来意识到），布拉特是他的爱好和骄傲，而非钢铁生产技术。至少他从来没有尝试过大规模生产布拉特刀片，在钢铁规模化生产方面，他更多关注的是普通铸钢。

1847 年，阿诺索夫离开了兹拉托乌斯特工厂，升任阿尔泰采矿厂厂长和托木斯克总督。虽然没有了他的监管，布拉特武器也一直生产到 20 世纪初，不过产量下滑，50 年内只生产了几十把刀片。1851 年，阿诺索夫因患重感冒猝死，但铸钢技术已经在俄罗斯乃至全世界传播开来。

不过，现在的花纹匕首大多不是用布拉特铸造的，而是用大马士革钢焊接而成。了解这一点非常重要。匕首上的纹路并不是晶格的枝晶性质所致，而是人工组合焊接坯料的结果。相对来说，很少有公司使用阿诺索夫开发的工艺来生产布拉特钢。阿诺索夫的工艺又一次面临复苏的问题，因为目前的布拉特制造工艺所依据的主要是阿诺索夫的作品和他那篇传世之作《论布拉特》。布拉特刀片属于小众产品，也非常特殊，但不能因此否认阿诺索夫在冶金方面的卓越才华，毕竟是他解开了往昔之谜，使随着工匠们离去而一度消失的绝世工艺重现天日。

第14章

暖气片——俄罗斯冬天谁先知

在城市里，几乎每家每户的窗子底下都有一个我们很熟悉的物件，那就是暖气片。不仅仅是俄罗斯，几乎所有知道冬天意味着什么的国家都是如此。暖气片是德国人弗朗茨·卡尔洛维奇·圣加利（Франц Карлович Сан-Галли，俄罗斯化的德国人）的发明，他很小的时候就移民到俄罗斯。也许，他发明暖气片只是因为发现自己快要冻僵了。

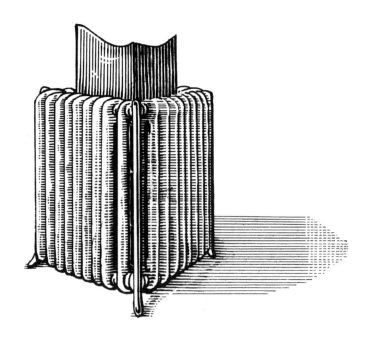

俄罗斯人移民海外，然后获得专利或者完成一些重大发明，是比较常见的情形。兹沃雷金、西科尔斯基、多利沃－多布罗沃利斯基，以及后来归国的亚布洛奇科夫、捷尔缅等，都属于这种情况。圣加利却反其道而行，成为罕有的事例。事情的起因是这样的：一个年轻但并不富裕的德国人在一家从事俄罗斯商品进口贸易的德国公司找到了一份工作，然后被公司派往圣彼得堡出差，结果他就永远留在了那里。我们现在就桩桩件件地慢慢道来。

你身上好烫啊！

有一则听起来很冒傻气的笑话，讲的是勒热夫斯基中尉[1]的故事。中尉正在同娜塔莎跳舞，突然说：“你真像个暖气片，娜塔莎！”——“什么，”娜塔莎问道，“我身上有这么烫吗？”——“不是，你的肋骨硌着我手了。”对不起，我没忍住笑了。

这个笑话不可能是19世纪中期前出现的，而且娜塔莎·罗斯托娃（Наташа Ростова）生活在没有暖气的年代（根据小

圣加利工厂的广告，1896 年

① 勒热夫斯基中尉是俄罗斯和独联体国家广为人知的虚构人物，经常成为文学、戏剧和电影作品中被戏谑的对象，自带喜剧色彩。——译者注

说①，她出生于 1792 年，即使她有幸活到圣加利发明暖气片的年代，那她也已经到了耄耋之年）。

1834 年，俄罗斯出现了第一种火炉之外的供暖系统。作为比较，我们可以看一下：安德烈·纳托夫在 18 世纪初环游欧洲后，在文章中提到了当地贵族家中使用的蒸汽供暖系统。在俄罗斯，采矿工程师彼得·索博列夫斯基（Петр Соболевский）是这个领域的开路者，同时，他也是著名的冶金专家和规模化生产白金制品的先锋。然而，关于索博列夫斯基的供暖装置却语焉不详，历史上没有留下明确的记载，在更大程度上，只是作为历史趣闻流传了下来。1844 年，圣彼得堡艺术学院大楼内首次实现了住宅热水供暖：供暖系统由杰出的建筑师阿波罗·费多谢耶维奇·谢德林（Аполлон Федосеевич Щедрин）和军事工程师兼矿业管理员伊万·亚历山德罗维奇·富隆（Иван Александрович Фуллон）合作完成。

随后，又有工程师和建筑师设计出水气式供暖试用系统。这些系统从来没有大规模生产过，它们要么是试验样品，要么是有钱贵族的定制产品。与现代供暖系统类似的水暖系统，在接近 19 世纪中叶的时候出现：1831 年由英裔美国人安吉尔·马奇·帕金斯（Энджер Марч Перкинс）发明的系统传到了俄罗斯，他是最早主张和宣扬"将集中供暖作为一种普遍需求"的人物之一。

问题是俄罗斯设计师的供暖设备和国外制造的供暖系统效率都低得可怜。事实上，当时正在尝试在高顶、宽大的房间内使用管道取暖，这些管道的有效散热面积与现代毛巾烘干机相当。如果贴近管道，有可能被烫伤（或烧伤），但在三米开外，有可能已经感觉到了凉意。

---

① 小说指的是列夫·托尔斯泰的《战争与和平》，娜塔莎·罗斯托娃是小说的女主人公。——译者注

从德国到俄罗斯

弗朗茨·弗里德利希·威廉·圣加利（Франц Фридрих Вильгельм Сан-Галли）并不是这个家庭的第一代移民。圣加利——这个富有韵律感的姓氏是他祖父自己起的，后来小弗朗茨继承了这个姓氏。祖父从意大利移居德国，或者更确切地说，他祖父在巴伐利亚王位继承战争（1778—1779年）中被俘，获释后便留在了异国他乡。弗朗茨自幼在斯德丁城长大，一毕业他就直接找了份工作养家糊口。父亲去世后，家里一贫如洗，连生计都成问题，不过他父亲生前赚了不少钱，让孩子接受了很好的教育，除了普通中学，这一家的孩子还都上过非常昂贵的私立学校。

1843 年，19 岁的年轻人以商贸代表的身份被派往遥远且略显神秘的俄罗斯圣彼得堡。他的薪水很微薄，显然，给弗朗茨派的这个长差是一份苦差，只是因为公司驻俄罗斯的代表处里需要有一个"自己人"。在圣彼得堡，圣加利的事务其实并不多。

而幸运，就是在这里和他不期而遇。圣加利偶然间结识了一个同龄人，一个在圣彼得堡定居的苏格兰年轻人。这位新朋友原来是查尔斯·比伯德（Чарльз Бёрд）的儿子。比伯德是非常富有的实业家和造船商，他的铸造厂和机械厂在俄罗斯和欧洲都是首屈一指的。在圣彼得堡，至今仍保留了比伯德的许多印迹：例如，他修建了莫伊卡河上的邮政桥，丰特卡河上的潘捷列伊蒙桥。

不久，托了这位新朋友的关系，圣加利才有机会"跳槽"到查尔斯·比伯德的工厂。圣加利的职位和薪水开始一步步提高（既因为他出众的个人能力，也因为上面提到的那份人情）。1853 年，在最终获得俄罗斯公民身份后，弗朗茨·圣加利辞了职，借钱在利戈夫卡（Лиговка）开了一家机械工坊。

这家工坊后来发展成为一个大型铸铁厂。早在 19 世纪 60 年代，圣加利就开始生产围栏、灯柱、栅网、遮阳篷、保险箱、窨井盖、船舶和工业机械的零部件。走在圣彼得堡街头，如果你们仔细观察那些古老的锻铁装饰件，在大约一半（！）的装饰件上，你们都可以看到圣加利工厂的商标。

但这只是生意。现在我要谈谈创造力。

新系统

1855 年，圣加利的小工坊接到了一份非同寻常的订单：修理位于皇村的皇家温室供暖系统。这份订单的报酬非常高，但最重要的是，工坊打响了招牌。一家小小的公司拿到的第一笔大订单，居然就是国家订单！在研究供暖系统的过程中，圣加利灵机一动，想到了如何在不消耗更多燃料的情况下将帕金斯供暖系统的散热量提高数十倍，并使整个供暖结构更加紧凑。他用类似于现代散热器的装置取代了老式的暖气装置。新设备由几根粗大的管子和许多垂直排列的圆片组成，这样的设计能极大增加散热面积。

后来，圣加利不断改进，到 19 世纪末的时候，他的设计从外观看，与现在窗户下面常见的铸铁或钢制暖气片几乎一模一样。1857 年，温室供暖系统修复工程竣工，验收委员会对圣加利所建系统的散热效率感到震惊。圣加利暖气系统的好口碑传扬开来，到了第二年，公司已经客流不断。工坊的规模和经营范围迅速扩大，发展成为一家专业生产供暖、供水和污水排放设备的工厂——前面提到的艺术铸件、围栏和大门只不过是工厂的副产品。

弗朗茨·卡尔洛维奇·圣加利直到 1908 年去世，一直服务于城市的发展和进步，在工业和公共领域做出了突出贡献。他曾任四等文官，是城市杜马议员，他的公司获准使用国徽——商业公司使用国徽，是一种品质的标志，也是皇家御用供应商的标志。作为发起人，圣加利积极推动了圣彼得堡第一批公共厕所的建设，他也是俄罗斯第一个在工厂施行劳动保护条例的人。弗朗茨·卡尔洛维奇在俄罗斯和国外都取得了暖气片专利。他的公司生产的暖气片至今仍在使用，例如，在涅瓦大街的"书屋"里，你们就可以看到这些老物件的身影。

弗朗茨·卡尔洛维奇·圣加利安葬在圣彼得堡附近的坚捷列沃公墓，这座公墓（位于今"1 月 9 日公园"所在区域）于 1933—1934 年被毁。圣加利没有重新落葬，因为布尔什维克眼中的圣加利就是一个资本家和压迫者，而不是一个为这座城市贡献良多的天才发明家和社会活动家。"十月革命"后，他的工厂被国有化，改建为列宁格勒"二五规划"造纸设备厂。

朋友们，伸出你们的手触摸一下暖气片吧。无论你们身处酷夏还是严冬，无论你们触摸到的暖气片是冰凉还是温暖，这都无关紧要。你们只需要知道，每一幢房子里，都有一小块属于圣加利的"领地"。

第 15 章

破冰船

　　破冰船是俄罗斯独有的发明。它的独特之处在于，它是由一个俄罗斯人根据俄罗斯的历史船型设计而成，设计者全面开发的船体结构，制作出原型，成功申请了俄罗斯及国外专利，并向其他国家出售专利，为这种类型船舶在世界范围内的推广做出了贡献。"俄罗斯对世界有什么贡献？"——对于这个问题，不要回答"收音机"或者"灯泡"——因为这些你们自以为确定无疑的答案其实还充满了争议，但破冰船无可争议地属于俄罗斯。

1862 年，"拥有几家工厂、开办了多份报纸、占有数艘轮船的大老板"米哈伊尔·奥西波维奇·布里特涅夫（Михаил Осипович Бритнев）遇到了一个阻碍他事业发展的棘手问题。这个问题就是——冬天。

布里特涅夫的企业五花八门：他开有造船厂、港口设备制造厂，办了几家银行，此外，他还常常被推举为他的故乡喀朗施塔得的市长，无论在商还是从政，他都干得风生水起，颇为引人注目。冬季的严寒只给他的一项生意带来了麻烦，那就是喀琅施塔得和奥拉宁鲍姆之间的货运。夏季，货物由蒸汽船运送，到了冬天，就必须改用雪橇，和轮船相比，雪橇的运输能力差了十万八千里。春秋两季，冰层虽然很薄，但船只已经不能通行，这条线路就完全停航了。

米哈伊尔·奥西波维奇于是想到，可以尝试用技术手段破解这个难题。

布里特涅夫之前的破冰船

破冰船不是米哈伊尔·布里特涅夫发明的。世界上第一艘破冰船，名为"城市冰船"1 号（City Ice Boat No.1），由费城的范杜森－比雷林公司（Vandusen & Birelyn）于 1837 年建造。这是一艘明轮船，船头加固，配有专用壶铃。

关于壶铃是另外一个话题。实际上，在布里涅夫之前，破冰船破冰主要靠的就是壶铃。破冰船靠近冰面的时候，用一根特制的桅杆把有相当分量的壶铃从船上抛掷到冰面上，薄薄的冰层承受不住壶铃的重击，就会断裂。蒸汽船趁机往前开一段，然后壶铃被再次高高举起、抛出，如此往复。不难猜想，这样一艘船的航行速度会何其慢哉。

当然，也有其他的破冰方法。例如，使用冰橇。冰橇是一个 20 米长的巨大木箱，里面装满石头。冰橇被马匹拖动过的地方，会留下一道裂沟。冰橇后来发展成为破冰重舟——重舟仍然由马匹拖动，但工作原理已经大有不同。重舟的船尾装满铸铁锭，船头向上翘起。马匹把重舟拖上冰面，重舟用自身重量压碎冰面，然后落到水里（冰橇如果掉进水里，即刻就会沉下去）。

有时候，艏柱上还会装上锋利的刀片和锯条、专用切冰轮，甚至还有一种"暴力"碎冰嘴，它能把破碎的冰块从船首"吞进去"，再从船尾抛出去。通常情况下，工程天才是不会"打盹"的，他们对新技术和新手段时刻保持着警醒，但是在那个时候，所有的破冰系统几乎都没有效率可言。

破冰系统的低效令米哈伊尔·奥西波维奇不满。他想要一艘能够以正常速度破冰（破除春天的薄冰）前进的船，一艘可以载货或载客的破冰船。就是在那个时候，布里特涅夫从俄罗斯民族记忆的深处找到了"科奇船"。

关于科奇船，这卷书花了一整章的篇幅专门进行了介绍，如果你们错过了这部分的内容，我就再简单扼要地介绍一下这种船最基本的几个特点。科奇船是一种自中世纪以来在俄罗斯北部及西伯利亚地区被广泛使用的帆船。科奇船的构造很简单：甲板（1 块）、桅杆（1 根）、方向舵、船桨，仅此而已，一开始没有使用金属件，是全木制成。科奇船长 16 至 24 米，重量轻，平底，船头底部倾斜（别出心裁！）。即使是一艘满载的科奇船，也能在几分钟内被拉上冰面！所以，科奇船通常不会"被困在冰中"，一般情况下，都能被及时拉出来。到了没有冰层的开放水域边界，波莫里亚人干脆把船彻底拽到冰面上，拖着船在冰面上前行。

布里特涅夫产生了取科奇船和破冰重舟二者之长的想法，打出了一套漂亮的"组合拳"。

奇怪的选择

布里特涅夫设计的试验船是一艘名为"派洛特"号的小型蒸汽拖船。根据布里特涅夫亲自绘制的图纸，"派洛特"号船头角度为 20°。现在，蒸汽船也可以在冰上"爬行"，而且其重量足以"破开"一条裂沟。实际上，现代破冰船的工作原理就是这样。

1864 年 4 月 22 日，"派洛特"号
首次破冰航行。船的重量虽然不足以
破开隆冬的坚寒冰层，但破除春秋两
季的薄冰还是不成问题，这样一来，
春秋季的航行期就延长了 6~8 周。"派
洛特"号本身既能够运载货物和乘客，
也能为其他普通船只开辟和清理航道。

苏联时期邮政邮票，1976 年

　　春秋两季试验成功之后，布里特涅夫向海军部提出了他的想法。与
此同时，海军部也在审议另一种类似的系统——工程师尼古拉·欧拉
（Николай Эйлер）设计的"实验"号破冰船，后来"实验"号从图纸走向
实物，1866 年建成的"实验"号是一艘金属船，在炮艇基础上改建而成。
"实验"号的船头，装有非常坚硬的钢制冲角，用来冲破冰层，高处则有我
们所熟知的抛掷壶铃的桅杆。在吃水线以下，欧拉设计了类似水雷舱的部
件：能猛烈射击最难对付和最坚硬的冰层。从某种意义上来说，"实验"号
的试验算是取得了成功。"实验"号穿越了一米厚的冰层，但在一座两米高
的冰山前，"实验"号望而却步。

　　1866 年 11 月，"实验"号和"派洛特"号在海事部官员的见证下，进
行了一次全面的对比试验。该发生的事情都发生了："派洛特"号的行船速
度明显见优，更要命的是，"实验"号被卡在计划路线中间的某个地方动弹
不得。在这个问题上，俄罗斯官员再一次充分暴露了他们因循怠惰、顽固
不化的陋习。归根结底，"实验"号是国家出资建造的（尽管欧拉个人也出
了一部分费用），而"派洛特"号是纯粹的个人创意。尽管在两相比较中，
"派洛特"号取得了压倒性的胜利，但官员们认为"船首冲角"作用原理更
有发展前景，可笑的是，对比试验刚一结束，历尽辛苦好不容易改装好的
"实验"号立即又被改装回炮艇。

　　但是布里特涅夫并不打算就此罢休。他拥有许多俄罗斯的发明者所不

具备的优势：富有。布里特涅夫实际上就是 1971 年出生的特斯拉创始人的埃隆·马斯克（Илон Маск）。

从俄罗斯走向欧洲，从欧洲走回俄罗斯

19 世纪 70 年代之前，"派洛特"号一直是世界上唯一一艘现代破冰船。"派洛特"号往来于喀琅施塔得和奥拉宁鲍姆之间，为船主带来了源源不断的利润。布里特涅夫并没有偷懒，他为自己的破冰系统申请了俄罗斯专利，也在国外申请了专利。

1870 年岁末至 1871 年开年的那个冬天，奇寒无比。汉堡港的水域多年来第一次结冰，惊慌失措的德国人只花了 300 卢布就买下了布里特涅夫破冰船的专利。按照布里特涅夫的设计样式，德国人仅用几周时间，就把一艘普通蒸汽船改装成破冰船，并在当年冬天派上用场，帮助汉堡港恢复了航运。世界上第二艘破冰船是德国的"艾斯布雷彻"①1 号。这个专利先后又卖给丹麦、荷兰、瑞典、美国等国。其他国家的发明家也开始开发他们自己的系统，并对布里特涅夫的发明进行了各种改进。显然，人们已经找到破冰船的理想公式，这是个开放的公式，允许不断完善，再不需要用壶铃和冲角做更多令人存疑的试验。

19 世纪 70 年代，布里特涅夫亲自将两艘拖船"艾鲁特"号和"纳什"号改装成破冰船，后来他的造船厂又造了两艘专业破冰船——"战斗"号（1875 年）和"浮标"号（1889 年），这几艘船均用于扩大芬兰湾海域的航运业务。此外，布里特涅夫生活在俄罗斯期间，奥拉宁鲍姆轮船公司又建造了两艘破冰船——"月亮"号和"朝霞"号，配备 250 马力②的发动机（"派洛特"号最初的功率只有 60 马力，改装后达到 85 马力）。米哈伊尔·奥西波维奇也没有弃用传统的破冰方法：在特别难以通行的水域，"派

---

① Eisbrecher——"艾斯布雷彻"在德语中的意思是"破冰船"。——译者注

② 1 马力 ≈ 735.5 瓦。

洛特"号也无计可施的时候，工人们就用镐凿冰。有意思的是，一些和布里特涅夫有竞争关系的喀琅施塔得商人，会跟在布里特涅夫破冰船的后面，沿着被清理干净的水道前行。当然，这都是一些小打小闹，布里特涅夫倒也并不特别担心。

总结

　　破冰船的思想经过欧洲的改进和完善，重新回到俄罗斯，并在那里生根发芽。随后，在海军中将斯捷潘·马卡罗夫（Степан Макаров）的领导下，俄罗斯建成世界上第一艘北极级破冰船"叶尔马克"号。马卡罗夫非常尊重布里特涅夫，视其为自己在造船方面的老师。

　　米哈伊尔·奥西波维奇于 1889 年去世，享年 67 岁。布里特涅夫是人生赢家，一生幸福美满。他生来就有雄厚的家产可以继承——布里特涅夫是喀琅施塔得最古老的商人家族之一。他在圣彼得堡学习商业，在英国学习造船，经营有方，使他的收入和财富不断扩大，同时使全世界受益。他重建了破旧不堪、不再符合时代要求的喀琅施塔得港口，也是俄罗斯潜水事业的奠基人——他于 1868 年创办了俄罗斯第一所潜水学校——14 年后俄罗斯才有了国家开办的潜水学校。

第 16 章

沿着有轨电车的轨道前行

1881 年，德国工程师维尔纳·冯·西门子（Вернер фон Сименс）和卡尔·冯·西门子（Карл фон Сименс）兄弟倡议的第一条常规有轨电车线路在柏林市郊的利希特费尔德（Лихтерфельд）开通。11 年后，1892 年 6 月 1 日，俄罗斯帝国城市基辅开通了西门子有轨电车线路。这是俄罗斯科技史上令人黯然神伤的一页，因为圣彼得堡工程师费奥多尔·阿波罗诺维奇·皮罗茨基（Федор Аполлонович Пироцкий）早在很久以前就发明了有轨电车。但他的命运正应了那句俗话：墙里开花墙外香。

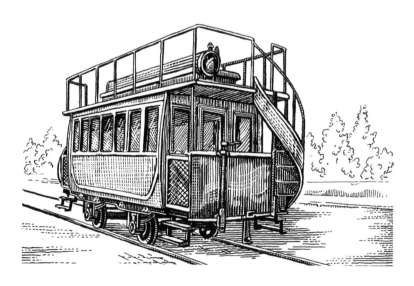

当工程师费奥多尔·皮罗茨基的技术能力和造诣日益成熟的时候，外部的条件也都已经具备，电车的出现只是时间问题。法国人阿尔方斯·卢巴（Альфонс Луба）发明了滑槽铁轨，铁轨可以嵌入马路地面，这样就不会妨碍马车通行。有轨马车已经风靡世界，也遍布俄罗斯帝国的大多数城市。匈牙利物理学家安约斯·耶德利克（Аньош Йедлик）制造出工程用电动机，苏格兰人罗伯特·戴维森（Роберт Дэвидсон）造出了成熟的电力机车。万事俱备，此时距离有轨电车问世只有一步之遥，只要将电力装置与有轨马车的车厢连接起来，便可大功告成。

皮罗茨基的悲剧在于，除了天赋他一无所有，而俄罗斯从未厚待过这样的天赋之才，给予他们的只有被蹂躏和摧残的命运。皮罗茨基不是布里特涅夫那样的商人和工厂主，也不是萨布卢科夫那样的豪富权贵之后，他只是一个校级军医的儿子。皮罗茨基 1845 年出生在波尔塔瓦省洛赫维察县，他似乎注定要过平凡的生活，无论从军还是为官，只能一生碌碌无闻。

他父亲后来调任圣彼得堡，在那里皮罗茨基先后在康斯坦丁武备学校和米哈伊尔军事炮兵学院接受军事教育，之后被派往基辅服役。机缘凑巧，就在那段时间里，另一位名叫帕维尔·亚布洛奇科夫（Павел Яблочков）的年轻人也在基辅要塞第 5 工兵营服役。亚布洛奇科夫将在以后进行他的照明革命——在那时，也就是 1866 年，他就对电学产生了浓厚兴趣，这使他的新朋友炮手皮罗茨基也受到了影响（这里有件趣事，我想讲给你们听听：由于公文上的错误，皮罗茨基入学登记时，他姓氏中的字母 "и" 被误写成 "е"，所以后来与他有关的所有军事文书中，"皮罗茨基"都被错误地写成"佩罗茨基"）。

1869 年，皮罗茨基重回米哈伊尔学院进修，这次他进入的是队列操练系。毕业后，被分配到一个非常无聊的参谋岗位——军械部监察员。他几次向上级提出合理化建议（主要是炮兵方面），但如泥牛入海，没有得到任何回应。

到 1874 年的时候，他攒钱买了 2 台当时最新式的泽诺布·格拉姆

（Зеноб Грамм）直流发电机；就在一年前，格拉姆的发明获得了维也纳世界博览会的金奖。皮罗茨基利用这 2 台发电机做了一系列有趣的实验，最著名的就是不使用电线直接利用铁轨传输电力的实验。其中一台格拉姆发电机作为蒸汽机驱动的发电机（蒸汽机也是皮罗茨基自费购买的），第二台格拉姆发电机在 200 米外，由第一台格拉姆发电机供电，结果，通过谢斯特罗列茨克铁路废弃路段的铁轨实现了直接供电。轨道和地面是绝缘的，在皮罗茨基设计的电路中，一条铁轨用作直通导线，另一条则作为回路。一些资料显示，皮罗茨基使用的是雅各比发电机，但考虑到后者的技术特性，这种说法不大可信。

皮罗茨基还做过其他一些电力实验：比如，通过下落的水流驱动发电机为军队探照灯供电，他还研究过不同截面和长度电线传输过程中电流的损失——但所有这些实验其实都在为他最重要的发明做铺垫。

第一辆电力机车

大约就是在那个时候，皮罗茨基和西门子兄弟之间的友谊，也可以说是竞争开始了。1876—1877 年，费奥多尔·阿波罗诺维奇在《工程杂志》上发表了一些文章，简要介绍了他实验的情况，仅仅两年后，德国西门子—哈尔斯克联合股份公司（Siemens & Halske AG）就迅速制造出第一台电力机车，的确令人生疑。

但是，这台机车还不能称为"史上第一台"。我在前文提到过出生于阿伯丁的苏格兰发明家罗伯特·戴维森。1837 年，戴维森建造了一台电力机车模型，由原电池组（伽伐尼电池）驱动，1842 年，他造出一辆全尺寸电力机车。这辆重达 7 吨的机车被命名为"伽伐尼"号，以纪念著名的物理学家和医生伽伐尼。戴维森的机车后来在爱丁堡—格拉斯哥支线进行了测试，遗憾的是，试验证明，他的机车无法正常工作。电力机车的功率勉强超过 4 马力，仅能拉动有效载重约 6 吨的车厢（机车自重除外），时速为

6~7 千米。电力机车的这些指标数据远不如蒸汽机车，而且电池充电后的可用时长也很有限。戴维森的思想渐渐被遗忘，直到 19 世纪 70 年代末才被重新提起。

1879 年，维尔纳·冯·西门子在柏林技术展览会上郑重地向公众展示了"世界上第一台"（我们知道，这是第二台）电力机车。为此，还专门修建了一条 300 米的环形铁路。发动机功率 2.2 千瓦，由一辆电力机车和三节车厢编成的列车在示范运行时速度达到每小时 13 千米。西门子把示范运行区域变成了真正的游乐场：乘坐电动列车的费用是 20 芬尼 ①，在运行的几个月里，先后有 9 万人乘坐（当然是出于游乐目的）。这让人不由想起汤姆·索亚（Том Сойер）刷围栏的情节：人们付钱给西门子供其进行电力机车测试。

这和皮罗茨基有关系吗？当然有，而且是最直接的关系。西门子家族有三兄弟——维尔纳、威廉和卡尔。维尔纳负责德国公司，威廉负责英国分公司，卡尔负责俄罗斯分公司。卡尔·冯·西门子对皮罗茨基的文章很感兴趣，他没有错过结识这个默默无闻但显然才华超众的炮兵军官的机会。他们曾有过几面之缘，想必皮罗茨基也将自己的一些想法分享给了这位志趣相投的同好。当然，还有一种可能，那就是皮罗茨基是有意为之，因为他知道，这位富有的德国商人比他这个俄罗斯参谋军官更有机会实现这些想法。

皮罗茨基在一篇文章中，介绍了向理想机车的发动机提供动力的方案。他认为，可以在基轨之间铺设导电轨，这样直接连接到电机的轿式马车就能用电驱动并沿导电轨道移动。这就是西门子公司最终采用的方案。不过，话又说回来，这个想法已经是明面上的想法，任谁都能想到。

有轨电车！千呼万唤始出来

西门子的电力机车不过是个游乐玩具。皮罗茨基萌生了更加宏大的计

---

① 德国货币单位，1 马克 =100 芬尼。——译者注

划。1880 年，皮罗茨基通过圣彼得堡的政府官僚机构，艰难地拿到了"对单节有轨马车车厢进行电气动力改造"的许可证。个中原因有很多，发挥最重要作用的是德国电力机车的成功演示，以及 4 月 12 日皮罗茨基所作关于电力运输前景的公开报告（也非常成功）。与此同时，皮罗茨基也申请了个人专利。

1880 年的整个夏天，皮罗茨基都在工坊里忙碌，当然，他也不能偏废了主职主业，他还得继续当他的监察员，定期到各个要塞和部队出差。圣彼得堡市政府为皮罗茨基提供了一节车厢，但建造小型发电站的钱皮罗茨基只能自掏腰包。这一次皮罗茨基使用的还是格拉姆发电机。双层车厢重 6550 千克，是当时有轨马车道路上在用的最重的车厢。

1880 年 8 月 22 日（即公历 9 月 3 日）12:00，新的交通工具进行了公开演示。电车从杰格佳尔内巷和博洛特纳亚街（今莫伊谢延科街）的拐角处出发。所有报纸都对这一事件进行了报道——首先是俄罗斯报纸，然后是国外报纸。从 8 月 22 日到 9 月 16 日，这辆有轨电车沿着一小段（85 米长）有轨马车路往来运送乘客，运营方式和传统的有轨马车一样，但时速高达 12 千米，相当可观。

然后，又出现了俄罗斯常见的一个困局：皮罗茨基本人拿不出更多的钱来改进设备，进行后续开发，国家也并不打算给这个项目提供资金，技术委员会宣布后续开发没有前景，决定将车厢重新改装回去并拆除发电站。在这一背景下，皮罗茨基又和卡尔·冯·西门子进行了几次接触，皮罗茨基很可能认为能从这家德国公司的俄罗斯分公司获取资金支持，而卡尔·冯·西门子当然更希望看到德国，而不是俄罗斯，成为第一个应用这种客运系统的国家。俄罗斯应该向西门子致敬：根据同时代人的说法，西门子建议皮罗茨基去柏林，到西门子－哈尔斯克联合股份公司工作，因为德国人不喜欢埋没有才华的工程师。然而，皮罗茨基还是怀着最后一丝希望，想在自己的祖国开通电车，所以婉拒了西门子的邀约。不过，他也不

西门子公司在柏林市郊格罗斯 – 利希特费尔德建造的有轨电车——世界上第二辆有轨电车
资料来源：阿拉米图库 DW3F5R。

反对在德国实现自己的设计理想，实际上，皮罗茨基是允许西门子将自己
所有的技术思想带到德国，并将这些思想用于预期目的。

那里和这里

1881 年 5 月 16 日，维尔纳·冯·西门子在柏林郊区的利希特费尔德
开通了有史以来第一条常规有轨电车线路。说实话，柏林当局的做法与俄
罗斯当局如出一辙：柏林市区直到 1902 年才开通有轨电车，因为德国的官
僚们认为"电动有轨马车"毫无前途。西门子在环绕柏林的郊区地带和其
他许多城市都建造了有轨电车，技术人员也积极向国外销售电车车厢——
我们前面提到的 1892 年西门子有轨电车在基辅开通就属于这个时期的
事件。

那皮罗茨基呢？几年来，他一直向当局据理力争，写了书面请求，提

到了德国同行的成功,然而他的请求如石沉大海,被官僚主义的黑暗泥淖吞没了。"有轨马车游说团"的活动在此中起了很大的反作用,因为一些私人投资者担心有轨马车将被有轨电车取代,从而给自己的资金(他们曾经投资有轨马车)和影响力造成损失。这一时期,皮罗茨基还完成了其他几项发明:1881 年,他在技术炮兵学校和火炮工坊之间铺设了一条地下电线,这也是俄罗斯历史上第一条地下电线,皮罗茨基因此成为电缆管道的创始人。1881 年秋,他为实现有轨电车的想法又进行了一次尝试,在巴黎国际电气展览会上皮罗茨基展示了自己的方案,但没有成功。

遗憾的是,皮罗茨基的电气实验和其他实验不仅没有达到预期,反而影响了他日常的工作。他经常缺勤、请假,使他在领导面前形象大跌。19世纪 80 年代中期,他被调离圣彼得堡,来到位于俄罗斯帝国边境的华沙军区伊万哥罗德要塞。1888 年,他被勒令退出现役,退休金只能领取一半,而此时,距离他服满 25 年的兵役仅差 6 个月的时间。

他搬到赫尔松省一个名叫阿廖什基(Алёшки)的小镇,那里有他叔叔留下的一处小庄园,就在马斯洛夫卡(Масловка)村。然而静好的岁月没有如期而至:远房亲戚起诉了皮罗茨基,抢走了他继承的财产,皮罗茨基在阿廖什基一家名为"雅典"的客栈里聊度了残生。他穷愁潦倒,退休金勉强够支付食宿费用。1898 年,皮罗茨基去世,政府出资安葬,他微薄的财产后来在广场上被拍卖以偿还丧葬费用。

1882 年,第一辆蒸汽电车在俄罗斯首都投入运行。9 年后,圣彼得堡出现了一条冰上铁轨电车线路。电车在冬季沿着涅瓦河上铺设的临时铁轨运行。涅瓦河的水域不受"马车黑手党"控制,圣彼得堡由此才摆脱多年来迫于"有轨马车游说团"的压力一直没有开通有轨电车的局面(没有有轨电车坐的日子实在不爽!)。1907 年 9 月 16 日(29 日),第一辆真正意义上的有轨电车出现在圣彼得堡街头,比它原本应该出现的时间晚了四分之一个世纪。但费奥多尔·皮罗茨基没有看到这一天。

第 17 章

水鱼雷技术

1876 年，俄罗斯购买了第一批由英国发明家罗伯特·怀特黑德（Роберт Уайтхед）发明的鱼雷。这立即引出一个问题：这些鱼雷该从什么船上发射？各个国家都竞相寻求问题的答案，当俄罗斯给出自己的答案时，它已经成为一个新类别的军舰的发源地。

当然，这里最基本的问题仍然是术语。直到 20 世纪初，俄语中"水鱼雷"一词既用于水雷，也用于鱼雷，所以即使读官方文件，有时候也完全不能理解这个词的具体所指。考虑到这一点，我首先要做的是开办一个小型"入门讲座"，介绍一下 19 世纪到 20 世纪初运载水雷和鱼雷的船只。

布雷艇。最早的水雷和鱼雷运载工具，多由民用蒸汽船改装而成。早期布雷艇搭载的正是水雷，后来出现了制导鱼雷（即自航水雷），但鱼雷艇是后来才被划分为独立的武器类型。现在已经很难说清楚，历史上第一艘布雷艇叫什么名字：水雷刚刚问世——第一批经过改装的布雷艇就出现了，有些船在改装之前只是渔船而已。目前，一般认为排水量不超过 20 吨的船只可以称为布雷艇。

雷击艇。这个术语是在 1878 年批准采用的。雷击艇是排水量在 20—100 吨的较大型布雷艇，专用于搭载水鱼雷武器，就船体大小而言还不能算是真正的舰船。第一艘雷击艇，通常被认为是 1878 年根据英国图纸在圣彼得堡建造的"龙"号。实际上，第一艘雷击艇是英国鱼雷艇 1 级（Torpedo Boat 1）"闪电"号（HMS Lightning），排水量 33 吨，于 1876 年下水。后来的俄罗斯舰艇都是仿照这艘艇制造的。

雷击舰。真正意义上的鱼雷舰（我强调：这是鱼雷舰，上面没有水雷）。英国人确实把前文提到的"闪电"号称为雷击舰，但如果按照俄罗斯的分类，"闪电"号的体量还没有达到真正的舰船标准，所以根据我们的理解，世界上第一艘真正的雷击舰是排水量为 134.3 吨的航海用"爆炸"号，由圣彼得堡比伯德工厂建造，于 1877 年 8 月 14 日下水。我们之前提到过，雷击舰配备了甲板武器（大炮）和鱼雷武器。有趣的是，在英语术语中，水雷艇、鱼雷艇、雷击艇和雷击舰统称为"torpedo boat"。但是舰队雷击舰，是一个更有分量的级别，英文称为"destroyer"。

水鱼雷运输船。能够将布雷艇、雷击艇等低级别舰艇运送到作战地点的大型舰船。水鱼雷运输船本身不装备直接可用的水鱼雷武器，这与它运载的布雷艇和雷击艇不同。第一艘水鱼雷运输船是"康斯坦丁大公"号客运蒸汽船，1877—1879 年被改装成军舰。

布雷舰。专门用于布设水雷障碍的舰船，不搭载鱼雷。从历史上看，海雷一般用普通船只、水雷艇和雷击艇布设。随后，出现了装备有船艉起重机等特种设备的舰船，用于在预定海域快速高效布雷。这些舰船最初被归类为水鱼雷运输船，但在 1907 年被定义为布雷舰。根据现代分类标准，第一批可以划归为布雷舰的舰船是 1898 年下水的同型运输船"阿穆尔"号和"叶尼塞"号。

布雷潜艇。顾名思义，这是能够布设锚雷的潜艇。第一艘布雷潜艇是俄罗斯的"螃蟹"号，由米哈伊尔·彼得罗维奇·纳廖托夫（Михаил Петрович Налётов）设计，1912 年 8 月 12 日下水。

基本术语已经搞清楚了。现在简单盘点一下历史。

从雷击艇到雷击舰

尽管从英国购买了鱼雷，但俄罗斯海军在其他方面依然实力不俗，是海战的技术领航者。首先，俄罗斯水鱼雷舰艇的技术进步神速。

我们就从"爆炸"号雷击舰说起。1876 年秋，一艘小型舰船（或者说大型艇）从南安普敦的约翰一世 - 桑尼克罗夫特公司造船厂下水，这就是"闪电"号，也是世界上第一艘为怀特黑德鱼雷量身打造的船只。当时俄罗斯和奥斯曼帝国又势同水火，两国之间难免一战，俄罗斯正在积极备战，计划将最新技术成果用于战场。

布雷艇当时的主战武器是水雷。布雷艇通常会隐蔽地，例如在夜间，将撑杆水雷送到敌舰附近，然后在一定距离内引爆。雷击艇因为船体较大，可以携带鱼雷和舰炮发射的投射水雷。因此，圣彼得堡一家大型机械厂的厂长格奥尔格·弗兰采维奇·比伯德（Георг Францевич Берд）提议在俄罗斯建造这种级别的船只。12 月 17 日签署了生产合同，在接下来的一年里，俄罗斯舰队补充了一大批雷击艇，包括 4 艘"比伯德"雷击艇和 1 艘俄罗斯在德国希肖船厂订购的雷击艇。所有这些雷击艇都造得不尽如人意。战争爆发后，波罗的海造船厂经理米哈伊尔·伊里奇·卡济（Михаил Ильич Кази）匆忙前往英国，考察了约翰一世 - 桑尼克罗夫特公司及其竞争对手亚罗公司制造的雷击艇。最后亚罗公司中标，8 月，波罗的海工厂和伊若拉工厂开始根据英国图纸制造雷击艇。

我们重点关注的还有 1876 年 12 月 17 日给比伯德工厂下的第五份订单的命运。最初计划建造的就不是雷击艇，而是一种"快速螺旋桨船"，专门用来搭载怀特黑德水雷，后来实际造出的是大型鱼雷舰，即雷击舰，这也是历史上第一次进行这样的尝试。

比伯德的雷击舰长 40 米，其设计基于典型的海上快艇。后来证明，以快艇为基础设计雷击舰并不是优选技术解决方案，因为搭载重型鱼雷发射器和储备弹药的缘故，这艘雷击舰的航行速度只有 14.5 节（每小时 27 千米），而且为避免倾覆，必须在底舱装满压舱物。设计方案并不完美——其实也没必要说的这么含蓄，方案真的是糟糕透顶——但事实就是如此。不过，正是"爆炸"号成为设计和建造新级别舰艇，即装备鱼雷武器的大型雷击舰的奠基之作。1906 年，"世界上第一艘雷击舰"从海军退役。

从雷击舰到运输船

斯捷潘·奥西波维奇·马卡罗夫（Степан Осипович Макаров）在他的整个职业生涯中始终兢兢业业、孜孜不辍，为人所称道。他是俄罗斯海军军官中为数不多的佼佼者，不仅晋升为海军将军，在升迁之路上也收获了多项专利，在多个军事技术领域都做出了许多创新。他留给后世的精神遗产十分丰厚，包括船舶不沉理论著作，船舶装甲改进方案，新型炮弹设计等。

1876 年秋，为了备战针对土耳其的作战行动，陆军部征用了一些民用蒸汽船以扩充海军力量，其中就包括"康斯坦丁大公"号。这艘长 75 米、排水量 2500 吨的巨轮，是俄罗斯航运和贸易协会在法国订购的，1857 年竣工。19 世纪 50 年代建造这批蒸汽船的时候，已经考虑到日后国家可能进行战争动员，到时候这些民用船就可以很快派上用场。根据克里米亚战争后缔结的和约，俄罗斯无权在黑海保留海军，所以需要采取某种迂回变通的方法。如果说其他蒸汽船在军队中执行的还是某种意义上的"和平任务"，那"康斯坦丁大公"号交到 27 岁的马卡罗夫手中的时候，明确要求这位年轻的中尉按照自己的思路对"康斯坦丁大公"号进行升级改造。马卡罗夫的想法是将这艘大船改装成能够搭载多艘雷击艇或其他小艇的"快艇母舰"。

马卡罗夫最终将"康斯坦丁大公"号改造成一艘可以搭载 4 艘快艇的水鱼雷运输船。这艘大型运输船能够通过小型船只难以穿越的广阔水域到达战斗地点，同时还能节省船艇资源。第一艘水鱼雷运输船的航行速度相当缓慢（仅为 10 节，即每小时 18.5 千米），为这艘运输船"量体裁衣"建造的雷击艇只有一艘"切斯马"号，其余 3 艘是用手头现有船只改装的——1 艘原先是水道测量船，另 2 艘是救援船。

尽管设计存在缺陷，但这个创念却被证明是成功的，这一点也多少有些不可思议。"康斯坦丁大公"号及其搭载的船艇对敌舰进行了多次水鱼雷攻击，1878 年 1 月 13 日深夜至 14 日凌晨，在巴统突袭中它们用鱼雷击沉了"因蒂巴赫"号炮舰。这场胜利被认为是有史以来鱼雷攻击的第一次"完胜"。以前，水雷舰要么用水雷击沉敌舰，要么发射鱼雷但只能伤敌，做不到完全摧毁。同年，英国仿照俄罗斯的"康斯坦丁大公"号建造了自己的第一艘水鱼雷运输船"赫克拉"号。战后，"康斯坦丁大公"号蒸汽船又改装回民用船，并于 1896 年报废。

从运输船到布雷舰

海雷有很多种，其中以锚雷最为出名，因为电影中展示的基本都是这种雷。锚雷有上浮趋势，依靠锚链可以将它固定在水下，高度预先设定。如果扫雷舰（破坏水雷的船）切断锚链，水雷就会浮出水面并被发现。扫雷舰这种武器之所以有用武之地，就是因为水雷不是零星布设的。单个漂浮的水雷被水流带到未知的海域，这种景象或许也可以看到，但锚雷通常以混乱的方式随机布设整个雷场，锚雷之间的距离和布设深度都不同。敌舰撞到的或许只是一枚锚雷，但引爆的却可能是十几枚。

直到 19 世纪末期，才出现了高速布雷的专门船。克里米亚战争以后，布雷船得到相当广泛的应用，但当时还没有真正意义上的雷场，水雷往往只布设在狭窄的水道中，如河道或海湾入口处，用于封闭航路。随着军事技术水平的提高，布雷面积越来越大，10 分钟才能布设一颗水雷的人工布雷方式显然过于低效。

1886 年，俄罗斯在挪威订购了一艘"阿留申人"号水鱼雷运输船，以满足高效布雷要求，这也是建造高效、专用布雷船的首次尝试。但建成的"阿留申人"号是个"四不像"，既不能搭载水雷艇和鱼雷艇，也不能在高速行进中布设锚雷，只能算是个过渡型实验品。不过，"阿留申人"号并非一无是处：它配备了 4 台起重机和一个可容纳 140 枚海雷的专用底舱。需要作业的时候，运输船就会锚定，起重机将水雷卸到专用筏上，由维护人员协助水雷入水。建造"阿留申人"号最早是海军部主管伊万·阿列克谢耶维奇·舍斯塔科夫（Иван Алексеевич Шестаков）海军中将的提议。

1889 年，年轻的中尉弗拉基米尔·亚历山大罗维奇·斯捷潘诺夫（Владимир Александрович Степанов）发明了一种系统，可以保证船只在航行中安全投放水雷，他向陆军部推荐了自己的发明成果。斯捷潘诺夫设计的船只甲板相当低，专用滑轨延伸到船尾之外，当船速不超过 10 节（每小时 18 千米）时，沿着这些滑轨可以向船后抛投水雷。1892 年，按照斯捷潘诺夫的方法，对刚刚竣工的"布格河"号和"多瑙河"号水鱼雷运输船进行了改装，新系统在改装后的两艘新船上进行了试验。实际上，这两艘船就是历史上最早的现代布雷舰。每艘船都可以携带 425 枚地雷，排水量为 1490 吨。

1895 年，俄罗斯又订购了 2 艘布雷舰（当时布雷舰还被归类为水鱼雷运输船）——技术要求是：大型舰，排水量至少 2000 吨，配备全套甲板武器，能够在敌海岸附近甚至冒着敌方炮火布设水雷障碍。1898 年，2 艘 2500 吨重的巨型舰船"阿穆尔河"号和"叶尼塞河"号开工。1901 年，舰船入列。弗拉基米尔·斯捷潘诺夫（Владимир Степанов）就是"叶尼塞河"号的舰长。"阿穆尔河"号布雷舰因炸毁日本舰队装甲舰"初濑"号和"八岛"号而一战成名。"阿穆尔河"号和"叶尼塞河"号的服役历史均以悲剧收场：不肯让"阿穆尔河"号白白落入日本人手里的俄罗斯水兵将这艘船炸沉，"叶尼塞河"号在 1904 年 1 月 29 日被己方水雷误伤炸毁。斯捷潘诺夫拒绝弃船求生，随着他耗费心血设计的舰船一起沉入大海。

第一批基于斯捷潘诺夫原理设计的外国布雷舰在 20 世纪头十年中期开

"阿穆尔河"号布雷舰

资料来源：俄罗斯和苏联海军舰艇照片档案馆

始建造，但它们博得真正的声名则是在第一次世界大战期间。

从布雷舰到布雷潜艇

建造世界上第一艘布雷潜艇"螃蟹"号是俄罗斯水雷技术的最后一次跃升。正如许多其他设计方案所经历的那样，这次的成功要归功于一个孤勇者个人的坚持和才华，他就是工程师米哈伊尔·彼得罗维奇·纳廖托夫。纳廖托夫是圣彼得堡实用技术学院的毕业生，1904 年日俄战火燃起之时，他是旅顺口的一名工程师。3 月 31 日，纳利奥托夫目睹了俄罗斯"彼得罗巴甫洛夫斯克"号装甲舰被日本水雷炸毁，他当时就开始考虑设计一种布雷舰，不仅能够布设雷区，而且能以绝对隐秘的方式布雷。

仅仅 4 个月，纳利奥托夫就以惊人的速度和高超的技术，造出了一艘潜艇。大连港上上下下给了他很大的支持：军官们从舰艇上取来所需的零件，水手们闲暇时都来动手帮忙，再加上纳廖托夫有直接的下属，当初建设港口时他们就在一起奋战。总之，这艘排水量 25 吨的潜艇在当年秋季完工，成功下潜数次，并引起了最高指挥官的关注。纳廖托夫为这艘潜艇量身设计了类似于传送带的装置，和斯捷潘诺夫设计的舰船滑轨有异曲同工之妙，只不过是专用于水下作业。旅顺口在 12 月失守，潜艇不得不在俄军撤退前摧毁。

不过当时纳廖托夫已经着手设计成熟的大型潜艇方案，旅顺口要塞指挥官伊万·康斯坦丁诺维奇·格里戈罗维奇（Иван Константинович Григорович）海军少将对此做出了积极评价，他感到遗憾的是，由于条件所限，系统没有来得及定型并经受实战检验。纳廖托夫的设计方案于 1906 年在圣彼得堡接受了审议——国家委员会三次要求完善并确定方案，潜艇建造则在更晚的时候才开始。

虽然经历了一些波折，1912 年 8 月 12 日，"螃蟹"号潜艇下水。在此之前，纳廖托夫已经被排除在项目之外，关于这件事的会议记录中包含了

"螃蟹"号布雷潜艇

资料来源：A.E. 塔拉斯《1914—1918 年大战中的潜艇》，明斯克市：哈维斯特出版社

以下有失公允的内容："会议认为，纳廖托夫先生提交的布雷潜艇（装备空心锚）方案（水雷在潜艇内时，浮力为零或接近于零条件下）不具备优先权，因为在纳廖托夫先生提交方案之前，航海技术委员会水雷部原则上已研究过这个问题。因此，没有任何理由认为，正在研制的水雷，包括正在建造的布雷艇，是'纳廖托夫的系统'"。

第一次世界大战期间，"螃蟹"号参与了几次成功的布雷行动，至少炸毁一艘炮艇（据报道，还炸毁了德国"布雷斯劳"号巡洋舰），1919 年，"螃蟹"号在塞瓦斯托波尔遭袭时沉没。1935 年，这艘布雷潜艇被打捞上岸，由于在其中没有发现任何功能价值和历史价值，随后被拆毁。纳列托夫试图拯救他的心血结晶，但那时他已经是个垂暮的老人，什么也做不了。

无论何时何地，都应该认识到，纳廖托夫的系统开创了布雷潜艇（作为一类军用潜艇）的发展之路，但他本人却没有从中享受到任何红利，这就是当时俄罗斯社会现实的缩影。

第 18 章

是摄影胶片，而非"柯达"

许多书中都称，柯达公司（Kodak）的创始人乔治·伊士曼（Джордж Истмен）是摄影胶片的发明人，但事实绝非如此。1889 年，伊士曼从威斯康星州的农场主和"摄影达人"大卫·亨德森·休斯顿（Дэвид Хендерсон Хьюстон）手中购买了专利，之后开创了自己的摄影帝国。但最令人吃惊的是，俄罗斯先于美国发明了软薄摄影胶片。只不过这一史实现在已鲜为人知。

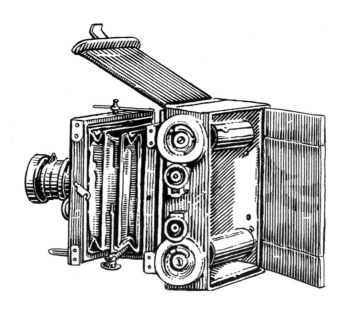

皮特·休斯顿和大卫·休斯顿是威斯康星州坎布里亚的俩兄弟，普通农场主，从 19 世纪 60 年代中期开始对摄影产生了极大的热情。1881 年，兄弟俩因对摄影技术的各种改进，获得了多项专利，包括乳化摄影胶片、胶片定位柱、卷片轴，以及有史以来第一台胶片照相机。这台胶片照相机后来经过改进，1888 年成为第一台柯达盒式相机（有时也称为箱式照相机）。

没有一个美国人愿意承认 1878 年俄罗斯发明家伊万·瓦西里耶维奇·博尔德列夫（Иван Васильевич Болдырев）向俄罗斯技术协会展示的"类树脂胶带"，即是最早的摄影用胶片，用来代替易碎且不方便使用的玻璃底片。但博尔德列夫命运不济：他没有钱申请发明专利，俄罗斯的摄影行业也不接受这种创新。所以，博尔德列夫一无所获，休斯顿兄弟也一样——倒是乔治·伊士曼继续坐享胶片发明带给他的红利（当然，这丝毫没有减损他做出的历史性贡献）。

顿河哥萨克

博尔德列夫出生的环境，特别不适合一个致力于技术创新的人：顿河河畔的捷尔诺夫卡村，父亲是服兵役的哥萨克人，家境贫寒，放牛娃——这样的生活条件和技术设备、教育等都扯不上什么关系。父亲想让男孩成为书记员，就把他送去伺候一个军官——没准儿孩子能学点什么本事——反正正儿八经上学的钱家里肯定拿不出来，更何况当地人也不把知识当回事。

然而，搞不清楚小博尔德列夫究竟从哪里遗传了好基因，竟然生得天资聪颖、灵透异常。在村里，他靠修理小玩意儿赚外快，后来还学会了修表，虽然水平初级得很，19 岁时他离开家乡，其实是从家里偷跑出来——他跑到了新切尔卡斯克（Новочеркасск），在那里找到了一份摄影师助理的工作。在那个年代，摄影师被奉若神明，享有君王般高高在上的地位。拍照是件大事，稀罕事儿，许多人家为了拍张全家福，要准备好几个星期的时间，要穿最好的衣服，把拍照当作过节一样的喜庆事（这就是著名的维多利亚时代《亡灵书》的由来，当时的人会将夭亡的孩子精心装扮一番，拍一张"栩栩如生"的遗照，留作永久纪念。如果再追根溯源，这一传统也是缘起于这样一个事实，即多数孩子生前都没有照过相，死后补拍的遗照是唯一可以保留对孩子念想的手段。）。

我们再回到博尔德列夫的话题。在新切尔卡斯克工作三年后，1872 年他又去了圣彼得堡，离他的家乡越来越远。他去了圣彼得堡的阿尔弗雷德·劳伦斯（Альфред Лоренс）照相馆工作，同时在帝国艺术学院旁听课程（他几乎把所有的收入都花在了学习上）。劳伦斯不仅在涅瓦大街的韦伯商号开了家照相馆，他还有一个完整的实验室和摄影棚（位于现在的涅瓦大街 5 号）。这座建筑从 19 世纪 30 年代起就成为建筑师哈拉尔德·安德烈耶维奇·博塞（Гаральд Андреевич Босс）的私产，1857 年就在这座建筑的内院，第一家银版照相馆落成。劳伦斯当时还不是照相馆的老板，只是在那里打工，1867 年他开设了自己的照相室。

劳伦斯付给博尔德列夫的工资十分微薄，但博尔德列夫咬牙坚持了下来，因为正是这份工作，让他有机会接触昂贵的摄影器材，并不断提高自己的拍摄技术。博尔德列夫逐渐脱颖而出，成为最出色的摄影师，他的作品多次在摄影展上获奖。尽管博尔德列夫和弗拉基米尔·瓦西里耶维奇·斯塔索夫（Владимир Васильевич Стасов）社会地位相差悬殊，但正是出于对摄影共同的爱好，博尔德列夫和斯塔索夫有了交集。当时斯塔索夫刚刚就任帝国公共图书馆艺术部主任。斯塔索夫是俄罗斯知识分子的庇护人：斯塔索夫虽然没能在经济上更多地资助这位年轻摄影师，但经常给博尔德列夫牵线搭桥，给他介绍一些有用的关系或者客户，为他提供书籍。顺便说一句，这位斯塔索夫就是"组织"了著名作曲家社团"强力集团"的斯塔索夫。他是出了名的多才多艺。

胶片还是非胶片？

博尔德列夫在亨利希·杰尼耶尔的照相室（同样位于涅瓦大街 19 号）测试了他的第一项发明——一种由插入纸板框的多个透镜组成的短焦镜头，非常别出心裁。杰尼耶尔与俄罗斯帝国技术协会有直接合作，博尔德列夫向俄罗斯帝国技术协会提交发明进行审议时，杰尼耶尔也在受邀专家之列。博尔德列夫坚信，他发明的镜头在透光率和视角方面优于现有镜头，他请求俄罗斯帝国技术协会将自己的镜头送往巴黎参展，因为 1878 年的巴黎世界博览会举办在即，但遭到拒绝。协会的一位专家建议博尔德列夫申请专利，但申请专利的费用太高，需要 150 卢布，这笔钱年轻的摄影师根本拿不出来。就连给制作透镜师傅的工钱，也是他掏干净了衣兜才勉强凑齐的。

博尔德列夫用自己发明的镜头，拍摄了数百张反映顿河流域生活风貌的照片，形成一个大型摄影作品系列。斯塔索夫非常喜欢这个作品集，在

打猎归来的哥萨克人

资料来源：伊万·博尔德列夫顿河系列摄影作品

所有人面前都不掩饰赞赏之情，博尔德列夫也因为顿河系列摄影作品受到专业摄影师的青睐。

与此同时，博尔德列夫还致力于其他方面的改进，其中最重要的应该就是摄影胶片。当时，感光材料以玻璃底片为基础，易碎，从设备中取出时稍不留意就会碰碎。而且，玻璃底片很重，摄影师的助手有时携带的玻璃底片重达好几十千克。博尔德列夫给自己设定的目标是：造出一种轻质、光滑和透明的摄影底板材料。1878 年，他如愿以偿。

事实证明，博尔德列夫研制的胶片的耐受性非常好：例如，将胶片浸在沸水里也不会产生任何不良后果。胶片使用的乳化剂是含溴化银的明胶溶液。但这位发明家遇到的难题是，没有人对他的发明感兴趣。他曾在莫斯科的全俄艺术与工业展览会上展出过他的胶片，但是没人关注到这位籍籍无名的年轻摄影师的发明成果。

可惜，一切就这样在寂寂无声中结束了。一方面，尽管没有获得专利权，尽管博尔德列夫对其发明原理并不讳言，但博尔德列夫的技术也没有被他人借用，另一方面，博尔德列夫自己也不清楚下一步究竟该怎么做。最后，在一系列无可厚非的商业运作之后，美国人伊士曼"揭走了所有的奶皮子"[①]。

博尔德列夫为什么会被这样的命运所困扰？为什么他的发明——总的来说也算是革命性的发明——就这样被漠然无视？首先，人生不如意十有八九，总有人碰巧不走运。其次，摄影胶片领域也有既得利益集团，也就是所谓的"游说团"，势力相当强大。劳伦斯和杰尼耶尔很可能就是博尔德列夫发明的反对者。胶片技术的发展必然会给摄影师带来巨大的损失：首先，照相机的重量会减轻不少，而且——上帝保佑！——照相机也会变得小巧，价格相对便宜，可以满足普通人的好奇心。而这正是伊士曼所完成

---

① "揭走奶皮子"是俄语的一个俗语，意思是"拿走了最精华的东西"。——译者注

的革命：人类从一个摄影被认为是需要特殊技能的悠哉游哉的慢拍时代步入了一个新的世界，在那里只要按下快门就可以在任何方便的时刻快速拍摄照片。

据推测，反博尔德列夫游说团的领导人之一是著名摄影师兼摄影实验室老板列奥·瓦尔涅尔克（Лео Варнерке），他发明胶片的时间比博尔德列夫还要早。

列奥·瓦尔涅尔克的故事

列夫·维肯季耶维奇·瓦尔涅尔克（Лев Викентьевич Варнерке，又名 Leo Warnerke，译为列奥·沃纳克），又名弗拉季斯拉夫·捷奥菲洛维奇·马拉霍夫斯基（Владислав Теофилович Малаховский）的故事是一个传奇。他是波兰小贵族出身，1837 年出生于科布林附近。父亲有一个很大的田庄，家底殷实，所以中学毕业后，弗拉季斯拉夫被送到圣彼得堡交通工程师学院，一所精英学府。如果不是 1863 年康斯坦丁·卡利诺夫斯基（Константин Калиновский）率众起义（这场著名的起义发生的地点在今白俄罗斯境内），弗拉季斯拉夫的职业生涯本应是一帆风顺、轻松愉快的。但他是卡利诺夫斯基的朋友和同学，也积极参加了起义，然后侥幸从穆拉维约夫将军的绞索下脱逃，辗转到了柯尼斯堡。他从那里向起义者提供武器，借此继续支持起义活动。起义失败后，他定居伦敦。办理移民手续时，马拉霍夫斯基假护照上的用名就是列奥·瓦尔涅尔克。

19 世纪 70 年代中期，列奥·瓦尔涅尔克在伦敦推出了他的纸基溴化银摄影胶片。他还为这种胶片开发了一种专用火胶乳化剂，1875 年正式投产——这个时间，要比休斯顿兄弟发明装胶片的盒式照相机要早。纸胶片有很多不足之处——远远比不上博尔德列夫、休斯顿兄弟和伊士曼的发明——但它毕竟已经是胶片。冲洗底片时，还必须用溶解阿拉伯树胶粘剂的方法把底板从胶片转移到玻璃上，很不方便，不过，这样至少比带着玻

外出执勤之前的哥萨克
资料来源：伊万·博尔德列夫顿河系列摄影作品

璃底板到处跑要好得多。

瓦尔涅尔克在巴黎、柏林和圣彼得堡等各大城市积极宣传他的相机。虽然弗拉季斯拉夫·马拉霍夫斯基因参加起义在俄罗斯被通缉，但列奥·瓦尔涅尔克可以放心大胆地随时回到他以前的家乡。

在俄罗斯，他假扮成匈牙利人，开设了自己公司的分公司，并成为俄罗斯帝国技术协会第五分会，也就是摄影分会的创始人之一，就是这个分会不公正地"大肆批评"博尔德列夫的发明。在瓦尔涅尔克提交协会的一份报告中，他高度评价了博尔德列夫的高速快门，称其是现有最好的快门。纸面上虽然夸奖了几句，但在现实中，当他了解到博尔德列夫这位同行的研究成果后，他并不想给自己徒增一个竞争对手，而且他也知道自己有一呼百应的影响力。当时，瓦尔涅尔克是全球唯一的胶片相机生产商。

如果说博尔德列夫毁于贫穷，瓦尔涅尔克则是被贪婪反噬。他的相机贵得离谱，而且他也是相机耗材——胶片——的唯一供应商。独此一家，别无分店。他拒绝分享他的技术或出售专利。结果，公司在 1880 年破产，美国人不得不重新去发现胶片。

瓦尔涅尔克发明了许多摄影设备，包括感光计——历史上第一个测量光灵敏度的设备。从 1881 年起，瓦尔涅尔克开始生产感光计，从中盈利颇丰。此外，他还制作伪钞（未被证实）、向无政府主义者出售武器（未被证实）以及在 1900 年 10 月 7 日伪装自杀（未被证实），从中赚取了同样可观的财富。

这些人之中，谁应该被认定为胶片的首个发明人？隐姓埋名、善使欺诈之术、狡猾的波兰人马拉霍夫斯基？没有使用纸基而是采用化学方法发明了聚合物基胶片的顿河哥萨克人博尔德列夫？

这两个人物都已经湮没在历史的长河中。历史只为后世的人们留下了乔治·伊士曼的名字。

第 19 章

了不起的舒霍夫

市面上可以看到许多介绍舒霍夫的书籍，在建筑和工程类院校他的精神遗产被广泛、深入地研究，他的名字已经永久地与一个双曲面结构联系起来，固化为一个专业术语——"舒霍夫双曲面结构"。我对建筑学的了解并不多，其实是没有资格分享自己对这位建筑大家的看法，但我也不能错过这个名字，所以才有了这一章的内容。

所有人都会自然而然地把舒霍夫与沙博洛夫卡电视塔联系在一起，这是他设计的最著名的建筑，建于 1920—1922 年。原本的设计是 350 米高，但试想一下在那个年代：金属材料匮乏，尽管工程师亲自监督，工程还是不断出现偷工减料等违规情况，为防止工程质量出问题，最后决定将原先的 350 米高塔改建为 150 米的小塔。今天，这座 150 米的电视塔作为莫斯科的标志性建筑，出现在近半数的莫斯科全景图中。80 年来，沙博洛夫卡的舒霍夫塔发挥了它作为广播电视塔最直接的功用。2014 年，文化部提出了"拆除原塔改在他处复建"的建议（你们品一品其中的潜台词：这是要拆毁原塔），但是公众，包括全世界的公众，拯救了这个具有国际意义的工程项目。我们希望，这座电视塔最终能够得到高质量的修复。如今，塔周围的区域开辟成公园，多年来，这座建筑一直用铁丝网围起。

现在我们讲一讲舒霍夫这个人。

网壳

1895—1899 年，弗拉基米尔·格里戈里耶维奇·舒霍夫（Владимир Григорьевич Шухов）获得了俄罗斯帝国的三项专利，这些专利涉及全新的土木工程结构物施工原理。舒霍夫开发了世界上第一个网壳顶结构（申请了两项专利，分别是悬索网壳顶和凸面网壳顶）和第一个双曲面结构（第三项专利），这些发明都有专利保护。

所有这些建筑方案舒霍夫都成功地应用于 1896 年在下诺夫哥罗德举行的著名的全俄工业和艺术展览会的展馆建设。这是"十月革命"前俄罗斯规模最大的博览会，类似于世界博览会，展示了俄罗斯科技思想的最新成就，包括波波夫的无线电收音机、雅科夫列夫－弗雷泽的汽车，当然还有舒霍夫的工程系统。舒霍夫的系统不仅是展品，而且与其说是展品，不如说是功能元素。

网壳是以较短、较直的金属梁连接为基础的承重结构，利用这种结构

下诺夫哥罗德的高架水塔，1896 年

可以构建出各种形状的建筑。由于将轻盈和强度以令人难以置信的方式予以结合，网壳可以无支撑地承受自重和其他辅助元素（如玻璃）的重量。舒霍夫塔呈现双曲面外形，但是——如果你们仔细观察！塔中没有一个弯曲构件，完全由直梁组装而成，这些直梁所起到的作用是压紧而不是压弯。这就是网格结构强度和耐久性的秘密。此外，由于构件之间保持最小接触和良好通气，这种系统比那些容易积水的系统更不容易受到腐蚀侵害——在没有任何防腐措施的情况下，舒霍夫塔可以屹立百年不倒（不过，所有保留下来的舒霍夫塔都经历了一个多世纪的风吹雨打，现在亟需维修）。

　　舒霍夫为下诺夫哥罗德展览会建造了 8 个悬索网壳顶展馆，还有一个双曲面高架水塔。其中最著名的是圆形大厅：直径 68 米，由两个环形承重梁构成。第一个承重环梁对应于外墙，第二个承重环梁直径 25 米，由 16 根网格钢柱支撑。在 2 个环梁之间和直径较小的环梁内部，被拉伸的金属膜壳构筑成整个展馆的顶盖。实际上，舒霍夫不仅发明了一种新的工程施工方案，同时也展示了在建筑物中使用金属元素的效果。

　　这些展馆随后被拆除，高架水塔被富有的工厂主尤里·斯捷潘诺维奇·涅恰耶夫－马利佐夫（Юрий Степанович Нечаев-Мальцов）买下，并被移到他在波利比诺（Полибино）的庄园，在那里一直保存至今。总的来说，涅恰耶夫－马利佐夫在保护俄罗斯文化古迹方面所做的工作远远超过了国家。举例来说，他是创建亚历山大三世皇帝精品艺术博物馆的倡导者之一，事实上，也是这座博物馆（今国家普希金造型艺术博物馆）唯一的资助人。

巴里和舒霍夫

舒霍夫设计出网壳结构的时候，正是他的工程才华大放异彩、创造力最旺盛的巅峰期——那时候他年近不惑。但舒霍夫的荣耀之路其实始于石油。

1853 年舒霍夫出生在别尔哥罗德（Белгород）附近的格赖沃龙（Грайворон）。他父亲是律师，九级文官，经常在不同城市之间调任，弗拉基米尔也只能频繁转学，他在库尔斯克（Курск）、赫尔松（Херсон）和圣彼得堡的贵族中学都读过书，18 岁时进入莫斯科帝国技术学校。我提醒你们一句，这是后来鼎鼎大名的鲍曼技术学院的旧名。舒霍夫学业优异，作为奖励，学校派他去美国参加 1876 年在费城举行的世界博览会，在那里他遇到了亚历山大·韦尼阿明诺维奇·巴里（Александр Вениаминович Бари），一位著名的工程师、商人和学术资助人，过着"双城生活"，有时住在俄罗斯，有时又待在美国，在两地之间往来穿梭。回到莫斯科后，巴里邀请舒霍夫到他的公司当工程师：先去巴库油田干几年，然后就调回莫斯科的技术部门。舒霍夫在巴里的公司几乎干了一辈子，直到"十月革命"爆发。

他们一直保持着朋友的关系，这种创造性与实用性完美的组合方式使两个人都有获益。舒霍夫的工程才华为巴里带来了利润，反过来，巴里总是不吝于投资舒霍夫那些看似完全疯狂的项目。如果不是巴里，假如舒霍夫带着他的网壳结构去找国家委员会的代表，一定会遭到拒绝，那么第一个构造出双曲面结构的必将是他人，比如什么高迪或者富勒，等等。

黑金

1863 年，企业家贾瓦德·梅利科夫（Джавад Меликов）在巴库开办了

建设中的莫斯科基辅（布良斯克）火车站，1916 年

资料来源:《舒霍夫塔》基金会，V.G. 舒霍夫个人档案

俄罗斯第一家煤油厂，后来又建了一家炼油厂。梅利科夫的经营并不成功，最后难逃破产的厄运，但他的事业开创了高加索未来的石油繁荣。19 世纪 50 年代，巴库开始以不大的规模开采"黑金"，20 年后成为世界上最大的石油工业中心之一。这个市场最引人注目的参与者是诺贝尔兄弟的石油生产合伙公司。

1876 年，诺贝尔兄弟认为使用高加索当地的四轮大车运输石油，在一定程度上已经与石油产量和世界技术发展潮流不相适应。这就需要建造一条输油管道，承包商就是巴里的办事处，当时被称为"巴里、瑟坚科和K°公司"。俄罗斯第一条石油输油管道完全由舒霍夫设计，包括所有的基础设施和储油罐。在这个过程中，弗拉基米尔·格里戈里耶维奇做出了他的第一个重大发明，这个伟大的发明成果如今已成为全球通用的产品——圆柱形储油罐。那个时候，世界各国的储油罐五花八门，应有尽有！在俄罗斯，石油以前是在敞口容器里沉淀的。今天仍被称为"舒霍夫储油罐"的储油容器，可以在几天内用标准件造出，性能还非常可靠。

后来，舒霍夫在石油能源领域做了很多改进和发明，并申请了专利。他设计了石油和重油输送管道、石油提升设备、裂化装置、储气罐，并在许多书籍和文章中详细阐述了石油加工的理论计算。此外，舒霍夫是发明和建造石油热裂解工业装置的世界第一人（1891 年获取专利）。在美国，威廉·梅里安·伯顿（Уильям Меррием Бёртон）在 1908 年才设计出裂解系统。我来解释一下：裂解是在高温下将石油分离成轻馏分的加工工艺，是发动机燃滑油生产必需的工艺流程。

在从事石油生产和工程结构相关工作的同时，舒霍夫还对其他科学和技术分支领域产生了兴趣。他建造了设计新颖的蒸汽锅炉、油驳、海底水雷、水工闸门等。在任何一本舒霍夫传记中你们都能了解更多的信息。也许，舒霍夫可以称为"十月革命"前俄罗斯最后一位伟大的工程师，他没有把自己的思想局限于某个特定的领域：他试图涉足各个领域，在各个领域有所作为，而且最令人惊讶的是，他做到了。

"十月革命"之后

1917 年之后，舒霍夫没有像他的许多同事那样离开俄罗斯，而是留在了新生的国家，一直工作到 1939 年去世。虽然看起来很奇怪，但国家对他留在苏联的举动也报之以应有的尊重。他的项目继续一个接一个地进行，从沙博洛夫卡塔到苏维埃裂解厂。苏维埃裂解厂是一家大型工厂，1932 年在巴库开始运营，新厂开业那天，举行了盛大的庆典，舒霍夫出席。同年，舒霍夫完成了他最后一项著名的工程——将位于撒马尔罕乌鲁伯格宗教学校东北侧因地震而受损的清真寺塔调直。与比萨斜塔一样，这座宣礼塔自1891 年以来一直在倾斜。

舒霍夫留给这个世界的遗产非常丰厚，主要集中在炼油和建筑两个领域。工程师在世时，基于他发明的系统建造的双曲面塔有 200 多座（主要

根据 V.G. 舒霍夫的设计建造的储油罐，1932 年
资料来源:《俄罗斯国家地理》

是水塔，但也有无线电广播塔、灯塔、电力线塔等），有几十座塔保存至今，状态当然各有不同，有的残破不堪，有的几乎完好无损。舒霍夫在世时，许多舰船都装上了双曲面桅杆：有俄罗斯的"安德烈·佩尔沃兹万内"号[1]和"保罗一世皇帝"号装甲舰。美国自20世纪10年代以来，有几十艘各种类型的战列舰装备了双曲面桅杆。

今天，世界上有数以百计的双曲面结构建筑数，大小和用途各不相同。其中最高的是 2010 年建成的广州新电视塔，也是世界第二高电视塔，算上塔尖高度，总高度达到 600 米（双曲面部分高 460 米）。每一座新建成的双曲面塔都是为伟大的工程师弗拉基米尔·格里戈里耶维奇·舒霍夫建起的一座纪念碑。2008 年，斯列坚卡（Сретенка）的舒霍夫纪念碑落成，虽然纪念碑本身无可厚非，但与之相比，那些基于舒霍夫的发明建起的双曲面塔，才是更好的纪念丰碑。

---

① 也有译为"首召者安德烈"号。——译者注

第 20 章

焊接发明始末

金属焊接这种在任何生产过程中都无可取代的工艺是俄罗斯的发明，令人惊讶的是，俄罗斯不只是发明了这种工艺，而且走完了金属焊接从问世到推广，从发现电弧到取得所有类型焊接工艺专利的每一步，绝对没有任何错过。

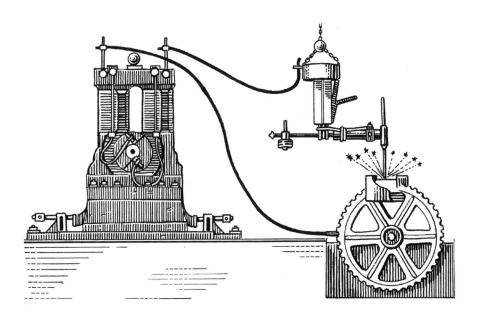

开端：瓦西里·彼得罗夫

　　1802 年，仅仅相隔几个月，在圣彼得堡和伦敦发生了两件相同的事情：一名杰出的实验科学家向科学院（或英国皇家学会——你们可以二选一）展示了他不久前发现的电弧辉光现象。唯一不同的是，在英国进行展示的科学家是汉弗莱·戴维（Гемфри Дэви）爵士，在俄罗斯——是瓦西里·弗拉基米罗维奇·彼得罗夫（Василий Владимирович Петров）。

　　从纯技术角度看，电弧是比较容易通过实验获得的现象。只需要让两个电极在一定距离内相互接触，并增加它们之间的电压，在某个时刻就会发生电击穿，也就是说，电子的能量会使电极尖端之间的气体电离，从而产生电弧。

　　同时观察到这一现象的戴维和彼得罗夫，对此却有截然不同的看法。英国人使用的是铂电极；他的电弧相当暗淡，持续时间也不长。他认为这是纯粹的实验室效应，尽管正是他的这个发现为后来的研究奠定了基础并导致弧光灯的出现。彼得罗夫制作了更强大的电池组来获得电弧（两个发现者电池组的电池数量也非常相近——戴维电池组为 2000 个，彼得罗夫为 2100 个），他推测，电弧可用于加热甚至熔化金属。两个人态度的差异，很可能是因为戴维的电弧是脉冲电弧，彼得罗夫的电弧与之不同，可以稳定保持相当长时间。一年后，彼得罗夫在圣彼得堡出版专著对自己的实验进行了描述。专著的名字巨长：《物理学教授瓦西里·彼得罗夫使用圣彼得堡医学外科学院所属特大号电池（有时由 4200 个铜垫片和锌垫片组成）进行伽伐尼－伏特实验的相关材料》。戴维直到 1808 年才设法获得稳定的电弧。

　　无论戴维的实验还是彼得罗夫的实验，在国际上几乎都没有受到任何关注，科学界只是将之视为引人入胜的趣味实验罢了。不过，时间会给出自己的答案。

精力充沛的别纳尔多斯

　　尼古拉·尼古拉耶维奇·别纳尔多斯（Николай Николаевич Бенардос）非常熟悉彼得罗夫的实验以及在彼得罗夫之后进行的数十个实验。然而，别纳尔多斯出生于 1842 年，当他长大后开始研究电弧问题时，相距彼得罗夫的时代已经非常遥远。别纳尔多斯家族从不缺乏财富和荣耀：尼古拉·别纳尔多斯的祖父在反拿破仑战争中表现出色，他的父亲在克里米亚战争中战功卓著，他们家在赫尔松省拥有以家族之名命名的别纳尔多索夫卡庄园，尼古拉本人接受了良好的家庭教育，之后他进入基辅大学医学系。

　　别纳尔多斯是技术天才和天生的研究者，但对医学兴趣不大（他只是因为父亲的坚持才成为基辅大学的学生），因此在 1866 年尼古拉转到了莫斯科的彼得罗夫农林学院，也就是今天的季米里亚泽夫农业科学院。

　　别纳尔多斯是发明家也是梦想家——他不断地在不同的领域中梦想、发现，但无法将精力专注于单一的方向。在基辅大学，他发明了新型牙齿填充物，在彼得罗夫学院，他又对农具进行了多项改进。由于家境富裕，他不缺钱，1867 年 4 月他甚至自费去了巴黎的世界博览会（然后骑车环游欧洲直到当年年底）。

　　他结婚后定居在科斯特罗马（Кострома）附近的卢赫镇（Лух），在那里开办了一所学校和一座图书馆，向周围的村庄提供药品。他所有的闲暇时光都是在工坊里度过的。在我看来，他最疯狂的梦想就是那艘自制的明轮船——别纳尔多斯在 1873 年着手建造，1877 年完工下水。尼古拉·尼古拉耶维奇试图引起政府官员对这艘轮船的兴趣，但徒劳无功。

　　别纳尔多斯的好友安德烈·伊万诺维奇·比尤克迈斯特（Андрей Иванович Бюксенмейстер）在基涅什马（Кинешма）有一家电气工坊（现电接触器股份公司），正是因为这位好友的缘故，别纳尔多斯对电机产生了浓厚兴趣。在此之前，他的境况已经非常糟糕，事事不利：为了筹集资金进行后续的研究和实验，他抵押了自己的庄园。此外，1873 年又由于个人原因闹出一桩案子——别纳尔多斯与当地一名医生发生了冲突——从此有了前科，不能担任公职、从事官方的社会活动。因此，1879 年，尼古拉·别纳尔多斯只能平生第一次出来讨生活——他进入好友帕维尔·亚布洛奇科夫公司的电气部门工作。

性情平和的斯拉维亚诺夫

尼古拉·加夫里洛维奇·斯拉维亚诺夫（Николай Гаврилович Славянов）谦虚、勤奋，与不安分的别纳尔多斯形成鲜明对比：别纳尔多斯生活奢靡，挥霍无度，父亲留给他的家产几乎被他败光。尼古拉·斯拉维亚诺夫的父亲也有一处田庄，在沃罗涅日附近，规模很小，毕竟他只是一名退役的大尉。

尼古拉进了武备学校，由于健康状况不佳，后来转学到沃罗涅日普通中学，再到圣彼得堡矿业学院学习，1877 年，斯拉维亚诺夫以优异成绩毕业，并获得 I 级采矿工程师资格。他的第一份工作是在沃特金斯克国有采矿厂，这是乌拉尔地区最大的钢铁和机械制造企业。接着，他又先后去了奥穆特宁斯克铁制品厂、彼尔姆国有炮厂，1891 年尼古拉·加夫里洛维奇升任炮厂厂长。他在这个职位上干了一辈子，直到去世。总的说来，斯拉维亚诺夫身为工程师精明强干，头脑清醒。他所有的一切都是靠自己争取得来的。

1883 年以后，斯拉维亚诺夫一直在彼尔姆炮厂工作，他对工厂的工艺流程和技术产品进行大量改良——小到平炉改进，大到制造新型穿甲弹。

斯拉维亚诺夫的杯状机件（底部视图）
1893 年，斯拉维亚诺夫制作了两个这样的杯状机件来证明熔炼有色金属合金的可能性。杯状件的金属分层依次是：钟铜、炮铜、镍、钢、铸铁、铜、德银、青铜。总重 5330 克，高 210 毫米
资料来源：N.G. 斯拉维亚诺夫故居纪念馆

有一次他到国外出差的时候（他有很多这样的机会），参观了柯尼斯堡电工展览会，回国后积极参与了工厂的新技术引进工作。他花了两年的时间自学了电工，设计了几个车间的照明电路，并订购了一台发电机。

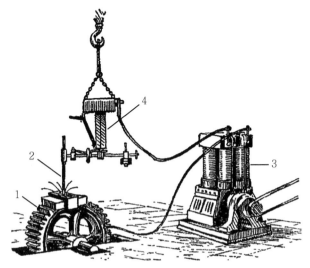

1. 零件和金属焊条；2. 分别连接到电流发生器；3. 电极端部间隙自动调节装置；4. 支持连续的电弧燃烧

斯拉维亚诺夫的焊接装置示意图

在 1887 年的西伯利亚 – 乌拉尔科学和工业展览会上，斯拉维亚诺夫在电机领域的发明和研究成果占据了足足一个展台。大约在同一时间，尼古拉·加夫里洛维奇接触到了别纳尔多斯的电焊技术——别纳尔多斯给自己的这项发明命名为"电火神"。

第一步："电火神"

1881 年，亚布洛奇科夫公司作为参展商在巴黎国际电气展览会上亮相。别纳尔多斯是个非常理想的随行人选：善于交际、思想开放，操着一口流利的法语——于是他被派往巴黎参展。在巴黎别纳尔多斯结识了俄罗斯移民尼古拉·伊万诺维奇·卡巴特（Николай Иванович Кабат），他曾是《电工》(*Électricien*)杂志社附属的电气实验室主任。卡巴特当时的身份，按照现代的说法，是展会的冠名媒体赞助商。

在实验室里做实验时，别纳尔多斯意外地发现，通过电弧可以将铁片焊接起来。方法非常简单。在经典实验中，电弧是在两个电极之间产生的。别纳尔多斯将需要焊接的金属片用作其中一个电极。金属片升温至赤热，进而变形、与邻近的金属片牢固焊接在一起。利用同样的电极，别纳尔多斯可以毫不困难地切开这些金属片——也就是说，别纳尔多斯"一揽子"发明了金属焊接技术和电弧切割技术。

令人惊叹的是，别纳尔多斯是在巴黎实验室测试亚布洛奇科夫照明系统时，临机发明了金属焊接技术，这项发明竟然抢了照明系统的风头，成为亚布洛奇科夫公司展台上最"闪耀"的展品，并且荣获了……金奖。别纳尔多斯多年来一直都在尝试创造一些至少有用的东西，他终于做到了。

然后，就是各种各样的奔波。别纳尔多斯根本没有钱，直到 1885 年，他才在俄罗斯申请专利；在此之前，银行没收并卖掉了他的田庄以偿还债务，现在又将部分财产退还给原主人。尼古拉·尼古拉耶维奇随后与圣彼

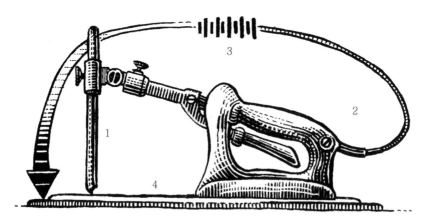

1.碳电极；2.手柄；3.待加工金属连接的电源；4.金属

别纳尔多斯的"电火神"

电极接触焊接部位会产生电弧（温度超过 3000℃时），电弧熔化并焊接金属

得堡大商人奥利舍夫斯基（Ольшевский）达成协议，奥利舍夫斯基提供资金，帮助别纳尔多斯在国外申请专利，作为交换，这些专利文件也要写上奥利舍夫斯基的名字，这样奥利舍夫斯基就成为开发成果的共同所有人。别纳尔多斯和奥利舍夫斯基两人获得了美国、意大利和德国等全球十多个国家的电弧焊专利。奥利舍夫斯基出资成立了"电火神"公司，生产新型焊接机。为吸引公众关注，公司还举办一些推介活动，示范焊接各种物品、电弧切割，包括切割铁路钢轨。

别纳尔多斯的名字早就家喻户晓，因为在发明焊接技术之前和之后，他还获得了其他许多系统（主要是电气工程）的专利，但"电火神"公司最后还是搞砸了，因为奥利舍夫斯基在 1889 年的时候悄无声息地将发明家"挤出"了公司管理层并将公司的全部金融资产据为己有。但电弧焊技术已经风靡全球，一个又一个国家开始引进这项技术。1888 年，俄罗斯首次应用电弧焊技术。别纳尔多斯获得了俄罗斯帝国技术协会授予的金质奖章，并成为其名誉会员（如果他是在 10 年前尝试加入这个协会，恐怕只会招惹来嘲笑）。

第二步：焊剂

作为一名技术思想前卫的工程师，尼古拉·斯拉维亚诺夫不可能不在他的生产中引进"电火神"设备。不过，他很快就发现了这项技术的不足之处，那就是不能用于焊接异质钢和非焊接钢。即便是现在，合金的可焊性也还是重大的技术难题，更别提 19 世纪末了。

斯拉维亚诺夫使用了一种成分与待焊部件相似的易熔材料制成的电极，而不是普通的碳电极，从而攻克了这道难题。此外，尼古拉·加夫里洛维奇还用熔融金属焊剂保护焊接面。斯拉维亚诺夫发明的系统可使待焊钢板边缘熔化，待其凝固后，两块钢板就熔接在一起。焊接完成后，焊接面之间会形成一层坚固的金属焊瘤，即焊缝。采用这种方法，碳电极不能焊接的材料也能被焊接。

　　斯拉维亚诺夫为这项技术申请了俄罗斯及其他国家的专利，1893 年，他的发明在芝加哥博览会上展出，获得金奖。直到今天，俄罗斯还在沿用斯拉维亚诺夫时期的焊接工艺。

故事的结局——抑或还不是结局？

　　斯拉维亚诺夫和别纳尔多斯——这两位发明家以相似的方式走完了自己生命的旅程。

　　斯拉维亚诺夫努力工作，不断进行技术革新、申请专利。1897 年秋，他在主持一个大型露天焊接作业时不幸患上了感冒，不久就离开了人世，时年 43 岁。他的身体一直不好，虽然只是受了点风寒，却不想就此撒手人寰。

　　别纳尔多斯常年与铅打交道，19 世纪 90 年代以后，他出现了严重的铅中毒症状。他在几个互不相关的行业领域又拿到了几项专利，同时也接受了大量的治疗，到了最后，几乎处于全休状态，后来由于健康原因，他搬到了基辅附近一个叫法斯托夫（Фастов）的小镇，住在镇上的养老院，1905 年在那里去世。

　　许多科学家后来对焊接工艺进行了改良或开发了全新的原理。但奠定了焊接这种全世界现在仍在通用的技术工艺的人，正是这两位俄罗斯工程师——别纳尔多斯和斯拉维亚诺夫。

第 21 章

共线：伊格纳季耶夫电报机

19 世纪末期，电报与电话网路发展迅速，许多发明家都在想办法优化这两个系统的功能。或许，最实际的工程解决方案就是让电话与电报可以共用一条线路。但是，究竟是谁首先发明了这项技术，现在还存在着争论。

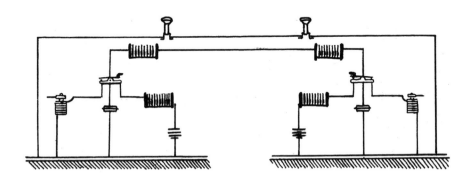

竞争者只有两位：俄罗斯军事通讯专家格里戈里·格里戈里耶维奇·伊格纳季耶夫（Григорий Григорьевич Игнатьев）和比利时工程师弗朗索瓦·凡·莱西尔伯格（Франсуа ван Рейссельберге）。他们都出生于 1846 年，在 19 世纪 80 年代初几乎同时找到了解决上述问题的方法。所以，平心而论，这项发明当属于他们两个人。但是有一些事情还是要事先说清楚。

比利时技术

19 世纪 70 年代中期，当电话通信进入到商业运营阶段时，电报网已经十分发达，遍布全球的电报线路总长超过 200 万千米。电报线连接了数十个城市和国家，有时甚至延伸到一些交通极不便利的地方。总之，在电话出现之前，电报是快速长途通信最主要的手段。作为后起之秀，电话的发展前景似乎令电报黯然失色——但是，只有一个"但是"：要想保证正常的电话通信，需要铺设电话线。所以，一开始电话并不被看好，有人甚至认为它根本不能作为一种远距离通信工具。打电话给隔壁的邻居——没问题，打电话到邻近的城市——很困难，要从一个国土面积和美国相当的国家的这一端打到另外一端，想都不要想。然而，所有的事情都在发展变化之中。截至 1880 年，美国大约有 6 万部电话机和 100 个交换站，5 年后，这两个数字都增长了 6 倍！在美国，电话公司开到哪儿，新的电话线就延伸到哪儿，欧洲却是别开蹊径，很快走上一条完全不同的道路。这条道路是由比利时发明家弗朗索瓦·凡·莱西尔伯格开创的。

凡·莱西尔伯格家族是名门望族。他和他的几个兄弟都是各个领域出类拔萃、独领风骚的超群之才。弗朗索瓦是五个孩子中最年长的一个，17 岁时就被聘为教授！后来获得了物理学和数学博士学位，被认为是欧洲著名的气象学家之一。他的二弟朱利安是根特大学教授，查尔斯和奥克塔夫都是有名的建筑师，最后，他的幼弟西奥·凡·莱西尔伯格成为著名画家，也是点彩画派的创始人之一。

1882 年 1 月，36 岁的弗朗索瓦·凡·莱西尔伯格公开展示了一项令他声名鹊起的技术。他猜想，或许可以用电容器将同一根电线上的音频电流和电报脉冲按不同的频率进行区分，或者说，音频电流和电报脉冲共用一根电线但又各行其道，于是凡·莱西尔伯格在布鲁塞尔和安特卫普（Антверпен）之间布设了一条电报电话线。6 月，他利用已有的海底电缆实现了比利时和英国之间历史上的首次通讯。这项技术吸引了包括政府在内的众多投资者。1882 年至 1885 年间，凡·莱西尔伯格获得了欧洲多个国家以及美国的专利。1886 年，这位比利时工程师利用很早之前铺设的电报电缆在纽约与芝加哥之间建立了电话通信（两座城市相距 1300 千米），这是一次前所未有的演示。但贝尔和他的美国电话电报公司是美国电话通信领域的垄断者，一家独大，根本不允许凡·莱西尔伯格和他的系统进入美国市场，十年后美国电话电报公司也独立开发了类似的系统。

比利时工程师在欧洲颇有斩获。他创办了自己的公司，并在几年内成功地把技术许可卖给了各大电话公司和政府。到 1887 年的时候，凡·莱西尔伯格的系统覆盖了整个比利时、法国、德国、瑞士、荷兰和葡萄牙的大片地区。诚然，有几个重大项目泡了汤，特别是，法国和英国拒绝为跨越英吉利海峡的电话通信项目拨款（按照凡·莱西尔伯格的方案）。一年后，他将这个方案卖给了大洋彼岸的巴西，还有几个亚洲国家也购买了这个专利。

发明家安享盛名的时间并不长，他于 1893 年去世，时年 46 岁。但他的系统征服了世界，并促进了电话在欧洲的迅速普及。

但他的俄罗斯竞争对手就没有这么幸运。在俄罗斯的大地上，悲情的发明家何其多。

俄罗斯技术

1878 年，毕业于莫斯科军事工程学院的格里戈里·格里戈里耶维奇·伊格纳季耶夫中尉开始在第 7 军事电报材料库（部署在华沙）服役。也就是在那个时候，根据圣彼得堡工程武备学校的提议，第一批电话机进入陆军各电报材料库，主要目的是进行新技术测试。伊格纳季耶夫恰好负责他所在部队的测试工作。他很快就发现，将电话连接到电报线难以实现。两个系统的信号相互重叠，难以辨析。如果说电报信号勉强还能通过，电话通讯则根本无法进行。

伊格纳季耶夫给自己定下的目标是：开发抗干扰系统，实际上他做了两年后比利时人做的事情。他利用电容器改变电话通信和电报通信的电流频率，同时利用他独创的线圈补偿电报电磁铁的电感。1880 年，伊格纳季耶夫在基辅大学物理系展示了这个设计方案，一年后他在基辅城郊相距 14.5 千米的工兵营和步兵营之间进行了通讯试验。

总的来说，伊格纳季耶夫将电话和电报二线合一的设计方案得到了俄国军方的认可。根据他的方案，陆军的一些电报枢纽站进行了设备改装，但这项技术被定性为机密，仅限军队内部使用，不允许外传。1888 年之前，伊格纳季耶夫没有因为他的发明拿到一分钱，只是后来，才给他划拨了少量资金用于购买实验设备和耗材。军方最终对俄罗斯和比利时的两个系统进行了比较试验，对前者的发展前景深信不疑。但为时已晚。

公众只在 1892 年圣彼得堡第四届电工展览会上见过伊格纳季耶夫的系统，那是唯一的一次。发明家获得了金奖，但俄罗斯国内此前已经开始使用凡·莱西尔伯格的设计方案，所以俄罗斯电气工程师的发明对任何人都已经毫无用处。

更可悲的是，1887 年，另一位俄罗斯发明家，工程师帕维尔·戈卢比茨基（Павел Голубицкий）推广铁路电话时，不得不从零开始重新发明类似的"二合一"系统（不过，戈卢比茨基很可能参考的是比利时的设计方案）。

伊格纳季耶夫和他的比利时同行一样，英年早逝，他去世的那一年是 1898 年，生前没有得到任何的认可。我非常不情愿用"因此俄罗斯没有成为世界电话中心"这样惯用的表述方式结束本章的讲述，但我不得不这样做。令人诧异的是，俄罗斯在理论上可能领先美国十几年，美国人在这个问题上出人意料地落败了，而且由于贝尔独霸市场，造成美国在这一领域远远落后于欧洲。

　　附言：既然提到了帕维尔·戈卢比茨基，不妨再多说几句，虽然最初我并没有这样的打算。他最初是边杰尔－加里茨铁路公司的一名工程师，后来离职，在他位于塔鲁萨（Tapyca）附近的波丘耶沃田庄建了一个工坊，起先只有他一个人，后来又添了几个雇员。从 1881 年开始，他就在这座小工坊里完成了电话的十几项改进工作。此外，他还是俄罗斯第一个电话设备制造商——他的工坊生产了大约 100 部电话机。

　　戈卢比茨基最重要的发明，一般认为是 1882 年获得专利的多极电话。他发现，影响振动膜的磁铁越多，其灵敏度就越高（以等差级数递增），音质也相应提高。戈卢比茨基先后开发了 2 极和 4 极电话。1883 年，戈卢比茨基这颗新星冉冉升起，成为具有国际影响力的通讯专家：法国海军部出资在巴黎和南锡（Нанси）之间铺设了一条实验线路（超过 350 千米），戈卢比茨基利用这条线路展示了他的电话机的远距离工作能力。同样的条件下，贝尔的电话机根本不起任何作用，对话者听到的只有干扰噪音。

　　但是在 1888 年，继货币、邮政和电报之后，俄罗斯将电话也列为国家专营名录①项目。戈卢比茨基被迫减产；他卖掉了部分专利，包括向国外出售专利。这里的介绍只是蜻蜓点水，我觉得很值得为戈卢比茨基单独撰文（不在本书里）。

---

① 这是规定国家对某类活动进行垄断、完全禁止私人和公司从事此类活动的文件。——作者注

第 22 章

奥尔洛夫印刷法：流光溢彩的钱币

　　你们拿出任何一张大额钞票，仔细观察上面的精致图案，就会发现图案的颜色居然会闪变，仿佛彩虹的七色没有截然分界，而是互相流转，正所谓"流光溢彩"。这张钞票要么采用的是彩虹印刷法，要么是奥尔洛夫印刷法——二者必居其一（我们会在下面讨论这两种方法的差异）。奥尔洛夫印刷法的发明人是国家印刷局的职员伊万·伊万诺维奇·奥尔洛夫（Иван Иванович Орлов）。

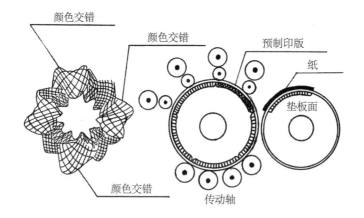

从中国古代开始，钞票防伪就一直是个难题。由于中国是较早开始使用纸币的国家，纤维纸制成的软"币"在中国流通的年代，远远早于欧洲采用类似做法的时期。不过在 19 世纪末期之前，纸币防伪的形式和效果都是令人生疑的。首先，印制质量最高、最精细的印刷品，手工作坊很难仿制，更何况印币用纸张和油墨成分都是特制的。此外，还有穿孔防伪措施（证券和邮票会在特定点位打孔），少量发行的证券往往有发行机构工作人员的亲笔签名。不过，这种种防范之举没有给造假者带来太大的麻烦，银行或许能识别出真假美元，但在商店里，那就未必啦。

货币造假的问题在俄罗斯很严重。自从国家不再对制造假币者进行残酷的惩罚（把熔化的铅水倒入制造假币者的喉咙），犯罪分子又肆无忌惮起来。然后，我们故事的主人公登场亮相。

奥尔洛夫和他的印刷机

伊万·奥尔洛夫出身普通百姓之家，按照现在时尚的说法，他是个白手起家的人。在他人生道路之初就看不到任何光明的前景：他没有富有的父母，没有良好的教育，也没有大把的机会。1861 年 6 月 19 日他出生在下诺夫哥罗德城郊一个名为梅列季诺（Меледино）的小村庄里，一个贫苦的农民家庭。为了谋生计，他的父亲去了塔甘罗格，之后他父亲在那里去世的时候，小奥尔洛夫只有一岁。母亲也去了下诺夫哥罗德做工，小奥尔洛夫和他的两个姐妹由祖母照看。家里穷得实在揭不开锅的时候，几个孩子就到周围的村庄行乞。

好在奥尔洛夫天赋异禀，勤奋好学，还有一点点运气，让他挺过了最艰难的岁月。后来他到下诺夫哥罗德找到母亲，进入了库利宾工艺技工学校——在此之前他已经很擅长木雕和绘画，靠出售自己做的手工艺品挣钱。不过，他干的最多的事情，还是在他母亲做工的小酒馆里洗碗、打些零工。但就是在那里，这个浑身透着机灵劲儿的小伙子被下诺夫哥罗德的大商人伊万·弗拉索夫（Иван Власов）相中（弗拉索夫庄园至今还完好保存在下诺夫哥罗德，因为这座庄园，弗拉索夫的名字才被世人铭记），他资助奥尔洛夫上学读书、学手艺。奥尔洛夫学会了木工活儿，同时也学会了"像城里人一样"讲话，总之，习惯了另一种完全不同的生活方式。随后，1879年，弗拉索夫帮助这个年轻的手艺人又向前迈进一步——奥尔洛夫来到了莫斯科，进入斯特罗加诺夫技术绘画学校。

奥尔洛夫印刷法和彩虹印刷法

　　普通的花纹图案相对容易伪造：造假币的人只要做出质量上乘的母版就够了——当然，这也不是什么易事，但是在俄罗斯要找雕工精湛的雕版师傅，还不是一抓一大把。油墨和纸张更是小事一桩。因为假钞一般都是在小摊和集市上流通，造假币的人不会为这种细枝末节的事情烦恼。就算有些色差，又有谁会注意到呢？

　　彩虹印刷法（这个词的俄文写法来源于希腊语中的"彩虹"一词）从根本上改变了这种情况。这是一种多色印刷图案或花样的技术，不同的颜色之间没有清晰边界，色彩相互过渡，也就是说，实际上，这是一种渐变填充技术，只不过所借助的工具是印刷机的内在结构。这种印刷方法不同于 19 世纪的方法，即每一种颜色都是在前一层颜色干燥后再涂抹在上面的，彩虹印刷是同步印刷，只使用一个油墨盒，只有一种滚印形式。

　　奥尔洛夫印刷法[①]采用的也是类似技术。用奥尔洛夫印刷法印刷时，印出的纤细线条颜色不是渐变的，而是锐变的，但同时每个线条保持统一，就像用一个模具印出来的，只是模具的不同部分涂上了不同的颜色。

　　采用彩虹法和奥尔洛夫法印制的产品看起来非常漂亮，似乎也没有那

---

① 奥尔洛夫印刷法是一种单次多色印刷方法，由伊万·伊万诺维奇·奥尔洛夫于 1890—1891 年发明，主要用于印制证券和钞票。采用这种印刷方法，可以实现高精度的油墨匹配，从而完美地套准用不同油墨印刷的线条。从外部看起来就像是一个线条，沿其长度方向有几个清晰的颜色变化边界。——译者注

采用奥尔洛夫印刷法印制的钞票，1898 年

么复杂。但是，如果没有专用设备，要伪造将会非常困难，甚至根本不可能。制作彩图的方法千差万别，但唯一不能伪造的，恐怕只有这两种方法印制的彩图。

从学习到发明

奥尔洛夫在斯特罗加诺夫技术绘画学校学习了编织等课程，毕业后进入一家家具面料工厂。在那里，他每天都要和提花织机打交道，后来他用提花织机织出了尼古拉斯·亚历山德罗维奇（当时的王位继承人）的肖像画。这幅肖像织品后来敬献给了皇帝陛下，奥尔洛夫得到了一块金表（作为奖赏）。那是 1883 年的事情。

1885 年，奥尔洛夫从莫斯科的报纸上读到一篇关于伪造货币的文章。文章作者对这种现象持批评态度，甚至极尽嘲讽之能事，指责政府没有能力印制至少在某种程度上可以防伪的钞票。奥尔洛夫开始关注钞票防伪问题，他开发了一套系统，使仿制钱币花纹变得难乎其难。完成初步设计后，他把设计方案寄送到圣彼得堡的国家印刷局，随后他便接到了面谈的邀请。虽然奥尔洛夫设计方案的可行性当时不被认可，但这位才华横溢的年轻人还是被聘为国家印刷局编织工坊的首席工匠。1886 年 3 月 1 日，奥尔洛夫的一生从此而永远改变了。

他先是在编织工坊工作，后来又调到制版科，他在自己家里同时开始研究纸币防伪方法。他的设计方案引起了 1889 年刚被任命为国家印刷局经理的罗伯特·伦茨（Роберт Ленц）教授的兴趣，他为奥尔洛夫购买了设备并帮助他建立了实验室。两年后，奥尔洛夫的第一台印刷机问世。准确说，应该是最早的两台印刷机问世：一台在俄罗斯奥得工厂，另一台在德国维尔茨堡的科尼希 - 鲍尔工厂（Koenig & Bauer），奥尔洛夫因为印刷机的问题到那里出过差。

奥尔洛夫的机器

奥尔洛夫后来在 1897 年获得的专利名为"单锌版多色印刷法"。他的创意出奇的简单：油墨并不是用压印花纹的方式在纸上进行组合，而是在印刷版框内就组配在一起。当时，所有类似的印刷方法统称为奥尔洛夫印刷法，彩虹印刷和奥尔洛夫印刷是后来才进行的区分（原则上，两个术语之间的区别很模糊，所以常常混为一谈，用其中一个笼而统之）。后来，彩虹印刷也称"滚压印"。两种印法中都只使用一个印版滚筒，滚筒内的 4 个分格装满油墨，第五个分格用作组配颜色的印刷板。

奥尔洛夫的发明自然被列为最高机密。绝对不能让任何造假钱的人搞懂这种惊人的效果——渐变的均匀图案——是如何实现的。1892 年，俄罗斯采用奥尔洛夫的技术，印制了一批最早的 25 卢布钞票，这在当时算是相当大额的钞票了。此后，从 1894 年到 1912 年又印制了面额分别是 5 卢布、10 卢布、100 卢布和 500 卢布的纸币。俄罗斯新发行的纸币引起了全球银行业市场的轰动——从来没人见过这么精美的印钞。

1892 年，奥尔洛夫的印刷机在欧洲银行从业人员论坛上首次亮相，向全世界进行了展示。许多官方和私人信贷机构纷纷采购类似的印刷技术。俄罗斯国家印刷局第一次站在科技的最前沿，更重要的是，获得了出口这种技术的机会。后来，奥尔洛夫的机器在芝加哥（1893 年）和巴黎（1900 年）的世界博览会上也展出过，还获得圣彼得堡科学院奖。

权利和专利

奥尔洛夫获得发明专利的过程一波三折。1892 年，对当时尚处于试验阶段的奥尔洛夫印刷机非常熟悉的国家印刷局印版科高级工匠鲁多梅托夫（Рудометов），毫不犹豫地向商业及手工业司提交了书面申请，要求获得多色印刷的特许权。伦茨阻止了他，并以鲁多梅托夫走漏风声为由将其解雇，伦茨坚持由奥尔洛夫本人提交申请书。

1897 年至 1899 年，奥尔洛夫先后获得德国、法国、英国及俄罗斯的专利，并撰写了《单锌版多色印刷法》（1897 年）及《多色印刷新法——俄罗斯帝国技术学会通报补编》（1898 年）两部专著，介绍自己的发明。我们前面提到的维尔茨堡的科尼希－鲍尔公司组织了奥尔洛夫印刷机的批量生产。

奥尔洛夫本人环游欧洲，学习各种印刷技术并不断改进自己的设计，凭着向一家英国公司出售专利所得，他在伦敦生活了一段时间。尽管如此，奥尔洛夫还是非常热爱俄罗斯，并且——纯粹是出于爱国情怀——他回到了俄罗斯。奥尔洛夫放弃了在国家印刷局的职位，用稿费买下了红戈尔卡村（Красная Горка）的一栋房子和两个小工厂——一个养马场，一个酒精厂。他就这样一直生活到 1917 年。

万事皆革命

不难想象，1917 年"十月革命"爆发后不久，奥尔洛夫的两个工厂就倒闭了（国家垄断了酒精生产，马匹所需的饲料在战乱时期也停止了供应）。奥尔洛夫的田庄被没收，1919 年奥尔洛夫以"伪造克连卡"[1]的罪名被捕，后来又因犯罪要素不足获释。总之，奥尔洛夫又不名一文，成了穷光蛋，仿佛一夜间回到了忍饥挨饿、食不果腹的童年。

1921 年，他先前的同事斯特鲁日科夫（Стружков）安排奥尔洛夫与国家印刷局（新政权初期，国家印刷局更名为国债印刷厂管理局）的新领导见面。管理局聘请奥尔洛夫为顾问，但拒绝给予其正式职位。奥尔洛夫曾经向国债印刷厂管理局提交了一份报告，建议管理局接纳他为正式工作人员，很可能是这份报告的风格惹得领导大为不悦。在报告中，奥尔洛夫强调了自己的权威性，指出了印刷厂的不完善之处，并建议进行全面改革。这样"唯我独尊"的态度显得过于自以为是。

采用奥尔洛夫印刷法印制的钞票，1922 年

与此同时，最可笑也是最悲哀的是，国债印刷厂管理局还是采用了奥尔洛夫的方法印制钱币，特别是印制出 5000 卢布和 10000 卢布的大钞。斯特鲁日科夫对奥尔洛夫印刷系统进行了加改装，设计出一台能够使用这种技术涂抹油墨的轮转印刷机。

奥尔洛夫则去了一家纺织厂工作，一直干到去世，他的另一个身份，有点像是国债印刷厂管理局的编外顾

---

① 1917 年俄国克伦斯基临时政府发行的 20 卢布及 40 卢布纸币。——译者注

问。奥尔洛夫 1928 年去世，去世时虽然不至于像一些人所写的那样赤贫如洗，但坦率地说，他身故之时的景况，也绝不是他这样水准的工程师应有的。

国债印刷厂管理局的专家不断对奥尔洛夫系统进行改进，并基于奥尔洛夫的技术开发了更先进的机器和设备。此外，作为顾问，奥尔洛夫建议采用凹版印刷作为防伪手段。这种防伪技术的原理，就是将不同厚度的油墨层涂抹在图案的不同区域，从而产生浮雕般的粗糙化效果。这项技术最早是捷克插图画家卡列尔·克利奇（Карел Клич）在 19 世纪末发明的，当时的照相雕版就是用这种方法制作的（克利奇也是照相雕版师）。奥尔洛夫认为，这种方法不仅适用于艺术领域，更适用于印钞业：伪造凹版印刷品需要复杂、昂贵的设备，而那些"各自为战"的仿冒者显然做不到。

直到今天，奥尔洛夫印刷技术和彩虹印刷法仍在广泛应用。很多时候，人们都以为这项技术是德国工程师的发明，但我们知道，俄罗斯人伊万·伊万诺维奇·奥尔洛夫不仅是这项技术的发明者、实践者，更是推广者，是奥尔洛夫让这项技术走向了世界。而他曾经只是一位普通的俄罗斯农民，他证明了天分加勤奋所向无敌的道理。或者说，他证明了一件事：天分加勤奋，可以印制世间的一切。印下的不仅是文字和图案，还有生命的印记。

第 23 章

未竟的印刷革命

也许，世界历史上没有几个发明家像维克多·阿法纳西耶维奇·加西耶夫（Виктор Афанасьевич Гассиев）那样被低估。15 岁时，他制造出世界上第一台照排机——一个足以彻底改变印刷业的设备——但是没人把他当回事。

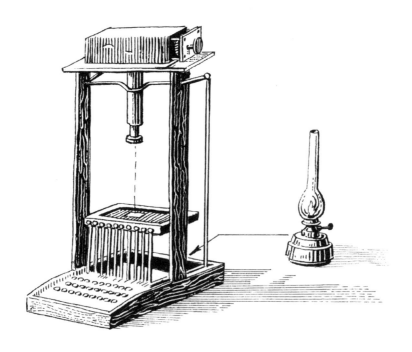

在 20 世纪初以前，印刷厂的排字工作完全由手工完成。排字工的工作，是将活版铅字和印版的其他要素（线条和表格）编排成音节、单词、单组，形成可以付印的页面印样。这项工作本身并不复杂，但是需要在极其艰苦的劳动条件下完成，需要高度集中注意力。

排字工面前一般都摆着活字分格盘，里面装满活版铅字，旁边放有手稿。排字工左手拿着手盘——一种专用工具，按照手稿内容，把一个个字母依序放在上面，码齐。单词之间的空格处，需要放进薄薄的空铅片，每行之间，则需要放置同样的薄空铅或更小的薄铅片，称为防滑片和长空铅。在手盘上排好所需数量的行后，排字工将这些行从手盘移到排字盘上，然后继续在手盘上排字，再移到排字盘，如此反复，直到排字盘上排出完整的一页——也就是一个活字盘。活字盘交到高级排字工手中，他负责将这些书页编排成一本书。一个熟练的排字工一班（10 小时换一次班）可以排出 10000 个字母。

所有的工作都在通风不良的排字房内进行，空气中含有大量的铅，因此工人在工作场所发生铅中毒的情况并不少见。铅字的成分包括 75% 的铅、23% 的锑和 2% 的锡——这些材料均易磨损。因此，排字房内积聚了大量含有毒性成分的粉尘。排字工的平均寿命不超过 50 岁。

照排机是一种与现代计算机类似的影印机。先利用胶片或相纸进行拍照，在照排机中复制字符和数字，制成的正片或底片随后用于制版。使用照排机，就省去了铸铅、检字、排版等工序，排字工再不用每日呼吸漂浮着铅粉的空气，这一点很重要。20 世纪 70 年代，随着胶印技术的普及，照排机才真正得到广泛应用。尽管计算机的出现使照排技术几乎没有立足之地，但有些地方至今仍在使用照排机。

如果不是技术保守主义作祟，照排机的应用该会比实际提早 50 年开始。

加西耶夫和他的父亲

阿法科·加西耶夫（Афако Гассиев），或者按俄语的叫法，阿法纳西·加西耶夫（Афанасий Гассиев），是一位至今仍很有名望的奥塞梯哲学家和思想家。他曾任六品文官，撰写和发表了许多文章，涉及多个领域。例如，他的著作《列夫·托尔斯泰教义的新研究》就广为人知。他还完成了一些译介工作，将俄语作品翻译成奥塞梯语，编写和出版了一本钱币学指南。总之，他非常博学多才。

维克多是阿法纳西的儿子，天资异常聪颖，自幼便被誉为神童。他生于 1879 年，从小就热衷于各种设计。父子俩甚至一起试着造了一台永动机。在不同的时代，很多发明家都曾经历过这种狂热的病态阶段。

老加西耶夫的特点是思想自由和政治不可靠，因此，被政府部门解雇于他已是家常便饭。1890 年，他再次因裁员而失业，之后开始投身新闻业，以此为主要谋生手段。为此，他经常出入出版社，还总愿意带着年少的维克多，走到哪儿带到哪儿。看到印刷工作的繁重艰辛，看到排字工人咳血的惨状，少年人决定发明一种更舒适的排字方法。

维克多 15 岁时，即 1894 年开始研究他的机器，3 年后完成了他的第一个设计。更确切地说，在 3 年时间里，他造了好几台机器，但 1897 年的设计最为完善，达到了申请专利的水平。但是，由于维克多本人当时还未成年，他父亲替他写了专利申请。

在同一时期，有其他几个人也开发出了类似的工作原理。例如，匈牙利发明家叶夫根尼·波尔措尔特（Евгений Порцольт）和英国人威廉·弗里斯－格林（Уильям Фриз-Грин）分别于 1894 年和 1895 年获得了照排机专利，但他们都没有"造出"自己的系统。加西耶夫与之不同，申请专利之前，加西耶夫就已经造出了完全可用的设备。所以，他（或更确切地说，阿法科）在 1900 年才获得专利。

加西耶夫第一台设备的组成包括：键盘、黑玻璃盘（由涂黑的玻璃制成，上面标注有字符和数字，后来被称为字形母版）、光源和照相机。剩下的工作就非常简单了：玻璃盘旋转，当所需字符出现在"相机－光源"轴线上时，它就被投影到照相机胶片上。铅字被灯光图像取代。

维克多用自己的机器完成的第一段照排文字，是以玩笑口吻写给父亲的一封信：

致政府官员加西耶夫先生：

禀告大人，我的机器终于完工，模型可以使用。所以请求您加速申请我的专利。机器图纸和说明随后制作。

V.A. 加西耶夫

1897 年 9 月 11 日

官僚主义和保守主义

加西耶夫最大的悲剧在于，他走在了时代的前面。但胶印技术问世之前，照排方法实际是行不通的。

胶印时，油墨不是以压印花纹的方式直接印在纸面上，而要通过装有印版的中间滚筒。印版有感光涂层——透过利用照排法工艺制成的"条样"时，印版被曝光。曝光的区域称为亲水区，其特点是吸引水但排斥油墨；未曝光的区域称为疏水区，具有完全相反的特性。油墨仅黏附在印版的疏水区，再从疏水区转移到第二个胶印辊，由这个胶印辊印到纸面上。

不难猜到，这种技术在加西耶夫的时代尚不存在。从技术上讲，这是可以实现的，但现实中没有人打算这么做。因此，加西耶夫的发明没有得到实际应用，每年的专利费还不低，并且逐年增加，这也是这个家庭担负不起的。

维克多·加西耶夫还有其他的发明，例如，留声机新型唱针。加西耶夫向俄罗斯国内外的多家公司推荐自己的各项发明以及照排技术，但一无所成。1904 年，维克多的父亲再次被解雇，全家人在多个城市之间辗转，还是没有挣到什么钱。在弗拉季高加索（Владикавказ）生活的那段时间，维克多通过修理各种仪器（主要是相机）来赚钱，还开了一间小工坊。

维克托·加西耶夫在 1933 年以前一直依靠零星的收入维持生计。他学着父亲的样子，写文章、发文章、搞翻译，另外还进行设备维修，时不时做点小发明。他当过化学咨询师，时间不长，也在市第一医院当过一段时间的 X 光技师，然后还干过摄影师的工作，等等。革命的风潮，无论对于他还是整个奥塞梯，几乎都没有造成任何影响。无论谁执掌政权，奥塞梯人都会遵循自己的传统生活。在此之前，又有几位发明家推出了他们在照相排版领域的研究成果，但他们也遇到了相同的问题：照排技术依然是属于未来的技术。

平静的工作

1933 年，加西耶夫到北奥塞梯教育学院（今阿巴耶夫北奥塞梯人文和社会研究院，不要与现在的"北奥塞梯教育学院"混淆）工作。维克多·阿法纳西耶维奇很聪明，受过教育，精通好几种语言，学院恰好急需教师。加西耶夫是受鲍里斯·安德烈耶维奇·阿尔博罗夫（Борис Андреевич Алборов）之邀进入学院工作的。阿尔博罗夫也是位传奇人物，他是高加索地区的一位苏联教授，也是一位世界级的教育家。

加西耶夫教的是语言课，他本来是语言学教研室的老师，但经常出现在物理学实验室。久而久之，他开始教授物理实践课程，展示各种实验和效应——因为他长于此道，而且热爱此道。语言学和物理学——非同寻常的组合方式——在加西耶夫充满求知欲的头脑中相安无事地共处。加西耶夫发明了很多东西——主要是对摄影技术的细微改进——但他并没有申请专利。发明创造只是他的爱好而已。

令人不解的是，当时已过中年的加西耶夫在学院的职称仍然只是实验员，他没有高等教育的文凭，没有资格申请更高级别职务。然而，他颇受学院领导的器重和尊重，退休以后学院给他发放了个人养老金，加西耶夫因工作实绩突出也时常获得奖励。1940 年，《社会主义奥塞梯报》发表了一篇由乌鲁兹马格·采戈耶夫（Урузмаг Цегоев）撰写的名为《才华横溢的自学成才者》的文章。他是加西耶夫的大学同事，对加西耶夫非常了解——在这篇关于加西耶夫的专题文章中，他不仅讲述了加西耶夫的故事，还介绍了加西耶夫的设计和发明。

但真正声名鹊起之时，加西耶夫已到了垂暮之年。

因胶印而成名

1949 年，美国光子公司（Photon Corporation）以法国人勒内·伊贡内（Рене Игонне）和路易·莫伊罗（Луи Мойро）的整行铸字机为基础，推出了一套 Lumitype-Photon 综合系统，即照排机和胶印机床的组合体。一年后，苏联了解到美国的这一发明。当时苏联国内的反世界主义运动正进行得如火如荼，"一切都是俄罗斯和苏联的发明"哲学正处于发展的巅峰时期。因此，维克多·加西耶夫半个世纪前的专利在最短的时间内被翻找了出来。

1950 年，一篇题为《第一台照排机》的文章出现在《文学报》上，这是苏联发行量很大的报纸之一，文中谈到了加西耶夫的技术，俄罗斯发明家相对于美国发明家的优先权，并摘引了经过润色的专利说明和相关插图。但是文章的作者没有找到发明者本人，只好写道，1908 年后，就再也寻不到加西耶夫的踪迹。北奥塞梯学院的工作人员读到了《文学报》这篇简讯文章后，立即联系编辑部，说加西耶夫还健在，是他们的在职实验员。

加西耶夫成了热议人物。关于加西耶夫的条目也出现在《苏联大百科全书》中。报纸上开始长篇累牍地报道他的事迹。著名的技术文献编纂人尼古拉·达尼洛维奇·卡努科夫（Николай Данилович Кануков）来到奥尔忠尼启则（Орджоникидзе，当时叫弗拉季高加索），与加西耶夫交谈，并最终写成一本传记文学——《发明家 V.A. 加西耶夫》。

维克托·加西耶夫被授予劳动红旗勋章，获得北奥塞梯苏维埃社会主义自治共和国功勋科技工作者称号。如果要列出突然之间落在这个不再年轻、淡泊名利的实验员身上的所有勋章和荣誉，需要花费很长的时间。加西耶夫 1962 年去世，享年 83 岁。加西耶夫在照相排版领域的优先地位得到了官方的认可，也包括国际社会的认可。唯一的问题是，第一本影印书是 1953 年在马萨诸塞州坎布里奇市印制的，维克托·阿法纳西耶维奇·加西耶夫与此毫无关系。

第 4 部分

从 1900 年到
两次革命

我们先前提到，1896 年俄罗斯终于颁布了一部符合国际通用标准的发明专利权法。专利权的有效期定为 15 年，专利权不再是皇帝的恩典，而必须经由特别委员会对发明的新颖性进行审议之后才能决定是否授权——所以，新颖性是主要判定依据，发展前景以及有用程度都不在考虑范围。如果一个人想申请专利，又何苦给他设置障碍？

专利的数量自然一下子增加了不少。不过，特别委员会也经常拒绝发明者，因为大部分被拒者都在"申请轮子① 专利"。俄罗斯与其他国家缺乏科学交流，缺乏与国外专利机构的合作，发明者往往并不知道自己发明的技术其实已经存在了半个世纪。另一方面，统计数据显示，俄罗斯总体上被拒专利的比率与其他国家相差不大，大约为 50%。

我们不妨做一个历史的假设：假设俄罗斯的《发明和改进专利权条例》能早出台 150 年，也就是和欧洲国家在同一时期颁布，按照《条例》实施后俄罗斯专利申报的势头判断，俄罗斯的专利总量在全球范围内不会处于落后局面，因为俄罗斯有足够强大的创造力。

与其他国家一样，俄罗斯也有许多发明，虽然获得了专利，但由于种种原因一直没有得到应用。维克多·加西耶夫的照排机就有很高的价值——他在 1900 年获得了专利，但几年后又被迫放弃，因为他的天才发明在技术平庸、落后的时代显然毫无用处。那一章的内容你们应该已经读过，这里我不再赘述。

尽管如此，从 1896 年开始，发明家们身上的束缚少了一些，开始更

---

① 俄语特定表达方式，"轮子"指重复性的发明。——译者注

加自由地呼吸。他们再不需要卑躬屈膝地向君主乞求恩赏，只为了让自己的创意能够获得特许权。他们再也不用担心获得的特许权随时可能被剥夺。保护发明权的程序变得简单了（尽管费用仍十分高昂）。俄罗斯发明专利的数量非常庞大，涉及最广泛的领域。1896 年至 1917 年期间，俄罗斯的专利数量是其以往整个历史时期的 3 倍。

形式上看，1919 年 7 月俄罗斯苏维埃联邦社会主义共和国人民委员会议颁布《发明法令》之后，《专利权条例》就应该失效。但实际上，《专利权条例》一直沿用到 1924 年，因为《发明法令》本身过于简短，只是部分取代了内容翔实的《条例》。

在新旧世界之间

这个时期，除了传统方向和以前发展基础较好的领域，如火炮、造船、冶金和电气工程等，还出现了航空等新兴领域。航空业的崛起也有其先决条件：莫扎伊斯基在 1882 年建造了一架全尺寸飞机，尽管没有飞行过，但却是历史上第二架全尺寸飞机。另外，浮空飞行被认为是有前途的军事领域。俄罗斯的历史永远是由站在国家机器对立面的孤勇者创造的，因此在航空领域，所有的重大突破都来自狂热的飞行爱好者。最典型的例子就是背包式降落伞。一开始这项发明被拒绝颁发专利，理由是：飞行员可能滥用降落伞，造成不良后果，具体说就是，飞行员空中遇到危险的时候，第一时间想到的就是弃机逃生，他们会罔顾价格不菲的飞机，一心只想着背着降落伞逃生。

革命无疑斩断了新旧世界之间所有的联系。1917 年以后，在每一个俄罗斯人的故事中，你们都会看到一个转折点，这个转折点几乎无一例外地指向了更加糟糕的方向。当然，俄罗斯最顶尖的人才，像飞机制造专家伊戈尔·西科尔斯基（Игорь Сикорский），化学家，也是防毒面具的发明者之一约瑟夫·阿瓦洛夫（Иосиф Авалов），都去了国外，在新的天地里找到施展平生抱负的平台。还有一些人甚至没来得及在俄罗斯大显身手，很年轻的时候就为了逃避血腥残酷的内战离开了俄罗斯，就像电视先驱弗拉基米尔·兹沃雷金（Владимир Зворыкин）（当然是去了美国），录像机的发明者亚历山大·波尼亚托夫（Александр Понятов）（先到中国，然后也去了美国）。工程师们没有自己的"哲学船"[①]，他们走了一大批人，却都是独自离开的。

很难说如果革命没有发生，俄罗斯的发明事业将何去何从。如果沙皇政权保住了，技术进步会是四平八稳的，但远不是更有活力。苏联为发明人提供了完全不同于往日的发明权保护方案——一方面，相当真诚，另一方面——也不会带来可观的收入和巨大的成功。最伟大的苏联工程师和发明家，无论他们的成就如何，都可以终生领取平均工资，安居在莫斯科郊区的"两室一厅"，因为原则上法律没有规定其他的可选项。日子过得平静安稳：不会面临痛苦万分、难以抉择的两难境地，也不会有破产，不会有多年的发明权诉讼。凡事皆有利弊。

革命前的一些发明在新世界中也有了用武之地。一个典型的例子是由工程师和化学家米哈伊尔·波莫尔采夫（Михаил Поморцев）开发的防水面料，现在称为人造革。波莫尔采夫曾经面临一个有意思的挑战：非橡胶防水，因为俄罗斯橡胶植物数量不足，难以保证大规模生产。波莫尔采夫就用蛋黄、石蜡和松香乳液浸透布料。波莫尔采夫把这种布料命名为"克尔扎"（俄语是"керза"，波莫尔采夫用的是字母"e"），因为它和 15 世纪从英国科尔西村传到古罗斯的"卡拉泽亚"[②] 很相近。化学家实验所用的就是

---

① "十月革命"后，为确保新生政权的稳定，由列宁亲自发起，政治局集体决定，将一批知识分子驱逐出境。1922 年秋，近百名文学家、哲学家、农艺师、医生、教授分别乘坐两艘德国船"哈肯船长"号和"普鲁士"号，先后离开苏维埃政府。这一驱逐行动，被后世称为"哲学船事件"。——译者注

② 卡拉泽亚是一种粗糙的羊毛织物，质地松散，自 13 世纪以来就为人所知。15 世纪以后，俄罗斯一直将其用作家居面料，主要制成外套。——译者注

斜线编织的粗呢布"卡拉泽亚"。尽管"克尔扎"取得了成功，甚至在展览会上获奖，但没有实现工业生产，1916 年波莫尔采夫去世。苏联的人造革，音译为"基尔扎"（俄语是"кирза"，用的是字母"и"，和"克尔扎"仅差一个字母），出现得比较晚，大概是 20 世纪 30 年代中期。苏联人造革的历史始于谢尔盖·列别捷夫（Сергей Лебедев）和鲍里斯·贝佐夫（Борис Бызов）的研究，他们开发了工业生产人造丁二烯钠橡胶的方法。新研制的人造革是一种浸渍橡胶溶液的织物，采用的方法正是波莫尔采夫所发明的，工艺师伊万·普洛特尼科夫（Иван Плотников）和亚历山大·霍穆托夫（Александр Хомутов）成为波莫尔采夫发明的实践者。

关于波莫尔采夫的传闻有很多。据说 19 世纪 90 年代，他发明了第一个测云器，用于测定云速，尽管事实上瑞典实业家、发明家和气象学家卡尔·戈特弗里德·菲内曼（Карл Готфрид Финеман）早在 1885 年就发明了反射测云镜，到 19 世纪 90 年代，这种设备已经在俄罗斯使用。还有一个传闻是，波莫尔采夫发明了第一个气压高度表——据说，1875 年，24 岁的波莫尔采夫在巴黎国际地理大会上，凭借他的差分气压表获得了金奖，他从来没有想到这种仪表会用于浮空飞行。可问题是，那分明是……德米特里·伊万诺维奇·门捷列夫（Дмитрий Иванович Менделеев）的飞行高度表。

算了，不再举其他的例子。不过，波莫尔采夫是值得一书的发明家，但我不会写在这卷书里。也许，我会在《苏联发明史》里讲述他的故事，到时候我会和你们专门讨论苏联和后苏联时代的发明创造。这里我要讨论的是俄罗斯帝国最后 20 年的历史。

许多作者都将俄罗斯伟大的飞行员彼得·尼古拉耶维奇·涅斯捷罗夫（Петр Николаевич Нестеров）的名字列入俄罗斯发明家的名单。1913 年 8 月 27 日，他是第一个完成"死筋斗"特技飞行的人，一年后，1914 年 8 月 26 日，他无畏地进行了历史上第一次空中撞机，这次撞机以 2 架飞机坠毁而结束。我甚至专门为他写好了一章，但没有收入这本书（也许我会单独发表），因为涅斯捷罗夫仍然不能称为完全意义上的"特技飞行发明家"。这种飞行技艺的开创者和先驱是他的同行、法国飞行员阿道夫·佩古（Адольф Пегу），佩古发明了许多不同类型的特技动作，并主动在欧洲和俄罗斯的航展上进行飞行表演。当然，涅斯捷罗夫仅凭"死筋斗"这一个特技动作就足以超越阿道夫·佩古（佩古后来对这个动作也进行了重大改进）。

彼得·尼古拉耶维奇只不过没有来得及进行改进就英勇捐躯，事实上，佩古也是如此：这位法国飞行员于 1915 年 8 月 31 日在与德国下士奥托·坎杜尔斯基（Отто Кандульски）的空战中丧生——一梭机枪子弹打断了他的大动脉。具有讽刺意味的是，坎杜尔斯基在战前曾是佩古的学生，真是命运弄人，往日的师生竟成为战场上的死敌。一周后，德国人重回战斗现场，从空中抛下一个花环，上面写着："致敬为国英勇牺牲的佩古，对手坎杜尔斯基敬献。"

我还要补充一点，实施第一次和第二次空中撞机的飞行员都是俄罗斯的，而且第二次撞机后，俄罗斯的飞行员幸免于难。亚历山大·亚历山德罗维奇·卡扎科夫（Александр Александрович Казаков）是第二次空中撞机的实施者，也是第一次世界大战期间俄罗斯最优秀的王牌飞行员。1915年 3 月 18 日他驾驶"纽波尔"战机击落了一架新一代的"信天翁"B.Ⅱ.飞机，而"信天翁"和那架夺走涅斯捷罗夫生命的战机几乎属于同一型飞机。卡扎科夫成功地复制了涅斯捷罗夫的战术，用起落架撞坏了敌人的机翼，然后用机腹成功着陆。

第 24 章

茨韦特的颜色：色谱分离法

对于这个故事来说，没有人比米哈伊尔·茨韦特（Михаил Цвет）更合适，更有说服力了。一开始，你们可能会认为，这是故事主人公根据自己的职业取的化名，但事实并非如此，这只是个巧合。一个姓茨韦特[①]的人碰巧与颜色打交道，从事植物色素的研究，并最终发明了一种全新的、革命性的化学物质分析分离方法——色谱分离法。

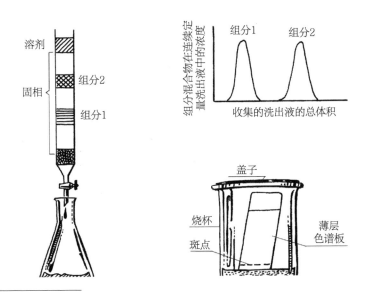

---

① 茨韦特是俄语单词"颜色"的译音。——译者注

当你们说"汽车的发明者"或"破冰船的发明者"时,一切都很清楚,没有什么费解的地方。但色谱分离法就是另一回事了:大多数人一辈子都没听说过这个词(这再正常不过)。

化学有一个重要的过程就是混合物的分离。纯物质在自然界中几乎不存在,为了将一种(或几种)纯化合物分离出来,就需要对"源材料"进行分离。比方说,我们可以从水溶液中蒸发出水,并得到干燥的残留物。或者,利用一种物质先于另一种物质结晶的性质,可以将溶液冷冻,然后收集结晶体。

色谱分离法是一种更为复杂的方法。它所依据的事实是,不同的物质具有不同的吸附性,或者用非化学术语说,不同物质具有不同的吸收和被吸收的能力。

简单来说,这个过程看起来像这样:取出某种固体物质——吸附剂(米哈伊尔·茨韦特用的是白垩)——让需要分离或研究的混合物通过吸附剂——获得洗出液。混合物的不同部分被吸附剂以不同的方式吸收,更确切地说,吸收的速度不同,更早或更晚被吸收。实验结束后,吸附剂的不同部位会被不同的物质浸渍!有些方法可以加速分离,例如,将吸附剂浸入溶剂中。但关键在于,这已经不是化学方法,是纯物理方法,即被分离的物质不受任何化学因素的影响,也不会改变化学性质。

在意大利的童年时光

老实说,无论瑞士人还是意大利人,都把茨韦特视为本国学者。1872年,茨韦特出生在阿斯蒂市(Асти)的皮埃蒙特(Пьемонт),父亲是俄罗斯人,母亲是意大利人,父亲谢苗·尼古拉耶维奇(Семен Николаевич)大部分时间生活在俄罗斯,米沙由母亲抚养长大。因为男孩周围的人大多讲意大利语,所以直到成年,他的俄语还说不好(他讲俄语的时候,一辈子都带有轻微的口音)。

茨韦特在洛桑念的中学，然后到日内瓦一所大学下属的学院学习，然后回到大学本部，在自然科学系学习。他在 1893 年撰写的有关茄茎的学期论文，后来获得植物学奖，发表在学术价值很高的科学杂志上。人们常说，茨韦特是上帝所赐的植物学家。1896 年撰写毕业论文时，他认真研究了叶绿素问题，却惊讶地发现，在这方面，竟然没有一篇有价值的论文发表。作为陆地生命的基础物质，叶绿素的研究实在少得可怜、差得离谱。当时科学家对叶绿素的研究非常有限，他们对这个研究对象的认知程度，类似于中世纪医生对放血疗法的理解：中世纪医生非常推崇放血疗法，认为可以包治百病。

叶绿素等植物色素就这样成为茨韦特毕生的研究课题。

植物生命论

叶绿素是参与光合作用的绿色色素，早在 1817 年，法国化学家皮埃尔·约瑟夫·佩尔蒂埃（Пьеро Жозеф Пеллетье）和约瑟夫·布莱梅·卡旺图（Жозеф Бьенеме Кавант）就分离出了叶绿素。但直到 19 世纪末，叶绿素仍被视为单一物质，无法进一步分离出更多成分。植物中的叶绿素吸收光并把光能转化成化学键的能量。举例来说，植物利用储存的能量吸收二氧化碳、制造氧气。这种情况下，氧是副产品，与生产废料类似。

不过，这些都不是我要讲的重点。我说的是这样一个事实，即 19 世纪末，科学受到高度重视，植物学及其他学科飞速发展时，分离叶绿素的研究方法却仍停留在佩尔蒂埃与卡旺图时代的水平，包括把植物置于盐水中煮，暴露于其他恶劣影响条件下。这种情况下，完全不能保证色素不发生性质改变。

1896 年，米哈伊尔·茨韦特来到俄罗斯，他父亲的家乡。有意思的是，在此之前，谢苗·茨韦特早就带着家里另外两个孩子到瑞士定居。但谢苗·茨韦特在俄罗斯国内还有些亲朋，所以米哈伊尔倒也没有空跑一趟。

俄罗斯的叶绿素

第一年米哈伊尔·茨韦特没有找到工作。然后，这个才华横溢的年轻人进入彼得·弗兰采维奇·列斯加夫特（Петр Францевич Лесгафт）的圣彼得堡实验室，列斯加夫特是著名的医生、生物学家和人类学家，涉猎广泛，博学多才。他的兴趣主要在人类学研究领域，他在现代体育、运动训练和健康生活方式等方面做出了奠基性的贡献。他的纪念碑就矗立在圣彼得堡国立体育运动大学旁，这并非没有道理。这所大学本身也以列斯加夫特的名字命名。

与此同时，彼得·弗兰采维奇也对生物学的其他分支领域感兴趣，特别是他有一个生化实验室，初期他只雇用了茨韦特一名实验员。在列斯加夫特实验室工作期间，米哈伊尔·茨韦特发表了他关于叶绿素的第一篇重要论文——《血红蛋白和叶绿素，从哪个角度研究更可取》（1898 年）。

接下来的三年里，茨韦特不仅完成了硕士论文的答辩（他在日内瓦获得的学历证书在俄罗斯不被认可，需要重新答辩，进一步确认），还发表了一些关于叶绿素和其他专题的论文，随后开始在列斯加夫特开设的短训班教授植物学课程，并加入圣彼得堡博物学家协会，为自己在科学界树立了良好声誉。1902 年，他接到了华沙大学的邀请，一开始他应聘的岗位是实验员。

1903 年 3 月 8 日，茨韦特在华沙大学里做了一次报告，介绍了吸附法在混合物分离中的应用。

谁需要这么做，为什么？

1901 年，圣彼得堡第 11 届博物学家与医生大会上，茨韦特首次介绍了他的研究方法。

在他的研究方法中，最主要的任务是找出一种吸附剂，这种吸附剂对混合物中的所有成分绝对没有化学反应，换言之，只吸收而不反应。茨韦特找到的吸附剂是干燥的钙粉——类似于白垩。茨韦特把吸附剂放在玻璃管里，让提取出的叶绿素透过玻璃管。构成叶绿素的色素沉淀在白垩的不同分层中，呈现出类似彩虹的颜色，只不过整体色调偏绿。

所以茨韦特把他的方法叫作色谱分离。现在这种方法也广泛应用于分离无色物质，"色谱分离"这个名称就有些名不副实了，保留术语的旧称，更多是出于对历史的尊重。

茨韦特利用色谱分离法对各种物质，尤其是对色素进行研究。他证明叶绿素含有多种成分，这些成分具有不同的颜色。茨韦特分离出叶绿素 α 和叶绿素 β。与茨韦特同时进行类似研究的还有理查德·维尔斯泰特（Рихард Вильштеттер），他也得到了同样的结果，我们稍后再说维尔斯泰特的事情。

勤奋和工作是一回事，运气却是另一回事。茨韦特真的很不走运。1905 年，他终于发表了一篇科学论文《关于吸附现象的新类别及其在生化分析中的应用》，阐述了他的研究方法，一年后他提出了"色谱分离法"的概念，然后在各个大学成功展示了自己的研究成果。但是科学界严重怀疑茨韦特的观点。克利缅特·阿尔卡季耶维奇·季米里亚泽夫（Климент Аркадьевич Тимирязев）就对"色谱分离法"持反对态度，出于某种莫名的嫉妒，他拒绝邀请茨韦特担任新罗西斯克大学植物学教研室主任。这是后话，大概是 1916 年的事情。

茨韦特一直没有固定的工作。他在欧洲虽然享有盛誉，但也不得不经常更换学校：1905 年至 1907 年，由于学生骚乱，华沙大学被迫关闭了一段时间，茨韦特失了业。后来他在华沙兽医学院工作了一段时间，然后又去了华沙理工学院。茨韦特的余生就在各所高校之间走马灯一样地穿行，始终没有找到一份稳定可靠的工作。

不良竞争

茨韦特的博士论文《植物和动物世界中的叶绿素》获得了学术奖，在西方受到积极认可。当然，这篇文章也引起茨韦特竞争对手的关注，尤其是前面提到的理查德·维尔斯泰特，他是茨韦特在叶绿素研究领域的直接竞争者。

然而，这很难称为真正的竞争。从事同一领域研究的科学家通常彼此相识，他们会研究同行的文章和书籍，并以同行的研究成果为基础做出自己的发现。这才是我们认为的良性竞争。维尔斯泰特却一直打压茨韦特，但另一方面，维尔斯泰特根据茨韦特的方法，将叶绿素的研究向前更推进了一步，1915 年维尔斯泰特获得了诺贝尔奖的提名，并最终获得那一年的化学奖，当时维尔斯泰特已经没有能与之匹敌的对手了。后来，在 1918 年，茨韦特也获得了提名，但由于种种原因，最后落选。首先，从茨韦特发现叶绿素到诺奖提名，间隔的时间太长，其次，茨韦特的研究成果本质上与已经获得诺奖的德国人的成果十分接近。

应当说，如果茨韦特能够获得诺奖，这对于他的研究和人生都会有很大的助益。第一次世界大战爆发后，华沙大学被迫疏散，茨韦特的藏书尽失。科学家随理工学院一起疏散到远离前线的下诺夫哥罗德，一年后他成为尤里耶夫大学的教授（尤里耶夫当时的名字是塔尔图），后来又迁到沃罗涅日，他在当地一所大学的植物园工作。他的健康状况每况愈下，1919 年 6 月 26 日，米哈伊尔·谢苗诺维奇·茨韦特去世，时年 47 岁。

留给人类的遗产

许多同时代的研究者认为，茨韦特的色谱分离法过于原始，很难获得令人满意的研究成果。这种误解在 20 世纪 20 年代末终于消除，其中也包括维尔斯泰特，他向已故的同行致以迟来的敬意。今天，色谱分离法是分析化学重要的方法之一，广泛应用于科学与工业领域，现已有数十种类型的色谱分离法。色谱分离法曾经因为简单易行而被科学界质疑，而今这一劣势反而变成了优势。

　　沃罗涅日是一座沥青覆盖的墓地之城。苏联时期，当地政府以建设"新世界"为名，摧毁了沃罗涅日十几座乡村墓园。从此，米哈伊尔·谢苗诺维奇·茨韦特的墓地也销声匿迹。当年，茨韦特很可能安葬于阿列克谢耶沃－阿卡托夫女子修道院内，因此 1992 年以后，在修道院的旧址上就出现了一块墓碑，碑文是："蒙上帝恩赐，他发明了色谱分离法，分离了分子，却将人类团结在一起。"

第 25 章

防火泡沫

今天，绝大多数火灾都是用泡沫而不是水来扑灭的。泡沫属于阻燃剂，能阻断氧气接近燃烧源的通道。泡沫由极细小的水膜泡组成——泡沫灭火既节水，也方便采用不同的成分配比，而且用泡沫灭火，火灾现场的物品受到的损害也相对较小。这种灭火方式是俄罗斯工程师亚历山大·格奥尔吉耶维奇·洛兰（Александр Георгиевич Лоран）于 1902 年发明的。

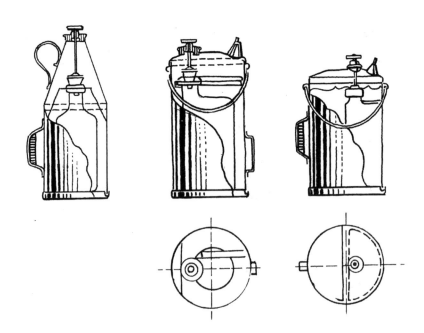

我们就来说说泡沫吧，泡沫的生成离不开发泡剂这种特殊物质。发泡剂的种类很多，有碳氢类发泡剂、氟发泡剂等，不管哪种发泡剂，作用原理都一样：发泡剂先溶于水，再生成泡沫，再按一定比例和空气混合。泡沫的灭火效果远胜于水，因此是世界上最常用的灭火剂。

有些灭火器用的是化学泡沫，这些泡沫直接在灭火器内产生（灭火器内的成分混合后就能产生）。还记得早些年有些灭火器需要倒转过来打开吗？这就是化学泡沫灭火器。现在（至少在俄罗斯）已经禁止生产化学泡沫灭火器，但化学泡沫灭火器是泡沫灭火器的鼻祖。

爆炸式灭火器

历史上第一个灭火器是著名的英籍德国化学家和企业家安布罗斯·戈弗雷（Эмброуз Годфри）在 1723 年发明的，他后来申请了专利。戈弗雷的装置可以通过加压喷射出水（普通的水）。一个世纪后，1813 年，另一个英国人乔治·威廉·曼比（Джордж Уильям Мэнби）为第一个干粉灭火器（里面装满了盐或者碳酸钾）申请了专利。20 世纪初以前，灭火器的发明专利很常见，有喷水灭火器、干粉灭火器等，类型多样，其中一些灭火器实现了工业规模生产。

灭火器在 19 世纪下半叶开始传入俄罗斯，19 世纪 90 年代，莫斯科发明家瑙姆·鲍里索维奇·舍夫塔尔（Наум Борисович Шефталь）开发了俄罗斯第一种干粉灭火器，他称为

"妙哉－勇士"——泡沫灭火器的广告牌，1909 年

"波扎罗加斯"，俄语意为"灭火"。舍夫塔尔的创意十分奇特："波扎罗加斯"是一个圆柱形的盒子，里面装有盐和大量的火药。使用时需要点燃缓燃安全导火索，然后把灭火器扔进火焰中心。盒子爆炸时，盐就撒向四周，扑灭火焰。舍夫塔尔大肆宣传他的发明，引起一时轰动，随后开始了批量生产，不久，却意外地陷入了困境。舍夫塔尔的灭火器只在空旷地带试验过，在房屋中使用时，他的灭火器有时候能扑灭大火，有时候却毁墙伤人，许多人因此被震伤，两种情况大概是一半对一半。那些年报纸上关于"波扎罗加斯"如何在某个倒霉鬼手中爆炸的报道屡见不鲜。既可悲又具讽刺意味的是：1907 年舍夫塔尔家发生火灾时，他是被普通消防员用普通的水救下的，因为没有一个"波扎罗加斯"能派上用场。尽管如此，"波扎罗加斯"还是一直使用到 1924 年。其实还是应该给予舍夫塔尔一定的肯定：他的想法很有意思，而且这个人真的造出了俄罗斯第一个灭火器。

然而，为俄罗斯消防事业带来真正荣耀的却另有其人。

石油中心

化学工程师亚历山大·格奥尔基耶维奇·洛兰是个相当不起眼的人。他是一位出任俄罗斯总督的法国人（俄罗斯化的法国人）的第四代后裔，1849 年出生，受过良好教育：在敖德萨读的中学，后来去圣彼得堡理工学院读大学，然后到巴黎实习。之后，他在巴库一所中学当了多年的化学老师，目睹了俄罗斯石油工业的发展（这方面的内容，可以在舒霍夫工程师的相关章节读到）。

然而，在成功开采石油的另一面，洛兰也看到了无数次的火灾。火灾时有发生，动辄就夺去几十个鲜活的生命。恕我直言，在那个年代，安全生产意识非常薄弱，没有任何保护措施，治疗烧伤的手段更少。每场火灾都是一场真正的灾难。水灭不了火，每个星期都会有人因为"黑金"受伤或死亡。灭火器对这种规模的火灾无计可施，即使是最先进的干粉灭火器也无济于事。洛兰开始苦思冥想，希望找到快速、高效扑灭任何规模火灾的通用成分灭火器。1902 年，洛兰发明出了这样的灭火器，那一年他 53 岁。

据说，洛兰在看到石油燃烧后，火势蔓延到里海岸边才突发灵感，想到用泡沫灭火的办法。他注意到，水还没有流到着火的区域，水里的泡沫就已经把火焰扑灭了。不过，这只是一个传说而已。还有另一种说法，洛兰在一个小酒馆里看到啤酒泡沫受到了启发。

历史的真相是：1902 年年底，洛兰在中学实验室里制出了历史上最早的化学泡沫，并验证了它的灭火效果。第二年，洛兰公开展示了自己的发明：他在燃烧的油池中加入了碱和硫酸，产生的泡沫瞬间就扑灭了火焰。后来，洛兰还开发了一种机械方法，使用碳酸钠和甘草溶液作为发泡剂产生泡沫。发明家给泡沫取名"洛兰汀"，1904 年，洛兰获得了这种新型灭火方法的专利。不久之后，他申请了整个系统的专利，即装有"洛兰汀"的灭火器。洛兰在俄罗斯和其他国家都申请了专利。1907 年 6 月 25 日美国授予洛兰专利，专利号为 US858188A。

多年来，他为了证明自己发明的实用性而奔波于不同的官僚机构之间，不断地向消防部门进行推介，最后得到了俄罗斯帝国技术协会和全俄志愿消防协会的支持，但这些支持并没有使事情有太大改观，亚历山大·格奥尔基耶维奇继续在地狱般的官僚圈内奔忙，无休无止地奔忙。

个人的事业

洛兰终于心灰意冷，他不再怀有任何奢望，搬去了圣彼得堡，在那里开了家公司，生产他自己设计的"妙哉"灭火器，同时还经营了一家照相馆。刚开业的时候，和灭火器的生意相比，照相馆的盈利要多得多。后来情况就发生了变化。灭火器当时都是手工制作，即使制作质量不高，但人们并不在意，灭火器需求旺盛，属于畅销商品。

到 1908 年的时候，许多公司、组织和个人都竞相购买洛兰灭火器，就

N.B. 舍夫塔尔的"波扎罗加斯"爆炸式灭火器的
广告牌，1909 年

连消防部门也等不及国家拨款，自行购置了大量的"妙哉"灭火器。为进一步提高自己发明的知名度，同时也为了更好地获利，洛兰于 1909 年将制造权卖给了莫斯科实业家古斯塔夫·伊万诺维奇·李斯特（Густав Иванович Лист），他的机械制造厂开始以"妙哉－勇士"为商标制造洛兰灭火器。一段时间后，为了绕开洛兰的专利，李斯特公司对洛兰的设计进行了改进，在没有洛兰参与的情况下继续生产灭火器。

奇怪的是，"妙哉"（或者更准确地说，"洛兰汀"，这是洛兰后来给自己公司取的名字）的灭火效果要比其他灭火器好上三到五倍，但在可靠性和易用性方面却输给所有灭火器，尤其是德国的"美力马"（Minimax）灭火器。1911 年，洛兰彻底关闭了公司，把专利卖给了德国的"德国萨尔茨科滕公司"，这个公司位于同名小镇萨尔茨科滕，然后洛兰就人间蒸发了。

关于洛兰的历史记载，也就永远停留在 1911 年。他也许移民了，也许死了。洛兰相当富有：尽管多年来在官僚机构里奔波无果，尽管竞争对手暗中使诈（"美力马"提出申请，以"危险性"为由要求禁止生产"妙哉"），但公司还是颇有获利。而且他的照相馆一直都在经营。

洛兰最后消失在哪里，其实已经并不重要。他发明的化学灭火器和后来的机械灭火泡沫已经在世界范围内传播，拯救了数十万人的生命。所以洛兰这个人没有白白在世上走这一遭。

第 26 章

“汪达尔人”号——第一艘内燃机船

很难想象一个没有内燃机船的世界。帆船和蒸汽船的时代早已成为过去，今天占主导地位的船舶类型就是内燃机船，对于造船业的所有分支行业而言都是如此。然而，很少有人记得，历史上第一艘柴油动力船是1903年建造的俄罗斯油轮"汪达尔人"号。

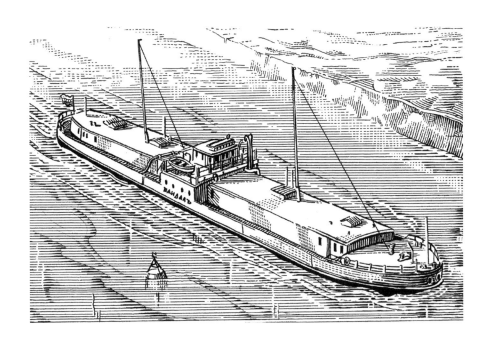

第一代最原始的内燃机早在 18 世纪末就出现了，至少当时这些内燃机已经是专利产品或者实验室的模型。法国工程师艾蒂安·勒努瓦（Этьен Ленуар）发起了一场革命：1860 年，他发明了一种空气和可燃气体混合动力发动机，这是第一型小批量生产发动机，而不像早期的型号只是单件制造。此外，勒努瓦的发动机被用作船用发动机，这样一来，从严格意义上讲，第一艘内燃机船并不是"汪达尔人"号，而是一艘没有留下名字的小船。但是，拥有船用发动机是一回事，拥有巨大油轮的发动机则完全是另一回事。总之，这些船还不能称为内燃机船。

直到 20 世纪初，内燃机在功率和效率上都无法与蒸汽船一争高下。不过，内燃机逐渐找到了自己适合的位置。与蒸汽机相比，内燃机更加轻便、小巧，并最终取代蒸汽机，在小型船（指的是小船和小艇）制造领域脱颖而出，然后又占据了汽车制造业。虽然大型工厂的固定设施和大型船舶的动力装置还在使用蒸汽机，但蒸汽时代正在成为过去。

"汪达尔人"号的出现，并不是因为俄罗斯的技术发展领先于世界，抑或我们某位天才的工程师突发灵感想到在油轮上安装柴油发动机，而仅仅是因为内燃机船的时代已经到来。既然总要有第一个人来吃螃蟹——那为什么不能是俄罗斯呢？

诺贝尔兄弟

1892 年，鲁道夫·狄塞尔（Рудольф Дизель）获得了一项发动机专利，这是一型基于压缩喷油自燃原理制造的发动机。若论起研制发动机的时间，狄塞尔比英国工程师赫伯特·阿克罗伊德·斯图尔特（Герберт Экройд Стюарт）要晚，但与竞争对手相比，狄塞尔的系统相对完善，并最终走到了规模生产那一步。无论如何，无论谁被认定为柴油发动机的第一个开发者，柴油发动机都是造船工业的一个里程碑。

内燃机船，即柴油动力船的始创者是当时欧洲最大的石油开采公司——俄罗斯"诺贝尔兄弟石油生产合伙公司"（简称"诺贝尔兄弟公司"）。1842 年，瑞典工程师和企业家埃玛努伊尔·诺贝尔（Эммануил Нобель）举家搬到圣彼得堡。诺贝尔在俄罗斯经营有方，商业大获成功，几乎所有的军队订单都是他完成的，但在 19 世纪 60 年代初，他带着三个儿子阿尔弗雷德（Альфред）、埃米尔（Эмил）和罗伯特（Роберт）回到了瑞典，管理诺贝尔家族俄罗斯分公司的是留在俄罗斯的长子路德维希（Людвиг）。后来罗伯特又回来帮助路德维希打理公司（阿尔弗雷德仍在瑞典，埃米尔于 1864 年不幸去世）。

诺贝尔兄弟公司是路德维希和罗伯特于 1879 年共同创立的，阿尔弗雷德也有少许参与，但他基本都是在瑞典对公司业务进行"遥控式"参与，所以这家成功的公司归根到底还是一家俄罗斯企业（虽然瑞典方面对公司也实施管理）。此外，公司的第四位股东是俄罗斯企业家彼得·亚历山德罗维奇·比尔德林（Петр Александрович Бильдерлинг）。诺贝尔兄弟公司最显著的特征是它的现代管理方式。舒霍夫曾经在公司做过一段时间的首席工程师，为诺贝尔公司设计出世界上最早的圆柱形储油罐和其他多种工程设备。

路德维希·诺贝尔还有另一摊生意：1859 年，他在圣彼得堡租用了舍伍德（Шервуд）的一个工厂，1862 年把它买了下来，成立了路德维希诺贝尔机械厂。起初，这家工厂主要生产蒸汽泵，但随着石油行业的兴起，路德维希把重心转向了石油生产设备。路德维希 1888 年去世后，工厂由他的儿子小埃玛努伊尔（不要与前面提到的老埃玛努伊尔混淆）接管。1898 年，埃玛努伊尔做出了一个历史性的决策，他从鲁道夫·狄塞尔手里购买了狄塞尔发动机的生产许可，一年后开始大规模生产。走到这里，只剩下最后一步。

为什么需要内燃机船?

　　20 世纪初，诺贝尔兄弟公司需要扩大其麾下的油轮船队（从雷宾斯克向圣彼得堡运油）规模。一开始公司决定在下诺夫哥罗德的索尔莫夫厂订购 3 艘标准拖曳驳船，自己改装其中一艘作为船队的头船，这艘船安装的就是路德维希诺贝尔机械厂生产的柴油发动机。提出这个解决方案的是诺贝尔兄弟公司高级工程师卡尔·威廉·哈格林（Карл Вильгельм Хагелин）（他虽然拥有瑞典人的姓氏，但在俄罗斯出生并生活了一辈子）。

"汪达尔人"号油轮，1903 年

　　说到做到。1903 年，诺贝尔兄弟公司接收了"汪达尔人"号、"萨尔马特"号和"西徐亚人"号三艘驳船，均长 74.5 米，宽 9.5 米，高 2.4 米。这些参数满足通过马里亚水路船闸（连接伏尔加河流域和波罗的海的运河水路）的要求。正是考虑过闸这个因素，哈格林才决定采用柴油动力装置：船体必须要小，所以在船上安装大功率蒸汽机也没有意义。

　　作为试验船的柴油机船就是"汪达尔人"号。船上配备了三台 120 马力柴油发动机，工作原理相当复杂。柴油机的功用不是直接推动螺旋桨或叶轮转动，而是驱动发电机，发电机进一步为推进式电动机提供电力，最后电动机转动螺旋桨。因此，"汪达尔人"号不仅是第一艘内燃机船，而且是第一艘柴电船。有意思的是，这个决定是迫不得已做出的：那个年代的柴油发动机无法反向传动，在没有变速箱的条件下，发动机就不能在船上使用（这也是蒸汽机的优势之一）。但是装有发电机的系统可以转换电动机绕组，使螺旋桨反方向转动。

在"汪达尔人"号的设计过程中，设计师不得不放弃圣彼得堡工厂生产的柴油发动机。哈格林、他的瑞典同行约尼·荣松（Йони Йонсон）和加入他们团队的俄罗斯造船工程师康斯坦丁·博克列夫斯基（Константин Боклевский）最终选择了瑞典 AB 柴油机公司 [AB Diesels Motorer，今阿特拉斯·科普柯有限公司（Atlas Copco Aktiebolag）] 的设备，电气系统由瑞典通用电机公司（Allmanna Svenska Elektriska Aktiebolaget，ASEA）开发。

"汪达尔人"号成功了。"汪达尔人"号运输的不是轻质油，而是煤油，最大载重量达 820 吨，时速可达 13 千米。"汪达尔人"号初战告捷，紧接着又改装了"萨尔马特人"号，这艘船装配的两台 180 马力柴油发动机是路德维希-诺贝尔机械厂的产品。工作原理也与"汪达尔人"号不同：船前行时，柴油机直接驱动推进式螺旋桨，发电机仅在倒车时连接。

同样在 1903 年，法国建成一艘名为"佩迪特-皮埃尔"号（Petite-Pierre）的内燃机船。它也是一艘货船，配备了一台 25 马力的迪克霍夫双缸发动机（Dyckhoff）。载重 265 吨的"佩迪特-皮埃尔"号在马恩河-莱茵河航道上行驶。有时，法国人宣称是他们最早制造出内燃机船，但有两个问题值得商榷，首先，根据文献记载，"佩迪特-皮埃尔"号开始运营的时间晚于"汪达尔人"号，虽然晚得不是很多，其次，法国内燃机船是"孤独的奇葩"，而俄罗斯的油轮引领了世界潮流。

俄罗斯的内燃机船数量在 1906 年至 1907 年间呈指数级增长。先后造出"科洛缅斯基"号、"伊利亚·穆罗梅茨"号、"列兹金"号、"事业"号、"实验"号、"乌拉尔"号等。"事业"号是世界上第一艘海运内燃机船（不是内河内燃机船），"乌拉尔"号——是第一艘客运内燃机船。1908 年，可逆柴油机首次安装在"七鳃鳗"号潜艇上，几个月后安装在科洛姆纳（Коломна）建造的内燃机船"思想"号上。"思想"号还有一段有趣的往事。当"汪达尔人"号的创建者卡尔·威廉·哈格林和约尼·荣松意识到埃玛努伊尔·诺贝尔满足于已经造好的两艘柴油驳船、不打算进一步发展内燃机船时，他们辞去了诺贝尔兄弟公司的职务，因为他们手头还有一大批未实现的项目。哈格林很快成为瑞典驻圣彼得堡总领事，他和约尼·荣松设法吸引梅尔库利耶夫兄弟（阿斯特拉罕商人，多家采油企业和一家大型航运公司的老板）关注 4500 吨柴油油轮项目。"思想"号就是梅尔库利耶夫兄弟出资建造的，成为世界上第一艘海上油轮（"思想"号和前面提到的"事业"号，究竟哪条船可以冠以"世界上第一艘海上油轮"的殊荣，现在还有争议）。"思想"号项目取得成功后，埃玛努伊尔才醒悟过来，好说歹说终于说服哈格林回到诺贝尔兄弟公司，委托他对庞大但设备陈旧的诺贝尔船队进行升级改造。国外直到 20 世纪 10 年代前期才开始大规模建造内燃机船。

"汪达尔人"号经历了多次的革命和战乱，终于保全下来，并一直航行到 1944 年，当然，那时候它早就更名为"俄罗斯"号。"汪达尔人"在战时曾充当运输船，从国家西部地区经里海向后方运送撤离的平民。后来，这艘船遭遇风暴，不幸沉没，后被打捞上岸，经过修理，从 1947 年开始，当作驳船使用，船上的内燃机动力装置被拆除。1956 年，"汪达尔人"号恢复旧名，1977 年正式退役。有一段时间，"汪达尔人"号就停泊在巴库港，然后再也不见了踪迹，应该是回收、拆解了。

第 27 章

科罗特科夫血压测量法

血液对血管壁的压迫是人体机能最主要的诊断指标之一。根据血压可以判定全身血循环状况，预防重大疾病，特别是致命疾病的发生。

目前国际上最可信、最常用的血压测量法是俄罗斯医生尼古拉·谢尔盖耶维奇·科罗特科夫（Николай Сергеевич Коротков）发明的。

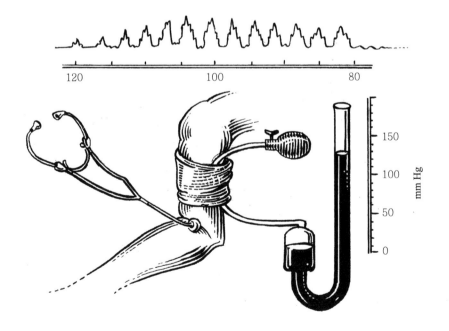

第一个尝试调节生物血压的人是 18 世纪的英国生理学家斯蒂芬·盖尔斯（Стивен Гейлс）。他发表了大量的植物学论文，为人类研究动植物生理机能做出了巨大贡献，他还设计了一种能够向工厂厂房输送新鲜空气的通风设备，这不是他有意的发明，而是在研究肺功能时顺手做出的，也可以说是"研究副产品"。1731 年，盖尔斯将一根玻璃管插入马的动脉、测量血柱的高度，从而测得马的血压。但是，这个方法不适合于人类，尤其是在诊断病情的时候。

正常血压

血压是由两个因素决定的。一是心脏在单位时间内泵出的血液量，二是血液流经血管的血通量。血液循环系统不同部位的血压不尽相同，但是差别一般不超过 10 毫米汞柱。心脏出口处血压最高，小血管中血压最低。

还有一种较明显的血压差：心肌收缩时的动脉压（将血液推入动脉）和心脏放松时的动脉压之间的压差。前者指标较高，称为收缩压，后者指标较低，称为舒张压。当我们被告知"高压 110、低压 70"时，这意味着收缩压是 110 毫米汞柱，舒张压是 70 毫米汞柱，也就是说，整个血液循环系统的压力都在这个范围内变化。两者之间的差值称为脉搏压。

我们现在回到过去，看看这段历史。

从盖尔斯到冯·巴什（фон Баш）

1828 年，法国医生让-路易-马利·普瓦泽伊（Жан-Луи-Мари Пуазёйль）在研究人类和动物血液循环问题时，发明了水银柱压力计，这时距离盖尔斯的时代已经有近百年之遥。用水银柱压力计测量血压也是有创测量，不过，水银柱不需要像盖尔斯血压计的血柱一样升到 2.5 米的高度，也就是说，使用这种方法测量，失血量很小。有意思的是，普瓦泽伊后来的兴趣转移到了应用流体力学和流体流动研究，几乎脱离了医学领域。

接下来出场的是德国生理学家卡尔·弗里德利希·威廉·路德维希（Карл Фридрих Вильгельм Людвиг），他在 1847 年发明了机械式记波器，不仅能在特定时刻测量血压，还能在卷纸上绘制图形。路德维希手表是他的另一项发明，用来测量血液循环速度。电记波照相器至今仍广泛使用。

但普瓦泽伊和路德维希无法摆脱的困扰是：他们发明的设备仍然只能用于动物，因为使用这些设备会给病人带来创伤和巨大的痛苦。

19 世纪末，出现了为数众多的人体血压测量法。法国人艾蒂安－朱尔·马雷（Этьен-Жюль Маре）发明了脉波计，后来又发明了体积描记器——一种能够记录血管壁张力和松弛情况的仪器。体积描记器是第一个无创仪器——能够记录手臂体积随血流量变化的规律，因此马雷可以当之无愧地被视为第一位测量人体血压的医生。这个仪器很有意思：病人的手臂浸泡在密封的水箱里，水通过橡胶管流入薄膜，薄膜会随着手臂体积的变化而颤动，整个过程可以被"多种波动描记器"记录[①]。马雷脉波计的工作原理与此类似，只是不需要借助水：将一个紧绷的袖带套在手臂上，袖带与在移动平板上绘制脉搏图的杠杆相连接。

现代血压测量方法的最后一位先驱是奥地利人塞缪尔·西格弗里德·卡尔·冯·巴什，他是实验病理生理学的创始人之一。他发明的血压计，是现代血压计的雏形——本质上就是一种与普瓦泽伊水银压力计相连的脉波计。

里瓦－罗奇（Рива-Роччи）臂袖

上述所有方法和仪器的测量精度都很低。仪器的读数不仅与血压有关，还与病人的许多个人特征有关，如手腕粗细、皮肤质量等。如果血管太深，冯·巴什的血压计就不好用了。

---

① 在那个年代里，这个词指的是在纸上记录振动的设备，和现代的含义不同。——作者注

西皮奥内·里瓦-罗奇是意大利名医卡尔洛·福拉尼尼（Карло Форланини）的学生，卡尔洛·福拉尼尼是结核病控制领域的革新者之一。里瓦-罗奇也一直在寻找治疗肺痨的方法，但在 19 世纪 90 年代初，他开始关注血压测量问题。"不要重新发明轮子"，这句老话用在里瓦-罗奇身上很合适。他没有走前人的老路，而是在前人道路的基础上，开辟了新的路径，他积极借鉴冯·巴什的经验，以冯·巴什的血压计为基础展开新的研究。里瓦-罗奇意识到冯·巴什血压计的问题在于动脉搏动很难被记录，他脑子里于是冒出一个念头，应该以某种方式"缩放"动脉搏动。1896 年，他想出了如何做到这一点，方法是将我们前面已经讲到的充气橡胶袖带（里瓦-罗奇臂袖）与血压计连接起来。袖带套在病人的上臂，不断充气，水银压力计记录袖带内的空气压力。意大利发明家在最初的实验中，一般用自行车轮胎做成袖带，测量结果不是很准确。

整个测量过程中，医生必须一直把手指放在病人的脉搏上。充气一段时间后，脉搏就会消失，此时轮胎内的压力对应于病人血液循环系统内的收缩压。里瓦-罗奇的测量方法和前人并无不同，因此还是无法测量舒张压，但现在的测量不再受任何生理因素的影响。一旦摸不到脉搏，水银柱就会显示出正确的结果。

就差最后一步了。

画上句号

与所有的前辈不同，尼古拉·谢尔盖耶维奇·科罗特科夫并没有花费数年时间去设计血压计的结构，也没有进行过多的研究，更没有用毕其一生的时间和精力去攻克血压测量的难题。他取得成功的时候，年仅 31 岁，他在一篇学术论文中对自己的发现进行了说明。插一句话，里瓦-罗奇发明臂袖时，也是一个刚刚年满 33 岁的年轻人。

科罗特科夫 1874 年出生于库尔斯克，中学毕业后，先在哈尔科夫大学学习，后来转到莫斯科大学，以优异成绩毕业。然后在莫斯科大学的外科医院实习，参军，到远东服役，在红十字会工作，最后定居圣彼得堡。

1904 年，在哈尔滨工作期间，科罗特科夫开始为自己的血管外科学位论文收集材料。在对一个病人进行检查的时候，他按照里瓦－罗奇的方法测量了病人的血压，出于技术人员的好奇心，他把听诊器放在受检者的手腕上。科罗特科夫惊奇地发现，在他给臂袖充放气的过程中，在某些瞬间，他听到了一些奇怪的声音，这些声音不像是脉搏跳动的声音。接下来的几天里，科罗特科夫对测量方法又进行了一些改进，并于 1905 年 11 月在帝国军事医学院做了一次报告。他的报告词全文只有 182 个字，在《帝国军事医学院通报》专刊上仅占据半页篇幅。

起初，我想用自己的话转述他的报告，但后来转念一想，其实这是多此一举。倒不如完整地引用原文，因为科罗特科夫的行文简单、明晰，而且属于公开资料，在维基百科中都能查阅到。原文如下：

"据报告员本人观察，并得出结论，完全受压的动脉在正常情况下不会发出任何声音。根据这一现象，报告员提出人体血压声波测量法。

"将里瓦－罗奇臂袖置于上臂中间位置三分之一处；臂袖内压力迅速升高，直至袖下血液循环完全停止。然后，降低压力计水银柱高度，研究人员随即用儿童听诊器倾听袖下动脉。起初，没有听到任何声音。当压力计水银下降到一定高度后，第一次出现短促振动声，表明部分脉搏波在袖下通过。因此，出现第一个振动声时仪器显示数字即为最大压力。随着压力计水银柱继续下降，可听到收缩期压缩杂音，并再次转换为振动声（第二次振动声）。声音消失的时刻表明脉搏波开始自由通过；换言之，声音消失的瞬间，最低血压已经超过臂袖内压力。此时压力计数字对应于最低血压。动物实验取得积极成果。第一次振动声出现的时间（对应于 10~12 毫米汞柱）早于脉搏音出现时间，为感知桡动脉脉搏，大部分脉搏波需在袖下通过。"

　　科罗特科夫发明的方法，可以精确测量收缩压和舒张压，至今仍是最可靠的血压测量法。即使在电子血压计问世后，许多医生还是只信任无可指摘的老式球囊和臂袖——只不过压力表已经从水银表变成了机械表。

　　科罗特科夫这位俄罗斯外科医生记录的声音被称为"科罗特科夫声"，简称"科氏声"。科氏声产生的原因，是血压升高时心脏收缩（心肌紧张）瞬间手臂受压区会有血流通过。血液流出受压区后形成湍流，产生特征性杂音。当袖带压力下降到舒张压以下时，声音就会消失，因为袖带完全停止了对血流的阻挡。

　　这个发现使尼古拉·谢尔盖耶维奇·科罗特科夫享誉全俄，名扬天下。他获得了博士学位，在多家医疗机构工作过，最后升任彼得格勒梅奇尼科夫医院院长，科罗特科夫是 1918 年就任这一职务的，仅仅 2 年后，即1920 年，他就因患肺结核而英年早逝。

　　1935 年，国际联盟下属的国际卫生组织（今世界卫生组织）批准科罗特科夫发明的方法为测定血压的唯一可靠的官方方法。直到今天，科罗特科夫血压测量法的官方地位仍未动摇。

第 28 章

螺旋桨雪橇

　　有一天，我无意中看到"螺旋桨雪橇"的英文单词是"aerosani"。这个英文词是完全照着俄语发音对译过去的，它的出现也是一种历史情况的反映。

　　在英语世界中，几乎没有人听说过这种设备，但在俄罗斯，这种设备几乎人尽皆知，有些人就算没有见过实物，但至少也看过图片。螺旋桨雪橇是关于俄罗斯的众多坊间传闻中知名度较高的东西，其地位大概介于巴拉莱卡琴和熊之间。

从技术角度来看，螺旋桨雪橇是一种相当简单的交通工具：实际上，就是一种装有滑橇的普通雪橇，配备有内燃机驱动的推式螺旋桨（虽然也有配备拉式螺旋桨的先例）。如果螺旋桨用作铁路交通工具的推进器，那么这种车辆就称为螺旋桨推进车，如果用作水上交通工具的推进器，那这种交通工具就称为滑行艇，但是装配螺旋桨推进器的汽车目前还没有统一的俄语名称。语言的发展总归还是历史发展的写照。

严格来说，螺旋桨雪橇是一种特殊的雪地车。雪地车一般由一条履带（或较少见的两条履带）作为推进装置，但螺旋桨雪橇运动的支点不是地面，而是推进装置产生的气流，换句话说，螺旋桨雪橇推开的不是积雪，而是空气。

涅日丹诺夫斯基和他的实验

1903 年，谢尔盖·谢尔盖耶维奇·涅日丹诺夫斯基（Сергей Сергеевич Неждановский）发明了螺旋桨雪橇。涅日丹诺夫斯基 1850 年出生，毕业于莫斯科大学物理学数学系，投身于当时甚至连新兴领域都谈不上的航空学，因为航空学实际上在当时并不存在。多年来，涅日丹诺夫斯基一直是著名的浮空飞行学先驱、理论家和空气动力学的创始人尼古拉·叶戈罗维奇·茹科夫斯基（Николай Егорович Жуковский）的朋友和合作者，那些年一直在大学里当教授。不过，涅日丹诺夫斯基更倾心于实践活动：他设计了许多不同寻常的飞机和直升机，虽然仅仅停留在设计层面，没有一架飞行器被真正制造出来。在理论研究领域，涅日丹诺夫斯基提出了由叶尖部喷气喷嘴驱动旋翼的概念，以及无机身飞机（"飞翼"）的想法，远远超越了自己的时代。涅日丹诺夫斯基留下的文字记录，基本上是写给自己看的，他从未寻求实现这些想法的途径。他的大多数理论成果是在档案中发现的，直到 20 世纪 50 年代才公开发布，但是那个时候，这些成果的价值仅在于历史学上的意义，曾经远超时代的思想，已经在新时代落伍。

涅日丹诺夫斯基第一个从设计变成实物的发明是"滑翔机风筝"，其实就是高稳定性风筝。此外，"滑翔机风筝"还能脱离绳索，像无发动机飞机一样滑翔。按照设计师最初的设想，这个系统可以用于空中拍摄。几乎在同一时期，美国著名摄影师乔治·劳伦斯（Джордж Лоуренс）利用风筝进行空中摄影，获得成功，并为这种"独创性的稳定设计"申请了专利。劳伦斯因其在 1906 年旧金山地震后拍摄的城市全景照片而一举成名。涅日丹诺夫斯基曾多次在发明和航空相关会议上展示自己的设计，他设计的一架滑翔机甚至获得过 100 卢布的奖金。

但命运就是这么喜欢捉弄人，涅日丹诺夫斯基明明醉心于航空领域，但命运之神却偏偏不从空中向他绽放微笑。

螺旋桨雪橇：试验型和量产型

令人错愕的是，到 20 世纪初的时候，人类的雪地交通根本离不开马匹。唯一多少算成功的尝试是美国工程师阿尔文·奥兰多·伦巴德（Элвин Орландо Ломбард）的专利设计，被称为伦巴德蒸汽原木运输车（Lombard Steam Log Hauler），于 1901 年完成。它类似于蒸汽机车，后部有厚实的履带，前部装有轻便导向轮，冬季需要在雪地或冰面上行驶时，导向轮就被滑雪板取代。阿尔文·伦巴德所发明的实际上是雪地车。这是 20 世纪 10 年代中期之前唯一可在冰雪中行驶的重型载重机械，需求量很大，设备的配置方案也有很多种。

涅日丹诺夫斯基的想法则完全不同。他根本没有打算设计任何机械装

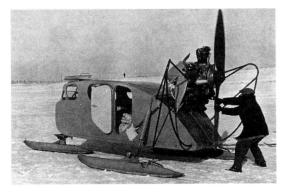

手动驱动的 NKL-16 雪橇的螺旋桨，1937 年
资料来源：A. 基林达斯（А.Кириндас）的文章《幅员辽阔的俄罗斯的运输》，《装备与武器》杂志，2009 年

置。尼古拉·茹科夫斯基和谢尔盖·涅日丹诺夫斯基在 1903—1904 年冬制造了第一架螺旋桨雪橇，用于测试飞机发动机和螺旋桨的性能。螺旋桨雪橇的构造非常原始，就是一个安装在滑橇上的矩形框——怎么看都不像是一种交通工具。

　　当时，涅日丹诺夫斯基在库奇诺（Кучино）的空气动力学研究所工作。他又造了几个类似的"支架"，其中至少有一个装上了驾驶员的座椅（在最早期的雪橇上，驾驶人员必须站立操作，反正这样的雪橇也不是为长途旅行设计的）。1905 年，《浮空飞行家》杂志登载了一篇文章，专门介绍这种装配了螺旋桨、可在雪地行驶的雪橇。文章引起当时一家大型汽车制造厂"杜克斯"老板尤利·亚历山德罗维奇·梅勒（Юлий Александрович Меллер）极大的兴趣。梅勒和他的员工、工程师道库恰耶夫（Докучаев）一起，迅速开发了一种适合大规模生产的螺旋桨雪橇——涅日丹诺夫斯基对此毫不知情。他仍然仅仅把自己的创新成果看作是发动机的试车台。

　　梅勒具备实现涅日丹诺夫斯基创意的所有条件：汽车制造厂、生产能力和资金。第一辆杜克斯牌"滑雪汽车"（"螺旋桨雪橇"一词是后来才出现的）在 1907 年冬出厂测试。

一夜爆红

　　第一辆杜克斯滑雪车安装的是法国"德迪翁－布顿"发动机，功率 3.5 马力，汽车的时速达到 16 千米。杜克斯滑雪车在 1908 年车展上亮相并取得了成功，之后，在 1909 年，出现了第二款车型——40 马力双座车，配备了控制滑雪板（第一款车型上，有一个"转向冰刀"设计——类似于制动器，可以左右移动进行转弯）[1]。

---

[1]　道库恰耶夫制作的最早的试验样车，也就是比装配"德迪翁·布顿"发动机的样车还要早的成果，与涅日丹诺夫斯基的"矩形框"设计相差无几：没有方向盘，驾驶员需要不停地换脚刹车，进行车辆控制。——作者注

接下来，所有想设计螺旋桨雪橇的人都开始进行相关设计。例如，1910 年伊戈尔·西科尔斯基设计了三架螺旋桨雪橇，然而，和涅日丹诺夫斯基一样，他设计的成果更多的是为了测试螺旋桨而不是用于交通。还有库津（Кузин）、布尔科夫斯基（Бурковский）、热尔图霍夫（Желтоухов）设计的螺旋桨雪橇系统，但这些雪橇都只造出了一架。梅勒并不满足已有的产品，于 1912 年推出了第三个系列的产品，装配了强劲的 80 马力亚格斯发动机和弹簧悬架。雪橇的加速速度高达每小时 85 千米。同年，梅勒试图将自己的产品从莫斯科开到圣彼得堡，但在希姆基就被冰雪困死，原来是想打个活广告，现在只能取消这一次的宣传之旅。1911 年就出现了配备喷气式发动机的雪橇，它的发明人是罗马尼亚设计师安里·库安达（Анри Коанда）。

螺旋桨雪橇在俄罗斯有着美好的前景。"杜克斯"的销路很好，在战争中也很受欢迎。1915 年，全俄地方自治联合会汽车管理科建立了自己的工厂，并在 1916 年开始批量生产"全俄地方自治联合会螺旋桨雪橇"，采用的技术就是前面提到的阿列克谢·库津的技术。此外，革命后任螺旋桨雪橇建造特别委员会（下文简称委员会）主席的尼古拉·茹科夫斯基也积极展开工作。委员会的工作成果之一就是将库津－布里林设计的"别卡"螺旋桨雪橇投入生产。

那么涅日丹诺夫斯基呢？使用螺旋桨雪橇进行的实验，启发发明家产生了新的想法。他注意到，充当"试车台"的螺旋桨雪橇的速度和越野性能因雪况不同而大有差异，于是他开始进行理论计算。1916 年，他申请了俄罗斯第一辆雪地车专利，其设计型式比螺旋桨雪橇更为传统，也更为我们所熟悉。这是一种轻型单座车，配备非厚重驱动履带，设计上非常接近于普通的现代雪地车。"十月革命"后，涅日丹诺夫斯基在中央空气流体动力学研究所工作，1940 年去世，享年 90 岁。他的发明没有给他带来任何的名誉和财富。他也从不追逐名利。

今天的螺旋桨雪橇

苏联时期，螺旋桨雪橇是北方主要的越野车辆类型之一。各种规模的工厂都批量生产过螺旋桨雪橇。A.N. 图波列夫（А.Н.Туполев）设计局设计了整整一个系列的螺旋桨雪橇，中央汽车和汽车发动机研究所和中央空气流体动力学研究所，以及滑行艇和螺旋桨雪橇制造部也非常积极地进行开发。伟大卫国战争期间，RF-8-GAZ-98、NKL-16 和 NKL-26 专用作战雪橇都在战场上使用过，战后，雪橇主要在苏联北部地区使用。

这种交通工具从未在国外流行起来，尽管国外最早一批设计成果出现的时间仅比杜克斯公司在莫斯科开始量产的时间晚了几年。自 20 世纪 10 年代以来，芬兰多少还造过一些螺旋桨雪橇——一开始是手工制造，然后由芬兰最大的飞机制造厂——芬兰国家飞机制造厂（Valtion lentokonetehdas）制造。在捷克斯洛伐克，著名生产厂太脱拉（Tatra）制造的 TatraV855 型螺旋桨雪橇，最终也没有投入量产。

在今天的俄罗斯，螺旋桨雪橇的主要生产商有"螺旋桨雪橇"公司（品牌为"环斑海豹"）、"巡逻队"公司等。"巡逻队"公司的系列产品中有一个绝对奇葩的设计，称为"螺旋桨摩托车"，就像是窄版的螺旋桨雪橇，和摩托车比较相近。在芬兰、加拿大、挪威、瑞士也有为数极少的螺旋桨雪橇制造商。涅日丹诺夫斯基的发明，对于无尽的雪原来说不可或缺，至今仍历久弥新。

第 29 章

最精确的地震波图

地震研究和地震预测一直是严肃的科学论题。这个问题解决得好坏，有时关乎成千上万人的生命。俄罗斯人鲍里斯·鲍里索维奇·戈利岑（Борис Борисович Голицын）公爵在应用地震学方面做出了非常重大的贡献。

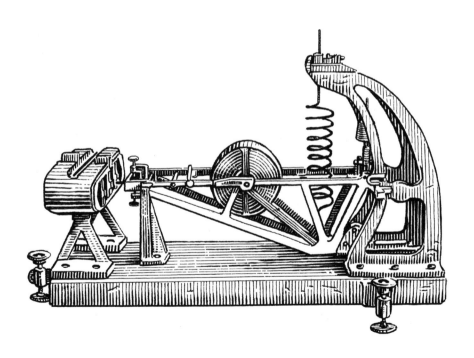

地震仪是中国的发明。其中最古老的地震仪（在现代被称为地震波显示仪）可以追溯到公元前 132 年，由伟大的哲学家和科学家张衡设计和建造。张衡的地震波显示仪（地动仪）是一个直径两米的密封容器，里面有一个类似摆锤的部件。环绕容器一周，分布着装饰有龙头的小洞，可以向外打开。当大地开始晃动——人类甚至无法觉察——摆锤向外摆动，击打小球，小球经过环周的一个小洞，滚入专用托盘。这样不仅可以记录地震的事实，也可以记录地震方位。

20 世纪初之前，摆锤一直都是所有地震仪最核心的部件。今天，"机械系统"在这类仪器的市场上虽然仍占据非常重要的位置，但已经渐渐让位于更先进的数字系统。在传统的机械地震仪内部，配重物安装在弹簧上；发生地震时，仪器外壳发生位移，配重物保持不动。壳体和配重物之间的相互运动记录在专用条带上。对这类地震仪的发明和发展贡献最大的是一个英国研究人员团队，19 世纪 70 年代和 80 年代他们一直在日本工作，其成员包括约翰·米尔恩（Джон Милн）、詹姆斯·阿尔弗雷德·尤因（Джеймс Альфред Юинг）和托马斯·洛马尔·格雷（Томас Ломар Грей）。1880 年，他们开始研究地震，成立了日本地震学会，并发明了第一台水平摆地震仪——即使到了今天，这也是最常见的地震仪结构型式。当然，这里也有历史的争议点：德国天文学家约翰·卡尔·弗里德里希·佐尔纳（Иоганн Карл Фридрих Цёлльнер）比英国科学家更早地描述过类似的设计方案。至于他没有造出切实可用的仪器，这是另一码事了。

上面提到的都是外国人，我们的任务是明确鲍里斯·鲍里索维奇·戈利岑公爵的历史地位。

俄罗斯公爵

戈利岑的爵位和姓氏本身已经不言自明。戈利岑身出名门，权贵后裔，1862 年出生，先是接受家庭教育，后来到安东·斯捷潘诺维奇·阿普拉克辛（Антон Степанович Апраксин）伯爵在自己家里开设的贵族精英学校学习，接下来被送到海军学校。后来，这所学校被命名为"海军武备学校"，这个名字你们在本书里已经遇到不止一次，应该比较熟悉。等待着少年戈利岑的，是军旅生活和锦绣前程。从学校毕业后，他在"爱丁堡公爵"号护卫舰上担任军官，但在 1881 年他就申请退役，因为他志不在此，军务对他没有吸引力。这段军队生活让戈利岑得到的唯一好处是他结识了康斯坦丁·康斯坦丁诺维奇（Константин Константинович）亲王，这位王室后裔今天更广为人知的名字是 K.R.——他用这个笔名创作了自己全部的文学作品（他的作品文采斐然，他本人后来成为著名的诗人和翻译家，莎士比亚的作品正是他最早翻译成了俄语）。

此后几年，戈利岑先后就读于尼古拉海军学院和斯特拉斯堡大学。他还想到圣彼得堡大学念书，但圣彼得堡大学不承认海军学院出具的结业证明，戈利岑还必须通过中学等级考试才行，而那时公爵已经 24 岁。所以他去了斯特拉斯堡上大学，反正家里的经济条件完全可以负担得起。

戈利岑后来在物理和数学领域的活动非常有争议。从他的生平事迹来看，严苛的机械式练兵丝毫没有打磨掉他身上的一些贵族习气，比如刚愎自用、独断专行、自命不凡，无时无刻不在强调自己的地位和财富。他在物理学方面的研究成果，无论什么方向的研究，都遭到一些权威科学家的猛烈抨击；他忽视数学中的计算，坚信思想至上，任何人，包括缺乏想象力的人，都可以编制公式。他的学位论文《数学物理学研究》引起了学术界的激烈争议，戈利岑被迫离开莫斯科大学，前往尤里耶夫大学（今塔尔图大学）。

但戈利岑幸而认识康斯坦丁·康斯坦丁诺维奇亲王，这层关系开始发挥作用。1889 年，康斯坦丁·康斯坦丁诺维奇担任圣彼得堡科学院院长。1893 年，亲王安排自己这位饱受争议的朋友来科学院任副院士，一年后——就提拔他为物理教研室主任。然而，亲王的庇护在十年后也没有帮到戈利岑：当戈利岑被推举为正式院士候选人时，整个数学教研室挺身捍卫本教研室的荣誉——亲王推举的候选人资格还是被取消了。直到 1908 年，戈利岑才成为正式院士。

总的说来，我并不想深究戈利岑与科学界曲折的斗争历程。由于他不安分的性格和不循规蹈矩的科学工作方法，他在 10 年间更换了许多职位和大学，虽然发表了大量科学论文，但他仍然只是一名受到庇护的普通物理学家。

我想说的还有下一个"但是"，但是他是一位杰出的实践家。

地震学的点滴知识

前面我们说过，19 世纪末，英国人的地震学研究在世界上处于领先地位。物理学界一直在努力攻克地震预测的难题（至今这个难题依然没有被攻克），并试图在自己的研究领域内，发明一种可以记录地壳中微弱扰动的仪器。换句话说，需要发明一种非常灵敏的地震仪，能够在人类尚无法感知的情况下感知大地的活动。

因此，英国地震学家积极寻求国际合作，1897 年，英国科学促进会附属的地震学委员会向圣彼得堡学院提出了这一方面的合作计划。当时，俄罗斯已经成立了一些临时地震委员会，特别是在 1887 年 5 月 28 日维尔内堡（今阿拉木图）地震之后。1900 年 1 月 25 日，皇帝下诏成立常设中央地震委员会，由天文学家斯卡尔·安德烈耶维奇·巴克伦德（Оскар Андреевич Баклунд）主持委员会工作，他是正式院士，也是尼古拉总天文台（普尔科沃天文台）台长。戈利岑当时是国家印刷局局长：他的组织才能远比他的科学才能更有用。他大刀阔斧地在印刷局搞起改革，进行了全面、高质量的重组，但这是题外话。

戈利岑以物理学家的身份加入了地震委员会。很难说为什么会选中他。鲍里斯·鲍里索维奇是个引人注目的人物，但就学术造诣而言，只是一个再普通不过的科学家。戈利岑对研究工作充满热情，但这种热情往往不加收敛，同时，他也很难将自己的精力放在实实在在的事情上，所以，如果从节制他的研究热情、集中精力做实事的角度看，吸纳戈利岑加入地震委员会，很可能是一个绝佳的决定，而戈利岑也很可能是最佳人选。不管多么不可思议，戈利岑颇有争议的工作方法——"思想至上，计算为下"——居然完美地奏效了。阿尔伯特·爱因斯坦在他所有的研究中，其实都遵循着和戈利岑完全相同的原则，这应该可以说明许多问题。

由于地震是南俄地区利害攸关的灾患，委员会得到了大量的资金，每年的研究数量和水平都呈指数级增长。到 1903 年的时候，俄罗斯已有 17 个地震台站投入运行，同时成为新成立的国际地震组织的首批成员国之一。

实践也是一种事业

戈利岑全身心地投入工作，密切参与新型地震仪的设计工作。他首先尝试攻克的是英国人曾经面对的难题：如何记录大地的弱振动。令人惊喜的是，戈利岑在这件事上竟然是个天才。不过，他也是花了很长时间才找到自己的解决途径。

当时的地震仪是纯机械式的，用烟熏纸记录振动。对于 4 级以下的地震，仪器只能偶然捕捉到。如果震源中心距监测地非常遥远，地震波长距离传播过程中会产生各种扭曲和共振现象。最尖端的系统是雷布埃尔－帕施维茨（Ребер-Пашвиц）摆锤，能够探测到高震级的远震（7 级及以上）；1889 年，在德国威廉港（Вильгельмсгафен）市的地球动力学天文台进行的此类实验，取得了一定的成功，这也是第一次的成功。

机械地震仪有其极限边界。最接近这个边界的是德国著名物理学家埃米尔·维舍特（Эмиль Вихерт），他与戈利岑同时设计出能够将地震波放大200 倍进行记录的机械地震仪。

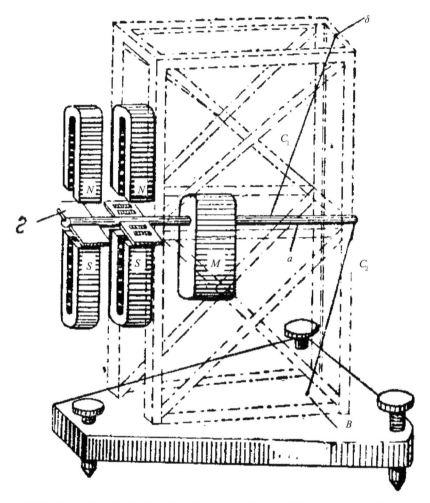

戈利岑设计的水平摆水平地震仪示意图。地震仪由 C_1 和 C_2 细钢线和悬挂在两根细线上的黄铜棒 a 构成；重达 7.2 千克的黄铜配重 M 被偏心固定在黄铜棒上，黄铜棒末端固定有感应线圈和铜板

资料来源：V.A. 克拉西利尼科夫《空气、水和固体中的声波》，第二次修订版，国家技术理论文献出版社，1954 年

　　戈利岑从一开始就关注到机械地震仪的主要问题——摩擦，并不断寻求解决办法。放大倍率越高，所需精度就越高，为了克服阻力，摆锤就必须做得越重。你们可能会说："这点摩擦力算什么，充其量不过就像一支羽毛笔在一张烟熏纸上划过，留下微不足道的痕迹！"但是不要忘了，仪器本

身非常灵敏，即使是轻微的摩擦，有时也会产生误差，导致测量失败。由于当时俄罗斯的电气工程技术非常发达，戈利岑的目标是实现非接触式电读数记录。

1903 年，戈利岑取得了成功。在他的系统中，与摆锤连接的不是羽毛笔，而是相对于永磁体移动的感应线圈。摆锤摆动时，线圈也会移动，导致磁通量变化，并产生与摆锤偏差成正比的电动势。剩下来要做的，就是将电动势进行记录。这种技术在摄影领域已经广为人知：就是照相胶卷和光线记录法。

如果可以消除摩擦，那就能够造出可将地震波放大 1000 倍以上的 10 千克摆锤地震仪（维舍特地震仪的摆锤重达一吨，精度却低得多）。1903 年 3 月 5 日，鲍里斯·戈利岑在常设中央地震委员会会议上做报告，专门介绍了自己的发明成果——电流计记录法。

随后，戈利岑建造了几十台地震仪，并开始建立一级地震测量站，配备最新技术设备，以保证测量站能够高度精确地记录远震。位于普尔科沃的中央地震台是总台，此外，梯弗里斯（Тифлис）、伊尔库茨克（Иркутск）、塔什干（Ташкент）、尤里耶夫（Юрьев）、巴库（Баку）和马克耶夫卡（Макеевка）等地的地震台也开始运行，其中巴库和马克耶夫卡地震台是私人出资修建，没有动用政府资金。戈利岑的地震仪在各大地震台工作了半个多世纪，一直运行到 20 世纪 50 年代中期。早在 20 世纪 00 年代，戈利岑的创意就在德国、英国和其他几十个国家得到了应用。事实上，鲍里斯·鲍里索维奇·戈利岑在地震学方面掀起了一场革命。

他本人是国际地震协会的负责人，并被许多权威的科学组织所接纳：法兰克福物理学会、哥廷根科学院以及英国皇家学会。他撰写了几部关于地球内部结构研究的重要著作，成为系统研究地震现象的先驱。

这意味着什么——意味着找到天赋于己的使命。

　　附言： 戈利岑的地震台网建设、发展的进程因战争而受阻。公爵没有挺过这场战争——1916 年，他患上了肺炎，不久病逝，时年 55 岁。也许，从某种意义上说，戈利岑是幸运的，很难说一个具有世袭贵族身份的科学家在革命后等待他的会是怎样的命运安排。

第 30 章

面容已模糊，油彩已暗淡

    小时候，我很讨厌木偶动画片。对我来说，它们太不自然，太不真实，甚至比其他频道的无聊新闻还要无聊。尽管如此，木偶动画仍然是动画发展中的里程碑，堪比数学中的巴贝奇差分机。

令人惊奇的是，发明木偶动画完全是偶然间的意外所得。而且，发明木偶动画技术的人一开始并不打算从事电影制作，他对昆虫更感兴趣。

弗拉季斯拉夫·亚历山德罗维奇·斯塔列维奇（Владислав Александрович Старевич）1882 年 7 月 27 日（旧历 8 月 8 日）出生在莫斯科，但童年和青年时代是在科夫诺（今考纳斯）度过的，母亲早逝后他就被送到那里。他是波兰人，父母都是，按照现在的说法，政治活跃分子：他们认为波兰应该脱离俄罗斯帝国，而且他们也毫不掩饰自己的观点。斯塔列维奇很早就对绘画和摄影感兴趣，后来又迷恋上昆虫学。他结合自己的兴趣，为昆虫拍照，制作昆虫模型，他的模型比例精准、惟妙惟肖。

斯塔列维奇在科夫诺念的中学，然后又去塔尔图求学，由于家里拿不出更多的钱，中学毕业后，他就去了科夫诺地方史博物馆当管理员。馆长非常喜欢弗拉季斯拉夫·斯塔列维奇拍摄的城市生活作品。博物馆有一部电影摄像机，斯塔列维奇就是用它开始在闲暇时拍摄短片，权作一种业余爱好（他第一次尝试拍摄的短片是介绍科夫诺的影片，名叫《涅曼河上》）。

与此同时，他还为各种出版物绘制插图。他出版过一本非专业杂志，专门登载讽刺作品。1906 年斯塔列维奇结婚了。总之，他就这么过着平凡人的平凡生活。如果斯塔列维奇在 1909 年没有决定用相机拍摄他最喜欢的昆虫，这样的凡人生活应该会一直持续下去。

动画入门

我们许多人都有过这样的经验：当我们在书页的空白处逐页画上卡通画，然后快速翻阅时，画面就好像动起来一样。这种技术被称为翻书动画，英国平版印刷师约翰·林内特（Джон Линнетт）早在 1868 年就申请了这项技术的专利。随即最早的"手翻动画书"开始出版发行，阅读这种书的感觉，仿佛是在看动画片。

此外，最早创造出运动影像效果的设备并非电影摄像机，而是 1833 年由比利时人约瑟夫·柏拉图（Жозеф Плато）发明的诡盘。这是一个圆盘工具，环绕圆盘一周有连续图像，图像之间有狭长的接缝。如果在镜子前转动圆盘，透过狭缝观察，镜面反射出来的影像并非杂乱无章，而是逐帧交替，形成了简短的循环动画。

这种现象基于频闪效应，即视觉错觉，所有动画和手翻动画书都以此为基础。事实上，当一个动作不是持续地，而是以短暂的间隔向我们展示时，大脑就会将这些时刻缺少的画面"脑补"出来（这种现象称为视觉暂留），最终形成一个看似并不间断的过程。在诡盘里，只有当我们的眼睛与狭缝平行时，我们才能看到图像，圆盘的实心部分就是分隔区域，防止画面混杂为一团乱麻。

大型动画影片《列那狐》中的角色，1930 年

柏拉图同一时期的奥地利数学家西蒙·冯·斯坦普弗（Симон фон Штампфер）也开发了类似的装置，一年后，英国人威廉·乔治·霍纳（Уильям Джордж Хорнер）设计出活动连环画转筒——一种类似于诡盘的

装置，其中图像帧位于有狭缝的旋转圆筒的内表面。这样观看"动画片"时就可以不再使用镜子了。

其他早期的动画设备我就不详细讲了——数量很多，也有不少相关的发明家。我只想提及另外两个具有里程碑意义的发明。

第一个是真像机，这是活动连环画转筒的进一步发展，查尔曼－埃米尔·雷诺（Шарль-Эмиль Рейно）在 1877 年获得了这项发明的专利。雷诺的成就在于，几年后，即 1889 年，他发明了一种把真像机产生的循环动画投影在墙上的方法。这实际上是第一部向公众展示的动画。1892 年，雷诺举办了一场名为《光学剧院》（*Theatre Optique*）的演出。他的动画由 500~600 帧组成，持续时间长达 15 分钟！他总共制作了 3 部动画片，分别是《可怜的皮埃罗》《一杯啤酒》及《小丑和他的狗》。今天我们还能看到的，只有《可怜的皮埃罗》的 4 分钟片段。

1906 年，詹姆斯·斯图尔特·布莱克顿（Джеймс Стюарт Блэктон）拍摄并放映了一部名为《滑稽面孔的喜剧阶段》的动画片，这就是我说的第二个重要的里程碑。这部三分钟的电影是有史以来第一部在胶片上拍摄的真正意义上的动画电影。有趣的是，布莱克顿拍摄的其实根本不是动画片，而是一部普通电影，画面中出现了艺术家的手，正在用粉笔在黑板上绘制故事元素。然后这些元素活了起来，形态发生变化——这其实就是定格动画，也称逐格动画。

手绘动画片出现了。接下来就是木偶动画片了。

斯塔列维奇和他的甲虫

1909 年，弗拉季斯拉夫·斯塔列维奇拍摄了两部昆虫学电影，现在被称为《蜻蜓的生活》和《圣甲虫》。带着自己的作品集，他去了莫斯科，希望在那里结识真正的电影制作人。他的希望没有落空：斯塔列维奇刚到莫斯科这座大都市，就给电影实业家、俄罗斯电影事业先驱亚历山大·汉容科夫（Александр Ханжонков）留下了良好印象。汉容科夫当时刚刚成立了自己的工作室，正在积极寻找能给他带来成功和利润的青年才俊。他交给斯塔列维奇一台相机，为他的家人租了间小公寓，并签了一份合同，根据合同，斯塔列维奇将在 5 个月内拍摄出一部电影，这也是他的第一部电影，而他所拍摄照片的所有权则完全转让给汉容科夫。条件并不优惠，但这是向前迈出的重要一步。

斯塔列维奇完成了任务，在规定时间内拍摄了三部短片，并获得了工作场所和所有必要的设备，从而成为汉容科夫工作室的聘用导演。

拍摄常规纪录片的同时，斯塔列维奇继续创作昆虫学场景。1910 年，他想拍摄一部反映鹿甲虫生活的影片，但却遇到了一个问题：在镜头和聚光灯下，昆虫绝对不会像在自然界中那样"自然地表演"，它们只想尽快逃离令它们不愉快的环境。斯塔列维奇只好把死甲虫做成仿真造型，然后一帧帧地拍下来，并在两次拍摄的间隙移动它们的甲壳。斯塔列维奇制作的影片《欧洲深山锹甲》现在被认为是第一部木偶动画片——尽管这部影片已经无迹可寻。

1912 年，斯塔列维奇用同样的技术制作了一部不再是实验性质，而是真正的、可以发行的电影。影片名为《美丽的柳卡尼达，或天牛与锹甲的战争》，时长 8 分钟，知名度很高——在苏联，这部影片到 20 世纪 20 年代中期都还在影院放映（更名为《风流女王》）。这部电影以滑稽、讽刺的形式模仿了一些中世纪素材电影的情节：柳卡尼达女王（锹甲甲虫）爱上了赫洛斯伯爵（天牛甲虫）等。当然，甲虫不会像真人演员那样扮演自己的角色——这些都是逐帧拍摄的甲虫造型。斯塔列维奇精心制作这些甲虫模型，它们甚至能够模仿甲虫单足的动作。

但是观众和影评人都没有猜出其中的奥秘。国外报纸对这部影片热评不断，并频频向"昆虫训练师的训练艺术"致敬，这部电影在国外发行了大约一百个拷贝，这在当时已经是巨大的成功。

备受鼓舞的斯塔列维奇开始拍摄一部又一部的"甲虫"电影。仅在
1913 年，就有 4 部非常成功的短片在影院上映:《电影摄像师的复仇》《蜻
蜓与蚂蚁》《森林居民的圣诞节》《动物生活中的有趣场景》——这些作品进
一步巩固了斯塔列维奇电影大师的国际声誉。同时，他也拍摄普通故事片，
特别是他将果戈理的《可怕的复仇》和《圣诞节前夜》搬上了银幕。

动画短片《蜻蜓与蚂蚁》中的角色，1927 年

动画电影《吉祥物小狗》
的主角，1934 年

总的来说，作为电影导演，斯塔列维奇的职业
生涯逐渐走向巅峰。战争期间，汉容科夫接到陆军
部的订单，希望拍摄几部爱国影片——斯塔列维奇
按要求拍了几部。基本上，从 1913 年到 1917 年，
他是汉容科夫工作室最出色、最知名，也是最受欢
迎的导演。但革命摧毁了一切。

法国时期

"二月革命"后，汉容科夫立即将整个工作室搬到雅尔塔，随后斯塔列维奇带着妻子和两个女儿也到了那里。在克里米亚，他又拍摄了几部电影，包括最后一部故事片《海洋之星》，之后弗拉季斯拉夫·亚历山德罗维奇再也没有和真人演员合作过。

国内局势日趋恶化，紧接着内战爆发，汉容科夫和他的大部分工作人员被迫离开俄罗斯。斯塔列维奇先是移居意大利，后又去了法国。在法国，他将护照中自己名字的拼写从"Wladyslaw Starewicz"改为"Ladislas Starevich"——这样方便法国人念出他的姓名。从 1924 年直到去世，斯塔列维奇一直在丰特奈－苏布瓦（Фонтене-су-Буа）生活和工作。

往昔的盛名给了他很大的便利。所有人都还记得"甲虫演员"参演的精彩影片，因此他几乎在到达法国的第二天就得到了一份工作。但是，寸有所长，尺有所短：斯塔列维奇的故事片没有引起关注，后来他连故事片也停拍了。尽管如此，他仍被视为欧洲乃至世界首屈一指的逐帧动画拍摄专家。大师随即全力转向新的领域。

他从拍摄甲虫的大师转型为拍摄成熟的木偶动画片的大师。他本人、妻子和女儿制作了高质量木偶，这些木偶就在斯塔列维奇动画片中"扮演"角色。他的技术被许多专业人士采用，木偶艺术后续发展的所有重要举措，都是斯塔列维奇的贡献。特别是 1929—1930 年，他用 18 个月的时间制作了他的第一部大型木偶动画片《列那狐》，影片时长 65 分钟。这部电影为他赢得了许多国内和国际奖项。有趣的是，《列那狐》最初是一部默片，这并非有意为之，而是因为技术问题，但 7 年后，应德国政府的要求，影片用德语配音。《列那狐》毕竟是以伟大的歌德的作品为基础进行自由改编创作出来的作品。

汉容科夫当时已经应苏联电影人（新生国家的电影人）的邀请回到了

俄罗斯，成为"无产阶级电影公司"工作室的负责人，后来却受到了冷落，并被禁止从事电影工作。汉容科夫，俄罗斯第一位电影制片人，就这样在雅尔塔，在贫困和默默无闻中度过了他生命的最后 20 年。

苏联是第一个仿效斯塔列维奇电影范例的国家。1935 年，由亚历山大·普图什科（Александр Птушко）执导的历史上第二部大型木偶动画片《新格列佛》在苏联上映。

首先是由于战争，然后是 20 世纪 40 年代和 50 年代新技术的出现，导致欧洲对木偶动画片的兴趣开始衰减。斯塔列维奇在 20 世纪 40 年代只拍了 2 部电影，50 年代拍了 5 部，60 年代只拍了一部《像猫和狗一样》（1965 年），这也是他最后一部影片。他度过的那许多年的岁月，不是为了遗忘，而是为了追忆往昔。所有人都记得伟大的斯塔列维奇，但是新的电影拍摄并不真正需要他了。斯塔列维奇拍摄的 26 分钟动画片《吉祥物小狗》（1933 年）在美国流传甚广，因此斯塔列维奇在美国也广为人知，美国方面甚至邀请他赴美工作，但遭到拒绝。他靠拍广告赚钱，并慢慢卖掉了他全部的木偶收藏，以前他是那么珍爱这些木偶，同一个角色他经常在不同影片的不同场景中使用。例如，《吉祥物小狗》的"群演"中，就有在他以前拍摄作品中担纲主角的木偶。

直到 20 世纪 90 年代，俄罗斯才想起了斯塔列维奇：他在沙俄时期的一些作品被修复，还举办了以他名字命名的艺术节（甚至为汉容科夫竖立了纪念碑），但这一切来得都有些晚了。

附言：芭蕾舞导演希里亚耶夫和他的舞蹈木偶

事实上，俄罗斯和世界上第一部木偶动画片并不是弗拉季斯拉夫·斯塔列维奇制作的。1906 年，圣彼得堡芭蕾舞导演、圣彼得堡帝国戏剧学校教授亚历山大·维克托罗维奇·希里亚耶夫（Александр Викторович Ширяев）比斯塔列维奇早 4 年完成了第一部木偶动画片的拍摄。但人类在一百多年后，即 21 世纪初才意识到这一点。

希里亚耶夫多年来不为人知的原因很简单——那就是他从来没有想过要拍电影，也根本不认为他正在开创一种新技术。他只是为了芭蕾舞的排演需要，用高韧度制型纸制作了一些纸偶，这些纸偶按照演员在舞台上的活动顺序，依次摆放在玩具舞台上。希里亚耶夫在 1904 年购买了一台 17.5 毫米的电影摄像机，他想到把木偶搬来搬去，然后逐帧拍摄，这样就可以观看用木偶排演未来芭蕾舞的效果。

希里亚耶夫在 1906—1909 年制作的"动画片"，比斯塔列维奇最早期的实验更完美。在希里亚耶夫 1906 年拍摄的第一个"动画片"中，有 12 个移动的木偶和数千帧照片。希里亚耶夫对每一个微小的场景模型都进行了近距离拍摄，并不断移动这些"舞者"的位置。希里亚耶夫拍摄了总时长超过一个小时的木偶动画片。

但对他来说，制作木偶动画片只是他进行真正舞台排演的工具。他从未向任何人展示过他的实验，直到 2009 年，电影评论家维克多·博恰罗夫（Виктор Бочаров）才在希里亚耶夫的档案里发现了这些胶片。英国阿德曼动画公司（Aardman Animations）花了几年时间在实验室里修复了这些胶片。

亚历山大·希里亚耶夫 1941 年去世，他生前见证了木偶动画片的全盛时期。我们已经很难猜测出，他——一个意外发明了新技术却又丝毫没有给予这项技术应有重视的人——在彼时彼刻的感受。

第 31 章

降落伞: 安全降落的故事

俄罗斯最酷的发明莫过于背包式降落伞了。没错，就是现在全世界人跳伞都用的那种。一种逃生工具，一种运动器材，一种极限娱乐活动——所有这些都是降落伞的定义，它是俄罗斯本土的发明，让俄罗斯人倍感亲切的发明。

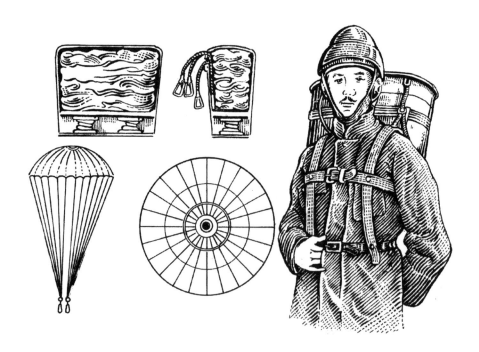

大英博物馆收藏了一份匿名的意大利手稿，撰写时间是 1470 年前后。博物馆的手稿成千上万，但这份手稿却因为其中的一幅插图而格外引人注目。插图所描画的场景，是一个人借助某种原始的类似于降落伞的工具正在下降——这个工具呈规则的圆锥形，底部有木制交叉横梁。在同一份手稿的另一页上，画了一个借助飘动的衣裙减缓下降速度的人。两幅插图所描画的降落工具看起来十分粗劣、简陋，根本不可能真正改变下降速度，然而不容置疑的事实是：15 世纪的人就算不确知使用降落伞从高处降落的可能性，但至少在那个时候，已经有人做出这样的猜想。

后来的各种历史文献，不止一次提到降落伞的原理。其中最著名的是列奥纳多·达·芬奇的金字塔设计，他在《大西洋法典》（约 1485 年）中对这一设计进行了描述。据传言，在一个多世纪后的 1616 年，克罗地亚裔威尼斯科学家浮士德·弗兰契奇（Фауст Вранчич）制作出达·芬奇设计的降落伞并进行了测试，但这个故事引发了诸多质疑。当时，弗兰契奇不算年轻，还身患重病，此外，没有任何资料证实他从威尼斯的圣马可大教堂钟楼，或者布拉迪斯发圣马丁大教堂的钟楼跳下。

总之，在浮空飞行时代开始之前，所有的降落伞更像是三角滑翔翼：有刚性的木制框架，上面蒙有织物。然而乘着三角滑翔翼，凌空一跃，飘然落下的事情，似乎在历史上并没有发生过。

科捷利尼科夫（Котельников）之前的 120 年

现代降落伞是法国物理学家路易斯－塞巴斯蒂安·勒诺尔芒（Луи-Себастьян Ленорман）的发明，他当时的主要意图是将降落伞用于火场救人。使用雨伞形式的降落伞，火灾现场的人可以从燃烧的建筑物顶楼跳下，安全着陆——理论上是这样。

实际上也是如此。1783 年 12 月 26 日，在第一个"蒙特哥菲尔"气球成功升空之后，勒诺尔芒从蒙彼利埃（Монпелье）天文台的天台（相当于八层楼的高度）跳下，并且在此过程中没有受伤，证明了降落伞发挥了作用。勒诺尔芒的降落伞确实很像一把普通的雨伞——有手柄，中间有抓手，还有可以收放的伞辐。"降落伞"这个词本身也是勒诺尔芒想出来的，结合了拉丁语"para"（反对）和法语"chute"（下落）的意思。

后来，1797 年 10 月 22 日，浮空飞行家安德烈 - 雅克·加内林（Андре-Жак Гарнерен）使用降落伞从热气球上成功跳下，尽管他不是从气球吊篮里直接跳下的。加内林降落伞的伞衣折叠后，固定在充满热空气的气瓶上，吊篮和伞衣也固定在一起。加内林用专用工具割断系条，降落伞与气球分离，气球向上飞升——留在吊篮里的浮空飞行家开始向下坠落。这一次加内林成功着陆，成为世界上第一位真正意义上的跳伞员（勒诺尔芒更应该算是史上定点跳伞第一人[1]）。两年后，1799 年 10 月 12 日，加内林的妻子让娜 - 热内维耶娃·利亚布罗斯（Жанна-Женевьева Лябросс）以同样的方式完成了一次跳伞，只不过这次起跳高度非常可观，大约 900 米。加内林的降落伞不再像之前的伞系统那样刚性连接，他的降落伞配有伞绳，具有现代降落伞的风范。总之，跳伞运动的时代就此掀开了帷幕。

你们可能会有疑问："既然达·芬奇、勒诺尔芒和加内林早就做好了一切，那还有俄罗斯人什么事，俄罗斯人又有哪些贡献呢？"

我的回答是：发明家格列布·科捷利尼科夫的历史功绩在于，在他发明的系统中，降落伞可以折叠成紧凑的形状，背在身后，并通过简单的机械运动在空中打开。换句话说，他发明了伞包。

---

[1] 定点跳伞（英文为"B. A. S. E. Jumping"），从建筑物、高层结构物和悬崖上跳伞。包括俄罗斯在内的世界许多国家都明确禁止这种跳伞活动，或者认为这是一种流氓行为。定点跳伞比传统跳伞危险得多，因为它的起跳高度很低，没有监督，没有正规的训练，没有认证，等等。定点跳伞的人互相切磋技术，自担风险，经常非法潜入目标起跳点（定点跳伞人称为"出口"）。——作者注

灾难

1907 年，也就是在科捷利尼科夫发明伞包之前三年，美国跳伞运动先驱查尔斯·布罗德威克（Чарльз Бродвик）完成了又一次的热气球跳伞，但这一次，他的降落伞在打开之前，是折叠背在身后的，这是历史上的

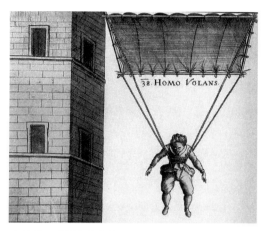

浮士德·弗兰契奇富有传奇色彩的降落伞。弗兰契奇的著作《新式机器》中的版画，1615 年

第一次。但是布罗德威克没有走到最后一步——他没有想到发明一个系统，保证在飞行过程中随时开伞。布罗德威克的降落伞通过开伞拉绳（连接绳）与吊篮相连，人跳下热气球后，降落伞即刻打开。这种类型的开伞方式今天被称为强制开伞。

但是，布罗德威克的系统仅适用于热气球，对于以更高速度飞行的飞机，搭载有人员的飞行器（例如飞艇）而言，使用拉绳的方案行不通。一直被拴着的感觉很奇怪，不是吗？总之，现在需要一种脱离飞行器后可以独立操控的降落伞，不仅仅是物理意义上的脱离，还意味着不再借力于飞行器。

1910 年 9 月 24 日（10 月 7 日），飞行员列夫·马卡罗维奇·马齐耶维奇（Лев Макарович Мациевич）在圣彼得堡附近坠亡。他的遇难地现在建起了高楼，十字架覆顶的纪念石台周围，是孩子们嬉戏玩闹的场地。在马齐耶维奇生活的年代，这里就是他驾驶风靡一时的"法尔曼 -IV"飞机进行飞行表演的场地。有一次，在完成飞机盘旋动作时，固定木制构件的钢丝绳直接断裂，导致飞机在空中解体。那天正下着雨，马齐耶维奇随着飞机碎片一起坠落。看到这幕惨剧的观众中，就有戏剧演员和剧作家格列

布·叶夫根尼耶维奇·科捷利尼科夫。顺便说一句，这是俄罗斯帝国历史
上第一次飞机失事。

背箱

如果说在热气球的吊篮中，有原始的降落伞保护浮空飞行人员的安全，
但在当时的飞机上，没有任何保护措施，飞行员的生命随时处于危险之中。
首先，有翼飞机的载重量十分有限——只能勉强保证飞行员本人升空。其
次，无盖驾驶舱内没有足够的空间。还有就是，飞行员身上连安全带都没
有［例如，马齐耶维奇是在翻转的飞机（机腹朝上）解体之前从飞机上摔
出来的——有一张照片，记录了那个可怕的瞬间：飞行员从飞机上掉了下
来，而他身体上方还有一架几乎完整的飞行器］。所以，目标已经非常明确：
需要发明一种折叠起来体积不大的降落伞，始终绑缚在飞行员身上，即使
飞行员已经离机，也能够随时展开。这个想法看起来似乎并不复杂，科捷
利尼科夫虽然受过教育，但毕竟不是工程师出身，不过，经过几个月的计
算、思考，他就申请了专利。科捷利尼科夫并不是从零开始，他以圆顶降
落伞为基础，这种伞型当时已是众所周知，但选择的伞衣材质是未浸胶丝，
方便折叠成紧凑的形状。发明家将直径 8 米的伞衣分成两个部分——一侧
的伞绳在右肩下交汇，结成绳扣；另一侧的伞绳在左肩下交汇，也结成绳
扣。这样就可以在飞行中操纵降落伞。为防止伞衣在折叠状态下缠绕在一
起，伞包只能制成坚硬的金属箱——结果，降落伞自重 7 千克，背箱——
约 2 千克。

科捷利尼科夫设计的第一个头戴式伞包就像头盔一样，他用木偶做过
试验，但即使把伞包的尺寸调整到合适的大小，也会对头部造成重压。在
格列布·科捷利尼科夫所著《发明故事》一书中，有一张他在跳伞木偶旁
睡觉的有趣照片。这是他侄子趁叔叔没留神偷拍的。

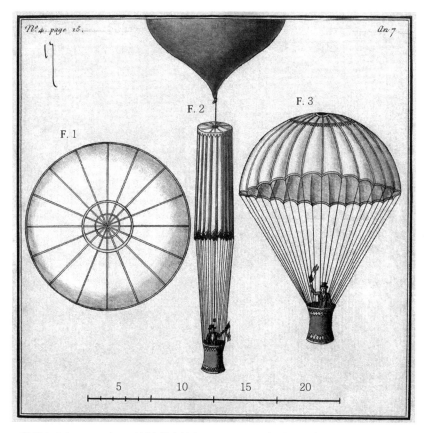

F.1，降落伞伞衣；F.2，起飞时刻降落伞的伞衣；F.3，脱离气球时降落伞打开

安德烈－雅克·加内林的降落伞，1797 年

　　第一个 RK-1[①] 降落伞是发明者亲自制作的——当然，这是一个 1∶10 比例的模型伞。科捷利尼科夫再次用他"苦难深重"的木偶进行了测试。进展非常顺利，科捷利尼科夫甚至设法得到陆军大臣弗拉基米尔·亚历山德罗维奇·苏霍姆利诺夫（Владимир Александрович Сухомлинов）的接见。苏霍姆利诺夫也很喜欢科捷利尼科夫的这个创意，他安排科捷利尼科夫面见当时军事工程总局局长罗普（Poony）将军。罗普仔细研究了科捷

① 降落伞发明人本人对这个缩写型号的解释是"俄罗斯（R）的科捷利尼科夫（K）"，但后来发明家在国外展示了自己的发明成果，俄罗斯国内对此给出了新的释义："科捷利尼科夫（K）的背包（R）降落伞"。——作者注

利尼科夫的发明，他推测开伞时，飞行员的腿会被拉断。将军答应把降落伞送去审议，他也的确这样做了，但这项发明还是被郑重拒绝了，理由是：没有必要。

与此同时，《工业通报》刊登了一篇介绍科捷利尼科夫申请专利情况的文章，威廉·奥古斯托维奇·洛马奇（Вильгельм Августович Ломач）随即与捷利尼科夫取得了联系。洛马奇是一等商人，也是圣彼得堡"V.A. 洛马奇和 K°"浮空飞行公司的所有人。他提出，可以出资赞助科捷利尼科夫制作一个全尺寸降落伞。

1912 年 6 月 2 日，科捷利尼科夫利用汽车作为加速工具和制动对象，进行了伞衣测试，试验原理就和现在用制动伞为高速行进的火箭车减速一样。试验中降落伞打开后，时速 80 千米的汽车突然减速并熄火。几天后的 6 月 6 日，科捷利尼科夫在军方和记者面前对系统进行了公开试验：80 千克重的假人背负着降落伞从热气球中被投了下来，一共试验了 2 次，分别从 50 米和 200 米高度，开伞和着陆都非常成功。

然而，观摩这次试验的在场人员中却没有一个有分量的人物，这项发明再次被军方无视。科捷利尼科夫得到的仍然只是空头支票，他的申请文件已经迷失在俄罗斯官僚体系的迷宫里。在这件事情上，问题可能出在时任俄罗斯帝国空军司令的亚历山大·米哈伊洛维奇（Александр Михайлович）亲王身上。当时飞机的造价十分高昂，亚历山大·米哈伊洛维奇担心，如果有了降落伞这样的逃生手段，飞行员一旦遇到危险，哪怕只是捕风捉影的危险，他们也会选择逃生而放弃价值不菲的飞行器。

9 月 27 日，洛马奇又组织了一次试验：从飞机上用降落伞空投袋子，测试失重时降落伞的稳定性，但这次试验也没有引起官方的丝毫关注。于是，洛马奇拿到科捷利尼科夫的授权书和降落伞，前往法国出售俄罗斯发明。

从俄罗斯走向欧洲，从欧洲回到俄罗斯

试跳员弗拉杰克·奥索夫斯基（Владек Оссовский）背着降落伞从鲁昂（Руан）53 米高的塞纳河桥上跳下的那一刻，许多人都成为这一历史时刻的见证者，最重要的是，法国航空俱乐部的代表也在场。所有的报纸无一例外地报道了这件事——科捷利尼科夫的发明引起了轰动（在此之前用假人展示了科捷利尼科夫降落伞的功效）。

那个时候，科捷利尼科夫已经获得了法国专利，授予专利的具体时间是 1912 年 3 月，但事实证明，有时候专利也形同虚设，绕开它是轻而易举的事情。在法国授予科捷利尼科夫专利后的两年里，法国未经授权，开始制造俄罗斯工程师的设备和其他类似系统。洛马克在法国组织了几次跳伞试验，随即卖掉了他带去的 2 个降落伞，返回俄罗斯。

科捷利尼科夫继续在"人民之家"剧团工作（通过出售专利他有些微获益），直到 1914 年第一次世界大战爆发，他的祖国才终于想起他的降落伞。发明家被传唤到工程城堡①，最终按照他的设计生产了 70 个降落伞。第一批降落伞用于救援"伊利亚·穆罗梅茨"号大型飞机（西科尔斯基设计制造）机组人员（关于"伊利亚·穆罗梅茨"飞机，在下面的章节我会详细介绍）。

可笑的是，科捷利尼科夫在前线的时候——他在前线的汽车修理厂工作——看到了俄国空军"从法国买来的降落伞"。载重马车队把降落伞运到的时候，背包已经严重压损，无法继续使用。贴着法国商标的降落伞其实就是俄罗斯的降落伞，和"穆罗梅茨"飞机上使用的降落伞属于同批产品，这些降落伞没有配置到飞机上，部队也没有收到任何使用手册。

---

① 又称米哈伊洛夫城堡，是位于圣彼得堡市中心的旧皇宫，由保罗一世皇帝下令建造，那里也是他去世的地方。——译者注

苏联时期的全盛

"十月革命"之后，科捷利尼科夫才获得了真正的成功。20 世纪 20 年代，跳伞运动开始在世界范围内蓬勃兴起。背包式降落伞的概念从法国传入美国，从 1924 年开始，美国向空军所有飞行员提供这种装置——美国的伞包是布制的，属于另一种类型。

科捷利尼科夫努力开发和完善降落伞技术。1923 年，他研制出 RK-2 型降落伞——配半软伞包（金属和软性帆布的组合产品），后来他又发明了"航空邮差"投物伞、RK-3 软式降落伞，以及篮式降落伞 RK-4（能够承受不止一个人的重量，而是一整个吊舱的重量）。降落伞在 1929 年成为空军不可或缺的组成部分——格列布·科捷利尼科夫实现了他的目标。

科捷利尼科夫 1944 年去世，享年 72 岁，他有理由相信，他为自己的国家和全人类完成了一项伟大的事业。在他去世后，世界上第一个背包降落伞的试验地更名为科捷利尼科沃村，热爱跳伞的人们至今仍会来到新圣女公墓格列布·叶夫根尼耶维奇的墓前，留下拉绳带和一节伞绳，作为对这位伟大发明家永恒的纪念。

第 32 章

直升机的心脏

多数人都认为直升机是一种相当简单的飞行器。仅仅通过转动旋翼就能产生升力——然而，除了升力，飞行就不需要别的吗？没有人想过这个问题：为什么在 20 世纪 30 年代之前，所有设计"平稳飞行直升机"的尝试都失败了，而那个时候飞机早已翱翔于天际。这个问题的答案就在于一个关键部件——自动倾斜器。

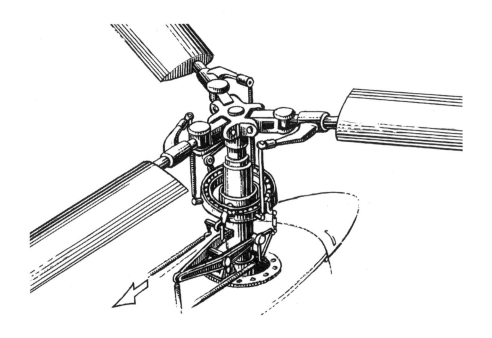

直升机旋动旋翼，当然会产生升力。但是，直升机如果只有旋翼，那么除了垂直升空之外，想要操纵直升机再完成其他动作，都是一种奢望。为了引导飞行器前进，需要构造人工斜面，倾斜螺旋桨就可以形成这样的斜面。换句话说，如果希望直升机螺旋桨的旋转面前倾（或横向倾斜，无所谓），那么作用在飞行器上的空气动力将被分解为两个部分：一部分力量继续将飞行器向上拉，另一部分向螺旋桨倾斜的方向拉。

物理学在这个问题上是最有发言权的。使分量不轻而且有巨大惯性矩的旋翼倾斜——这可不是个好主意。说实话，在现实中也根本无法实现。于是，自动倾斜器应运而生，并开始发挥其应有的作用。重点在于桨叶不是刚性连接到旋转轴上，而是通过铰链的方式。铰链在某一时刻的位置由相对简单的机械装置来调节——通过这种方式，可以模拟旋翼的倾斜，尽管实际上桨叶只是改变了其相对于直升机的位置。需要向前或向任何方向移动时，飞行员只需改变自动倾斜器的位置，自动倾斜器就可以控制桨叶在正确的方向上产生推力。

所有这些都是俄罗斯工程师鲍里斯·尼古拉耶维奇·尤里耶夫（Борис Николаевич Юрьев）在 1911 年就完成的发明。

少年天才

1910 年 9 月 26 日，也就是鲍里斯·尤里耶夫 21 岁生日前的两个月，他获得了自己设计的第一架直升机的安全证书，即 45212 号专利，几个月后，他发明了一种被称为"自动倾斜器"的装置。数十位直升机行业先驱劳心苦思、思而不解的难题，却被一个甚至连大学都没上过的年轻人解决了。那是一个青年才俊辈出、群星闪耀的年代。尤里耶夫的同道者，也是同龄人伊戈尔·西科尔斯基在 23 岁时成为"鲁索巴尔特"（Russo-Balt）航空部门的首席设计师，在同样的年龄，荷兰人安东·福克尔（Антон Фоккер）创立了自己的航空工厂，这些青年才俊的出现与其说是特例，不如说是时代的趋势。

尤里耶夫出身军人家庭。他父亲这一脉的所有男性先祖都在军队服过役，鲍里斯别无选择——按照长辈的意愿，他进入莫斯科第二武备学校。但是，学成毕业后，他没有继续到高等军事院校深造，而是进入了莫斯科帝国技术学校（今莫斯科国立鲍曼技术大学），他所读专业的任教老师中，就有伟大的尼古拉·茹科夫斯基（牛人！）。茹科夫斯基在莫斯科帝国技术学校组织了一个莫斯科帝国技术学校兴趣小组，相较于飞机，还是学生的尤里耶夫对直升机更感兴趣，他还是兴趣小组附属的一个"直升机委员会"的领导者。当时飞机还没有迎来狂飙式的发展，但是后来飞机技术大胆突破，将直升机远远甩在身后，二者之间形成了一二十年的技术差距。不过，在尤里耶夫的年代，飞机和直升机这两个浮空飞行的概念都尚处于形成阶段。

早期直升机的主要问题是缺乏合理的螺旋桨理论和相关计算。这也就是鲍里斯·尤里耶夫和茹科夫斯基的另一位学生格里戈里·萨比宁（Григорий Сабинин）在兴趣小组所做的事情，萨比宁后来成为苏联最著名的航空理论家，著有多部著作和论文，探讨的基本都是航空涡轮机问题。仅仅 6 个月的时间，两个年轻人就开创了旋翼脉冲理论，全球位居前列的直升机制造商，当然还是第一架功能性直升机的设计师——伊戈尔·西科尔斯基——后来所依赖的正是这个理论。

尤里耶夫在设计理想直升机时，放弃了当时所有实验设计中常用的"双旋翼反向旋转"方案。现在大多数功能强大的直升机都配备了双旋翼，但在当时的条件下，要想有效地实现这种设计还为时尚早，尤里耶夫意识到了这一点。

最重要的是，他发明了可操纵飞行的稳定部件——自动倾斜器，即保证桨叶倾角周期性变化的部件。1911 年，尤里耶夫申请了原创专利，并于 11 月被认定为"首创性发明"，这件事我们前面已经提到。

1912 年，学生们造出了一架直升机，却没能飞起来：25 马力的安扎尼小型发动机动力不足（学生们自己掏腰包搞科研）。这架直升机后来在莫斯科国际浮空飞行展上展出，由于其理论创新水平极高，甚至获得了金奖，学生们本来完全可以在此基础上对设计进行改进，但是战争来了。

几乎所有的学生都被征召入伍。尤里耶夫当了炮兵，后来被德军俘虏，当了三年战俘，然后获释回国——随后又经历了国内革命后留下的动荡混乱和破败不堪。尤里耶夫直到 1919 年，也就是 29 岁的时候，才从当时的莫斯科高等技术学校毕业。有一点很有意思，后来很多研究工作都会用到的直升机理论，其主体框架就是尤里耶夫当战俘期间形成的。

苏联时期

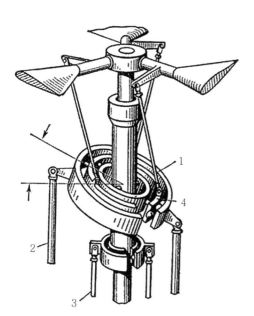

1. 固定式自动倾斜盘；2. 自动倾斜盘控制；
3. 总桨距控制；4. 活动式自动倾斜盘

自动倾斜器示意图

资料来源：《苏联大百科全书》，第 3 版，第 4 卷，
1971 年

尤里耶夫在新政权时期的职业发展顺风顺水，这一点也让人颇感意外。他先是在母校——莫斯科高等技术学校——任教，同时担任 1918 年成立的中央空气流体动力学研究所空气动力学部主任，成为苏联直升机工业的创始人和奠基者。正是尤里耶夫凭借自己的坚持不懈和审慎严谨，从国民经济最高委员会获得了建造第一架苏联直升机的资金和许可，并成功地使直升机制造被认定为一个独立领域。1930 年，在阿列克谢·切列穆欣（Алексей Черёмухин）的指

导下和鲍里斯·尤里耶夫的直接参与下，第一架苏联直升机研制成功——
TsAGI1-EA。这个方案与 18 年前尤里耶夫上学期间的发明设计是一致的，
直升机配备了尤里耶夫自动倾斜器。1932 年，这架飞行器创造了直升机升
空 605 米的世界纪录。

鲍里斯·尤里耶夫是一名活跃的工程师和教育家，也是科学博士和教
授，获得了 11 项专利、2 项首创权和 2 项保护证书，他不仅在莫斯科高等
技术学校任教，还在莫斯科航空学院执教，两次获得苏联国家奖，为国家
的直升机制造业培养了整整一代人。他就一直这样忙碌着，直到 1957 年
去世。

至于自动倾斜器……1918 年，另一位伟大的航空工程师伊戈尔·伊万
诺维奇·西科尔斯基移民法国，然后又去了美国。西科尔斯基一直活跃在
美国的直升机建造领域，他设计的 SikorskyR-4（西科尔斯基 R-4）成为世
界上第一款量产直升机。西科尔斯基采用了他自己设计的自动倾斜器，但
西科尔斯基的设计无疑是以尤里耶夫的设计为基础——如果已经存在，就
没有重复发明。两位工程师在革命前一直保持着联系，西科尔斯基阅读了
当时所有关于刚刚问世的直升机的文献，他也熟悉尤里耶夫的专利。

所以真正意义上完备的现代直升机，虽然最终出现在美国，但它的思
想却起源于俄罗斯。

第33章

陀螺汽车

　　陀螺双轮平衡车是一种奇特的汽车，应该说相当罕见。不会倒地的摩托车，带轮子的陀螺，单轨行驶的电力机车——这些稀奇古怪的玩意儿可不是每天都能看到的。陀螺双轮平衡车开创了一个全新的技术领域，电动平衡车因此而诞生，飞机和船舶的陀螺稳定系统更是这个领域的佼佼者。

第一辆陀螺双轮平衡车是俄罗斯伯爵、世袭贵族、前总督彼得·彼得罗维奇·希洛夫斯基（Петр Петрович Шиловский）在 1913 年设计和制造的。不过，我们还是要从头开始慢慢道来。

首先，不要把陀螺双轮平衡车和陀螺公共汽车①混为一谈。陀螺双轮平衡车是一种两个车轮位于同一平面的汽车，就像摩托车一样。但陀螺双轮平衡车不像摩托车，停车的时候，车身立得非常稳，不会倾斜，这是因为陀螺双轮平衡车配备了飞轮，飞轮旋转的时候，可以让汽车保持直立，和旋转的陀螺不会掉下来是一个道理。

陀螺公共汽车看上去和普通四轮巴士或汽车没有什么不同。不同的是，它没有安装普通发动机，只装有一个旋转飞轮，陀螺公共汽车利用飞轮储存的能量运动。我们现在要谈的不是这种陀螺公共汽车——因为它是瑞士而非俄罗斯的发明，而且是在 20 世纪 40 年代，时间要晚得多。

路易斯·布伦南（Луис Бреннан）的电力机车

1903 年，爱尔兰裔澳大利亚工程师和发明家路易斯·布伦南为他设计的单轨列车申请了专利。由于采用了陀螺飞轮，这种列车不会发生侧翻。这是一个令人耳目一新的发明。布伦南很幸运：他向英国国防部代表展示了一个 762 毫米长的小模型。这个模型的平衡性能特别出色，无论如何推搡和踢打都不会翻倒——军方给布伦南提供了资金，让他建造一台全尺寸陀螺机车。

军方对资金抠得很紧，布伦南最后造出来的并不是大型电力机车，而是一个 1.83 米长的模型车，这辆车更加精确、更加高效，车厢里甚至坐得下一个身材矮小的人。第二个模型与第一个模型不同，已经装上了发动机，发动机不仅能使飞轮运转，还可以驱动机车移动。布伦南把他的孩子

---

① 也称回转轮蓄能公共汽车。——译者注

挨着个放在车厢里，让模型车沿着悬挂在两米高的树间的柔性轨道上来回滚动——无论孩子们如何摇晃，模型车都没有掉下来！有一张存世的照片，非常有名气，布伦南站在与他下巴齐平的轨道旁边，轨道上有一个模型，模型的车厢里坐着发明家的女儿。这个设计的基本原理是这样的：飞轮的惯性力非常大，即使发动机停止，小车模型仍能保持几分钟的平衡而不倾倒。

但军方最终还是停止了对这个项目的资金支持，因为预计项目不会有任何实际的军事用途，但印度事务部对此产生了兴趣：他们提议在西北边境省份修建一条单轨铁路。资金到位后，1909 年 10 月 15 日，一个身形奇特的机车首次在英国吉林汉姆（Гиллингем）的一条试验支线上运行。机车平板上站了 32 个人，按照所有的物理定律，这台车应该翻倒，但它居然和传统的双轨列车几乎一样平稳。

之后，布伦南多次展示了这个装置。11 月 10 日，进行了首次公开演示；6 个月后，英国—日本展览会在伦敦举行，布伦南的陀螺机车一次最多搭载了 50 名乘客，年轻的丘吉尔也在其中。

与布伦南在同一时期开发出类似装置的，还有另外两位发明家：德国的奥古斯特·舍尔（Август Шерль）和俄罗斯的彼得·希洛夫斯基。他们三个互相认识，有书信往来，从某种程度上讲，三个人是合作关系。所以，与其说这是一场激烈的竞争，不如说是火花四射的思想碰撞。

1909 年 11 月 10 日，舍尔在柏林动物园展示了一个与布伦南类似的系统——而且和布伦南的展示是在同一天。这个巧合并非偶然：布伦南原计划稍后公开展示他的陀螺机车，但当他从报纸上得知德国同行的展示日期后，便将自己的展示日期改为同一天。希洛夫斯基没有找到制作全尺寸系统的资金，他在 1910 年展示的是一件可以运行的模型。

正是希洛夫斯基提出了将该系统从铁轨转移到普通道路上使用的构想。这就是我想告诉你们的。

P.P. 希洛夫斯基的陀螺双轮平衡车（正面），1914 年

打倒官僚主义！

想象一个正在旋转的陀螺：如果推它，它会向一边偏转，但不会摔倒。陀螺仪其实就是一种快速旋转的飞轮，其转动轴可以改变其位置。请注意，我用的是"可以"这个词，因为转动轴实际上"不想"改变位置，因为飞轮的惯性会把它带回初始的位置。陀螺平衡运输车有一个缺点，那就是飞轮的旋转会消耗发动机的部分能量。发动机熄火后，陀螺双轮平衡车还能再站立几分钟，同时飞轮惯性旋转，这段时间完全来得及释放支架。

我们现在重点谈谈希洛夫斯基。

其实，希洛夫斯基与亚历山大·萨布卢科夫（Александр Саблуков）、米哈伊尔·布里特涅夫属于同一类型的俄罗斯发明家：出身富有的贵族家庭，拥有很高的社会地位，有能力自费从事发明创造。希洛夫斯基的父亲是四等文官，他把儿子送进了帝国法律学校，这是当时一所颇负盛名的院校，彼得的职业生涯就是从那里起步。他先后担任过法院侦查员、副检察官、治安法官、副总督，然后达到仕途的顶峰——科斯特罗马总督（1910—1912 年）和奥洛涅茨总督（1912—1913 年）。你们可能对希洛夫斯基的平步青云没有概念，我们可以算算时间：他出生于 1871 年，也就是说，39 岁时已经升任总督，正是大好的年华，精力充沛，年富力强。

问题是彼得·彼得罗维奇没有那么强的权力欲，本来就天资过人，他还孜孜不倦，这让他很容易就能得到他想要的一切，但他更愿意和技术设备打交道，而不是埋头在文件堆中。1913 年 7 月，他主动辞去公职，开始全身心地进行发明创造活动。在此之前，他已经是国际知名工程师，与布伦南和欧洲其他技术天才多有通信往来，并拥有多项专利。

陀螺机车与陀螺双轮平衡车

1909 年，彼得·希洛夫斯基在俄罗斯、英国、法国、德国和美国都申请了"铁路运输陀螺平衡系统"的专利。他申请专利的过程都很顺利，一般能在当年，最晚也是第二年就能获得专利授权，唯独俄罗斯是个例外，只有俄罗斯官员审查他的申请花了近五年的时间。尽管事实上英国更有理由怀疑这位俄罗斯发明家申请的合法性：毕竟布伦南在之前已经申请了类似设计的专利。

要获得资金支持，就需要造出真正运行有效的设备，希洛夫斯基的做法和之前的布伦南如出一辙。1911 年，希洛夫斯基在纪念俄罗斯铁路 75 周年的圣彼得堡铁路展览会上展示了自己的成果。他的模型获得了好评和证书……可惜，永远都只是模型。没有一个部门对这位总督兼伯爵闲散时自娱自乐的东西感兴趣。不过，与国外同行不同的是，希洛夫斯基的陀螺机车是蒸汽机车，而不是电力机车——20 世纪初，蒸汽机车的价格要便宜得多，生产难度也小得多。

P.P. 希洛夫斯基的陀螺双轮平衡车（侧面），1914 年

然后希洛夫斯基前往伦敦，向当地一家大型汽车厂——沃尔斯利工具和汽车公司（Wolseley Tool & Motorcar Company）的管理人员展示了自己的发明。希洛夫斯基的设计与布伦南有根本的不同：希洛夫斯基想建造的是根本不需要轨道的陀螺双轮平衡车。这个目标实现的难度要大得多。因为，首先，汽车的体积要小得多，很难容纳大体积陀螺机构，其次，如果没有导轨，驾驶员可能转向过快，这种快速转向对于有轨陀螺车都是难以控制的，可能导致翻车，更何况是无轨陀螺汽车。这是有待解决的问题。

1913 年 11 月 13 日，历史上第一辆陀螺双轮平衡车在沃尔斯利工具和汽车公司内部运行。当然，这辆车非常重——2750 千克，其中直径一米的飞轮重达 600 千克。它配备了 2 台发动机——1 台普通的内燃机和由这台内燃机驱动的、为旋转陀螺仪电动机供电的发电机。尽管希洛夫斯基是不世出的天才，但毕竟没有任何工程学教育背景——可他居然在内部空间并不大的陀螺双轮平衡车中设法安装了 2 台发动机，结构如此紧凑，令人匪夷所思。

1914 年 4 月 28 日，经过多次试验（有一次由于驾驶员的失误而不是技术故障而摔倒），希洛夫斯基亲自驾驶陀螺双轮平衡车穿过伦敦的街道。

还搞了一场别致的（按照我们今天的说法）公关秀，活动期间伦敦市民试图把车翻转过来，但他们连晃都晃不动。一时间，这个消息成了热门话题、头条新闻，各大报纸都在报道这位俄罗斯发明家和他的汽车。布伦南也前来观看，并向自己的同行表示了祝贺。

但在 1914 年夏，第一次世界大战爆发了。战争基本上完全中断了希洛夫斯基的发明工作，而且，希洛夫斯基在圣彼得堡和伦敦之间的往来也变得非常困难。伯爵只能暂时割舍他的神奇汽车。彼得·彼得罗维奇战前就在火炮稳定系统方面做了大量工作，现在他有充分的理由向军队推荐一些提高武器装备稳定性的有价值的项目。其中有一种陀螺平衡舰炮，不受舰船摇摆的影响，还有一个名为"矫偏器"的陀螺航向指示器。后者在"箭"号蒸汽快艇和西科尔斯基的"伊里亚·穆罗梅茨"飞机上进行了测试，但没有投入批量生产。

而沃尔斯利工具和汽车公司干脆把陀螺双轮平衡车填埋了。就是字面上的意思，把汽车埋到了地下——还有其他一些原型设备和有价值的设备，如果不及时填埋，一旦战败，这些技术装备就会落入德国人手里。陀螺双轮平衡车后来计划是要挖走的，但出了点问题，事情也就此作罢。

苏联还是英国？

战后，希洛夫斯基留在了俄罗斯。准确说，那时候已经是苏联，这个新生的国家承载了战争和革命遗留的所有后果。希洛夫斯基是幸运的：列宁与国家的其他领导人不同，他非常喜欢各种技术革新和新奇的发明，经常调拨国库里的资金予以支持，虽然国家那个时候也是勒紧了裤腰带，国库里确实没有什么积存。

1919 年 9 月 8 日，无产阶级的阶级敌人，贵族彼得·希洛夫斯基在国民经济最高委员会例会上成功作了题为《关于建设克里姆林宫－昆采沃陀螺机车铁路支线》的报告。在报告中，他重提了 1911 年的想法，希望新政权对此产生兴趣。他的希望没有落空。这条铁路被认为是一个必要且重要的项目，希洛夫斯基获得了国家资金，当时国内顶尖的专家——从阿列克谢·梅谢尔斯基（Алексей Мещерский）到尼古拉·茹科夫斯基——都参与了开发工作。1921—1922 年，从彼得堡经皇村到加特契纳（Гатчина）的40 千米单轨铁路线全面开工建设，同期也开始了建造列车的准备工作，包括一辆蒸汽机车和两节双层车厢，总共可容纳 400 名乘客（理论速度非常惊人——150 千米 / 小时）。但到 1922 年的时候，苏共的路线发生了一些变化。列宁由于健康原因，许多国务都不再参与。希洛夫斯基设计的铁路修到 12 千米的时候，经费被撤回——希洛夫斯基意识到，留在苏联不会有什么前途，甚至可能会面临危险，于是他再次举家前往英国。

他在著名的斯佩里公司（Sperry Corporation）英国分公司当工程师，个人发展还不错。斯佩里公司在陀螺仪领域有不少重大的发明，其中就包括将自动驾驶仪率先引进到航空业。希洛夫斯基的陀螺仪专利在美国和英国开发飞机和直升机稳定系统时发挥了重要作用。

1938 年，希洛夫斯基终于设法把那辆第一次世界大战时深埋地下的陀螺双轮平衡车挖了出来，已然锈迹斑斑。这辆车经过修理和涂装，陈列于沃尔斯利工具和汽车公司的厂史馆。令人错愕的是，10 年后，当时伯爵还健在，有关部门在清点博物馆展藏品时，认为陀螺双轮平衡车毫无价值，决定报废，陀螺双轮平衡车于是被切割成了一堆废铜烂铁。技术历史学家对此痛惜不已，但大错已经酿成。希洛夫斯基于 1957 年去世，享年 85 岁，他平静地，也是安静地离开了这个世界。

其他工程师也建造过陀螺双轮平衡车。年迈的布伦南在 1929 年重新设计了希洛夫斯基的方案，但他没来得及完成这项工作，三年后就出了车祸。1961 年，福特公司展示了由伟大的设计师亚历克斯·特雷穆利斯（Алекс Тремулис）设计的"福特陀螺稳定系统"概念车（Ford Gyron），它看起来像陀螺双轮平衡车，但只是一个展览模型。一年后，美国工程

由路易斯·史威尼和亚历克斯·特雷穆利斯 1967 年制造的陀螺双轮平衡车 Gyro-X。这是唯一一辆保存至今的此种类型的汽车（目前正在修复）

资料来源：史蒂夫·特雷穆利斯个人档案图片

师路易斯·史威尼（Луис Суинни）建造了陀螺双轮平衡车 Gyro-X，但没有找到生产启动资金。今天，陀螺双轮平衡车又重新激起人们的兴趣：美国利特摩托（Lit Motors）公司展示了第一代可以开动行驶的城市用陀螺稳定微型车 LitC-1。

我们不妨拭目以待——且看未来的发展。

　　陀螺仪系统已经在汽车工业之外得到了广泛的发展和应用。最贴近我们日常生活的陀螺仪系统，就是我们身边许多设备中的位置探测器，从电动平衡车到智能手机，无一例外。我们应该记得，在每一个这样的探测器中，都留存着斯佩里公司和彼得·彼得罗维奇·希洛夫斯基的淡淡印记。

第5部分

内外移民

　　1917 年以后，俄罗斯工程人才开始大规模向海外移民，整个苏联时期，这一进程几乎从未中断过，但是对俄罗斯帝国时期来说，来俄和离俄的专业人才的数量基本持平。不过，还有一些情况需要说明。

　　"十月革命"后，俄罗斯失去了西科尔斯基，他在"鲁索巴尔特"公司航空部工作期间只完成了一部分的发明，革命后，他便离开了故国。俄罗斯失去的岂止西科尔斯基一人，俄罗斯失去了一大批旷世逸才，而他们的才华在国外得到了充分的展现，他们中有些人是在年幼时就去国离乡，例如亚历山大·波尼亚托夫、弗拉基米尔·兹沃雷金、阿列克谢·布罗多维奇（Алексей Бродович）和伊利亚·普里戈任（Илья Пригожин）等。

　　革命前，政治移民似乎并不多。我们可以记起的有米哈伊尔·多利沃－多布罗沃利斯基，因为参与学生骚乱，被迫以求学之名远走德国，并留居德国。还有名医弗拉基米尔·阿伦诺维奇·哈夫金（Владимир Аронович Хавкин），鼠疫和霍乱疫苗的发明人——由于俄罗斯兴起的迫犹运动，前往巴黎定居。伊利亚·梅奇尼科夫（Илья Мечников）大部分研究是在俄罗斯完成的，但在 42 岁时还是移民到法国。总之，一口气说出十几个这样的名字，不成问题。

　　但我现在要说的，是一些需要补充说明的情况。你们可以读一读那些不被视为海外移民的俄罗斯发明家的传记。不管是以什么样的方式离开，这些发明家中的多数人之所以决定到国外继续开发他们的技术，是因为在国内等待他们的是进退无路的穷途，生活和工作都按部就班、毫无创意、毫无波澜。当他们在国外做出重大发明，以胜利者的姿态重返故土，向我们推广新"技术诀窍"时，我们可曾想过，他们中有谁真正从俄罗斯起步？

或者说，俄罗斯可曾给予他们中的哪个人真正腾飞的平台？这样的人你们用一只手都能数得过来。

亚布洛奇科夫是在法国成功推广了他的"弧烛"，别纳尔多斯在法国发明了焊接，洛德金大部分突破性工作（照明领域）是在美国完成的，尽管政府坚决反对，布里特涅夫还是将破冰船的第一批专利卖给了欧洲国家，等等。成功者如此，"失败者"也是如此：谢苗·科尔萨科夫唯一一部介绍他的统计机器的著作是用法语出版的，皮罗茨基最终允许西门子将电车技术带到德国。

在俄罗斯，阶层等级、官僚体制始终是必须要跨越却又难以跨越的鸿沟。国家体制既不支持发明家和创新者，也不会给他们提供机会。人们对外国技术的信心总是多于对本国技术先驱创新理念的信心。所以有的人绕道而行。起初，他们会到国外获得认可——然后回到国内。在欧洲走了这一遭后，他们在国内的境遇会有所改观，人们会说，毕竟是"欧洲已经测试过了"。

有意思的是，这种言必称欧洲的媚外心理倒也有积极的一面：它促进了向俄罗斯的科学和技术移民。典型的例子有：弗朗茨·弗里德里希·威廉（弗朗茨·卡尔洛维奇）·圣加利［Франц Фридрих Вильгельм（Франц Карлович）Сан-Галли］、莫里茨·格尔曼（鲍里斯·谢苗诺维奇）·冯·雅各比［Мориц Герман（Борис Семенович）фон Якоби］、阿道夫·凯格雷斯（Адольф Кегресс）等。我没有把圣加利的故事放在这一部分，因为他年少时就来到了俄罗斯，在俄罗斯这里求学，并在这里完成了所有的发明，而雅各比和凯格雷斯则在国外的时候就已经成长为"技术人员"。还有企业主查尔斯·比伯德（Чарльз Берд）和伟大的意大利建筑师——拉斯特雷利父子、贾科莫·夸伦吉（Джакомо Кваренги）等。邀请意大利建筑师来俄罗斯的传统可以追溯到 15—16 世纪，随着他们的到来，俄罗斯才有了石制建筑。无论移居国外的俄罗斯人，还是移民到俄罗斯的外国人，这其中都有一些值得我们好好探讨的人物。现在，我们就来谈谈其中几位吧。

第 34 章

鲍里斯·雅各比：怀着爱来到俄罗斯

关于鲍里斯·雅各比的国籍问题一直存在争议。德国人理直气壮地认为雅各比是他们的同胞，俄罗斯人（同样言之成理、持之有故）也认为雅各比是自己的同胞。雅各比确实和这两个国家都有着千丝万缕的联系和难以割舍的情感，在两个不同的发明体系和传统中，他取得了同样的成功。一个体系组织有序，有如时钟上的时间一样清晰明了，另一个体系则是不断地从一个极端跳到另一个极端，永远依赖于君主的恩典和眷顾。能够在这样两个迥异的体系和传统中游刃有余，都有非凡建树，确实是一个天才。

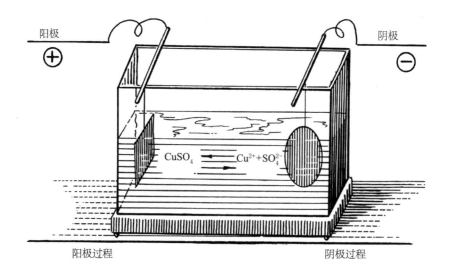

　　莫里茨·格尔曼·冯·雅各比1801年9月21日出生于波茨坦（Потсдам），童年时他未必料到自己会移民到俄罗斯，去拥抱一个广袤无垠却又神秘难解的国度，并且将自己的一生与之维系起来，他的后代，他的家族，都将在那片土地上绵延赓续。雅各比很幸运出生在一个非常富有的家庭。他父亲西蒙·雅各比（Симон Якоби）的地位非常稳固：他是普鲁士国王腓特烈·威廉三世（Фридрих Вильгельм Ⅲ）的私人银行家——腓特烈·威廉三世年少登基，一心想长久地统治帝国（结果也是如他所愿）。

　　莫里茨受到了良好的教育。家里给他请的是最好的私人教师，他读的是最好的中学，后来又去了最好的大学：先是柏林大学，然后是哥廷根大学。但是在莫里茨还没有想清楚自己的理想抱负时，他父亲就为他选定了专业。小雅各比接受了建筑师的专业教育，他在这方面的表现也没有令父亲失望，学成毕业后，他到普鲁士建筑部门任职。他设计的几座建筑都幸存下来，不过说句实话，他的这几个建筑作品中规中矩，并没有什么特别之处。

　　对莫里茨影响最大的是他的弟弟卡尔。卡尔专攻数学，在这一领域取得了殊勋茂绩。卡尔23岁成为柯尼斯堡大学客座教授，27岁成为额内教授（即终身教授），不到30岁时已是法国科学院通讯院士、圣彼得堡科学院名誉院士和英国皇家学会院士。这里我就不再一一罗列卡尔·雅各比（Карл Якоби）的著作——他在数学领域的贡献并不亚于伦纳德·欧拉，只不过我们这卷书要讲的是另一个雅各比。如果你们对卡尔·雅各比有兴趣，不妨自己查找一些相关信息了解。

　　1832年，西蒙·雅各比去世，莫里茨几乎立即辞去了他并不喜欢的工作，暂时搬到了柯尼斯堡和他的兄弟卡尔住在一起。后来，卡尔开始供养整个家庭，因为父亲去世后，雅各比家的经济状况急剧恶化。在柯尼斯堡，莫里茨靠着积蓄和弟弟卡尔的资助生活，他全身心地投入自己热爱的电气工程领域——并建造了一台电动发电机。

怀着爱来到俄罗斯

莫里茨·雅各比造出的不是普通的电动机，而是历史上第一台直接旋转轴电动发电机。在同一时期，还有其他几位工程师在进行类型系统的研究，其中包括英国人威廉·斯特金（Уильям Стёрджен），但正是雅各比最后造出了实用型电动机。雅各比的电动机以安装在定子和转子上的永磁体为运行基础，具有现代电动机的所有主要部件。有人可能会说："既然这样，为什么要把发动机的发明归功于半个世纪后的特斯拉和多利沃－多布罗沃利斯基？"因为雅各比的电动机，就像后来 90% 的发动机一样，是直流电动机，而到了 19 世纪 80 年代，人们学会了使用交流电。直流电和交流电是两种不同的技术，但是无论直流电动机还是交流电动机，定子和转子的工作原理都是不变的，而这正是雅各比的发明。

同年，法国科学院发表了雅各比的论文《论电磁学在机器驱动中的应用》，仅仅一个月后，雅各比就收到了圣彼得堡科学院的邀请。促成此事的，还有其他一些原因。首先，圣彼得堡科学院很了解莫里茨的兄弟卡尔。其次，尼古拉一世执政时，俄罗斯科学界正在全力追赶西方，热切地想要消除几百年来落后的局面，因此邀请了许多国外科学家来俄工作、任教。

1835 年，莫里茨·雅各比开始执教于杰尔普特大学（今塔尔图大学），成为土木工程教研室的教师。"为什么又是建筑？"好奇的读者或许会问。因为，按照教育背景和文凭，雅各比无法在电气工程领域获得体面的职位。雅各比在俄罗斯从来没有搞过建筑，他只是按照官方提供的教学大纲授课（课讲得也不是很好，因为他一开始根本不懂俄语）。1837 年，他在圣彼得堡永久定居。

在他漫长的一生中，雅各比一直致力于电学研究，在这一领域做出了许多重大发现。

雅各比和发动机

毫无疑问，雅各比是这个时代的幸运儿，因为他的发明"顺应了时代潮流"。俄罗斯当时对磁力学和电气工程比较感兴趣，为了支持雅各比进行电动机领域的理论开发和成果应用，当时拨给了雅各比一大笔经费（总计50000 卢布，数目之巨，实在令人难以置信），给予他"自由行事的无限权力"。从另一个角度看，俄罗斯也是幸运的：它庇护了值得庇护的人。电动机项目最终并未取得特别显著的成果。尽管这项发明很重要，但 19 世纪上半叶的技术能力还是非常有限，造不出电力驱动的高效动力装置。1839 年，雅各比与他的同胞埃米尔·楞次（Эмиль Ленц）合作，将电动机投入实际应用——将其安装在一艘电动船上。这艘由 69 节伽伐尼电池供电的电动船表现出良好的牵引性能，但在"价格功率比"方面比蒸汽船逊色太多，具体说，蒸汽船的"价格功率比"是电动船的 10~15 倍。类似的情况也发生在建造轨道车的尝试中。

苏格兰化学家罗伯特·戴维森与雅各比同时设计了类似布局的电动机，戴维森在 1837 年建造了历史上第一辆电力机车。戴维森也遇到了同样的问题：无论电机的推力性能如何出色，但整个系统造价高昂，而且伽伐尼电池放电快、失效快，电力在那个时候暂时还无法与蒸汽机一争高下。

因此，雅各比（此时他不再叫莫里茨·格尔曼，而是易名鲍里斯·谢苗诺维奇）最重要的发现来自另一个相邻领域。

静态

像当时的大多数工程师和科学家一样，雅各比同时涉足多个领域的工作。他负责铺设了俄罗斯第一条长途电报线路（从圣彼得堡到皇村），他亲自设计和制造了大约 10 种不同的电报设备。1839 年，他设计出自己的第一台电报设备，延续了突然去世的帕维尔·希林格（电磁电报的创新者和发明者）未竟的事业；后来，雅各比发明了更先进的系统——印码器和电传打字电报机。在电报的发展历程中，雅各比的成就堪比慕尼黑教授卡尔·施泰因格尔（**Карл Штейнгейль**）、塞缪尔·莫尔斯和其他独立研制电报设备的创新者的突破性成果。有传言说，雅各比的研究成果虽未在俄罗斯得到广泛传播，但仍然成为维尔纳·西门子电报机的基础，特别是西门子与雅各比进行过交流，显然讨论过两个人都关心的问题。然而，没有证据可以证明这一点。

19 世纪 50 年代，雅各比再次根据希林格的设计，研制出历史上第一枚电击水雷。水雷采用了伽伐尼电池，舰船触碰水雷时，电池的电流会闭合导火管电路，从而引起爆炸。这种武器在克里米亚战争中被广泛地运用，现在今天也还有使用。

雅各比的发明，可以列举出很多——包括为数众多的实验室设备、测量方法、伽伐尼电池等——但其中最引人注目的仍然是电铸法。神奇的是，电铸法既是发明，同时也是发现。也就是说，即使没有雅各比，这种效应也存在于自然界，雅各比发现了这种效应并进行了说明，而且，雅各比为这种效应找到了绝妙的技术应用，并开发出相应的技术。

电铸法笔记

什么是电铸法？如果我现在从最基础的知识讲起，我知道，一些读者会感到气恼：他们会说，你什么都解释，真是太小儿科了。但相信我，有相当多的人根本不了解电气工程。说实话，他们其实不应该对电气工程一无所知。所以，那些了解电气工程的读者，可以放心大胆地跳过以下几段。

我们从离子讲起。任何带电的粒子都可以称为离子，如原子或分子。带正电的离子称为阳离子，带负电的离子称为阴离子。第二件需要了解的事情：电极是指任何一种导电体，例如位于导电介质（液体）中的铜板，称为电解质。因此，如果电解质中有阳离子，它们在电场中会被吸引到负极（阴极），即正极被吸引到负极。

也就是说，雅各比发现，如果在电解质中放置阴、阳两个电极，电场中的阳极就会发生电解过程。换句话说，铜阳极（即"正极"接入的电极）开始电解出阴离子。阳离子，如前所述，被吸引到阴极

电铸制品

资料来源：伊琳娜·巴拉萨诺娃 /livemaster.ru

（即"负极"接入的电极），阳离子附着在阴极上，回到原子状态。一段时间后，阳电极就会融化，在阴极上形成一层阳极材料，精确地再现阴极的立体轮廓。

"所以，雅各比想：如果把阴极塑造成某种铸型，在铸型上增加一层阳极材料，然后取出铸型，这样就可以得到原件的精确复制品，只不过内部是中空的！"

发明家向圣彼得堡科学院的代表展示了这项技术。电铸法有一个确切的诞生日期——旧历 1838 年 10 月 5 日。那天，科学院秘书帕维尔·尼古拉耶维奇·富斯（Павел Николаевич Фусс）向与会者宣读了电铸方法说明，并展示了雅各比随信一起寄来的用这种方法制作的一块铜板。后来，雅各比反复改进这项工艺，使其达到我们目前具有的水平，换言之，我们现在所采用的电铸法，和雅各比的时代没有太大区别，至少电解质的成分（铜硫酸和硫酸等）没有变化。雅各比主动联系当时最顶尖的科学家，与他们保持通信联络，曾经描述过电解规律的迈克尔·法拉第就是其中之一。法拉第很高兴有同行为自己的理论推论和实验室实验找到了实际应用。

1840 年，雅各比介绍电铸法的著作同时以俄、德、英、法等多种文字出版。该书出版后，一些科学家试图挑战雅各比的首创者地位，但他们的

要求都被驳回。

电铸法几乎随即得到了广泛的应用，主要是在艺术领域。例如，时至今日，许多雕塑和珠宝饰品都还采用这种工艺制作加工（最常见的是铜雕和铜质饰品，但也有以其他金属为原材料的，比如白银）。工艺过程是这样的：先在蜡模上薄薄涂一层石墨，然后将蜡模置于电解质中，等处理完毕，在蜡模上镀上一层金属。之后，将铸模（即型芯）去掉，比如通过熔融的方式，就可以制作出中空的装饰品或雕塑。伊萨基辅大教堂外墙上的雕塑就是采用这种方法制成的。有趣的是，大教堂破土动工时，雅各比还没有考虑移民俄罗斯，教堂即将竣工时，也就是 19 世纪 40 年代中期，开始制作外墙雕塑的时候，采用的工艺是已经移民俄罗斯的科学家的发明成果。伊萨基辅大教堂的雕塑实际上是电铸法在视觉艺术中的第一次重大应用。这项工艺是后来才被称为电镀技术的。电镀这个概念本身包含电铸和电沉积两层含义，采用电沉积工艺时，不需要去除型芯——电沉积就是在部件上涂覆不同的材料，以达到防腐或装饰的效果。1867 年的巴黎世博会特别设置了一座独立的电铸法展馆，已过中年的雅各比因这项发现获得了金奖。

1874 年雅各比去世，去世时，他的经济状况一般：因为他是为国家谋大利，而不是为一己谋私利，尤其在俄罗斯，雅各比从来没有赚过大钱。他在电动机领域的创意和设计，他在电报设备领域的发明，当然还有他的电镀技术，都极大地推动了世界的进步。雅各比一直将俄罗斯视为自己的第二故乡。

第 35 章

俄罗斯的特斯拉

在我决定用一个章节的篇幅来写俄罗斯技术移民问题时，我首先想到的是米哈伊尔·奥西波维奇·多利沃－多布罗沃利斯基，他是特斯拉的主要竞争对手，开发了许多与多相电流有关的技术，事实上是整个欧洲电力供应之父。他很年轻的时候就因为躲避政治迫害出国。很难说清楚俄罗斯因为这种愚蠢的错误到底损失了多少宝贵的人才。感觉有很多很多。

从 1887 年到 1919 年，米哈伊尔·多利沃－多布罗沃利斯基一生中的大部分时间都在为著名的德国通用电气公司（Allgemeine Elektrizitas-Gesellschaft，AEG）工作，从一名普通工程师干起，直至升任整个集团公司的经理。多利沃－多布罗沃利斯基在多相电流领域的研究一直和尼古拉·特斯拉并驾齐驱，只不过多利沃－多布罗沃利斯基支持三相系统，特斯拉赞成两相系统。历史对他们作出了评判：一个杰出的塞尔维亚移民（移居俄罗斯）输给了一个杰出的俄罗斯移民（移居海外），即使在两相系统一直占据上风的美国，两相系统最终也让位于三相系统。

更令人遗憾的是，尽管祖国不接纳多布罗沃利斯基，甚至没有给他发挥才智、恢复名誉的机会，尽管多布罗沃利斯基一直在德国和瑞士工作，但他一生都保留着俄罗斯国籍。作为对比，我们可以看一看爱因斯坦的情况，他也历经多次移民，两次放弃了德国国籍，先是改成了瑞士籍，然后又改成了美国籍。

我们还是回到技术问题上吧。

怀着爱离开俄罗斯

米哈伊尔·多利沃－多布罗沃利斯基 1862 年 1 月 2 日（旧历的 1861 年 12 月 21 日）出生在圣彼得堡一个富裕的贵族家庭。他人生最初的道路非同寻常：他的父母搬到了敖德萨，米哈伊尔从一所实科中学毕业后，进入里加工业大学。

然后大学期间发生的一件事，改变了米哈伊尔的一生，并在一定程度上改变了欧洲的技术发展进程。1881 年 6 月 22 日，青年学生米哈伊尔因参加罢课和反政府宣传鼓动被学院开除。这次开除"十分彻底"——米哈伊尔被终生剥夺了在俄罗斯帝国高校接受教育的权利。家里人只好把米哈伊尔送到德国达姆施塔特（Дармштадт）的一所高等技术学校继续求学，关键是家里也有这个经济实力。自此，多利沃－多布罗沃利斯基再也没有回归俄罗斯。

达姆施塔特的技术学校在这个年轻人的思想和专业成长中起到了十分重要的作用，决定了他的思想倾向和未来职业的选择。这所学校非常重视电气工程课程，甚至设立了一个教研室专门负责电气工程的教学工作，还开设了相应的专业课程。1884 年技校毕业后，多利沃－多布罗沃利斯基留校教了三年电化学，然后辞教，到德国爱迪生应用电力公司从事工程工作。这里有必要澄清个别作者提供的不完全准确的信息。这家公司并不属于爱迪生。该公司由企业家埃米尔·拉特瑙（Эмиль Ратенау）创立，1882 年的时候他获得了托马斯·爱迪生（Томас Эдисон）的多项电气专利使用权，尽管拉特瑙 100% 的"初创"股份属于德国，但公司刚开始运营的时候，还是受到了一家美国公司的监管。公司初具独立经营的能力时，拉特瑙就设法迅速摆脱美国人的监管，随即将公司更名为"通用电气公司"（Allgemeine Elektrizitas-Gesellschaft）。

多利沃－多布罗沃尔斯基想不想回俄罗斯？答案应该是肯定的——他所有的亲人都留在那里。但他回不去了，因为在俄罗斯，他甚至被剥夺了工作的权利。假使他回到俄罗斯，他只能靠家人养活，他连一丝希望都没有。可惜啊，国有大才，却不知珍爱！

电流和电机

多利沃－多布罗沃尔斯基在德国通用电气公司任职后，他才意识到，自己其实并不擅长当教师。现在也几乎找不到他任教期间学生或校方对他工作的评价（当然，他成名后的公开讲座不在其列）。我们推想，作为教师，他很可能只算得上是个中材，但作为设计师和工程师，他是超世之才。难怪拉特瑙本人在读罢多利沃－多布罗沃尔斯基的几份电气工程专题研究材料后，亲自请他来面谈。

从 1887 年开始，这位年轻的工程师开始解决电气工程领域的各种实用性难题——他自然也开始阅读当时可以查询到的相关文献。有意思的是，尼古拉·特斯拉这个时候在美国也在做着同样的事情。也恰是在那个时候，特斯拉结识了实业家乔治·威斯汀豪斯（Джордж Вестингауз），后者聘请了特斯拉，并为特斯拉开发多相电流系统提供了资金。于是，爱迪生——直流电的支持者，与特斯拉和威斯汀豪斯——交流电的支持者，掀起了一场著名的"电流之战"，但是如果从另一个视角来解读这场学术之争，那它可能看起来完全不同：特斯拉维护的是两相交流电，多利沃－多布罗沃尔斯基据理力争的是三相交流电。

我只能再岔开一下话题，解释一下这些观点的差别是什么，为什么这些差别如此重要。

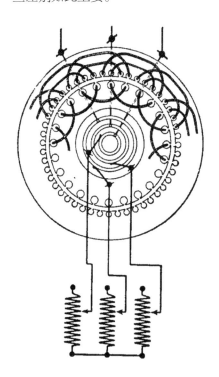

M.O. 多利沃－多布罗沃尔斯基三相异步电动机，装有相位转子和起动变阻器

资料来源：《电气工程史》，莫斯科经济学院出版社，1999 年

电流，即带电粒子的运动，如果其方向和大小随时间变化，则称为交变电流。通常这是可由正弦波描述的周期性变化。现在我们想象一下，我们取两条这样的正弦波线，将其中一条波线沿水平（时间）轴移动一定距离。第一幅正弦波图中的电流在一个时刻达到最大，第二幅图中电流在另一个时刻达到最大，但是两幅图中电流的周期、电压和强度是一样的。这就是同一电流的两个相位。

这有何意义？只要你们仔细观察一下尼古拉·特斯拉著名的两相异步电机，一切都变得清晰了。电动机有两个主要部件：在中央转动的转子和围绕转子的定子（固定不动）。定子有 2 个绕组，同一个电源以移相方式向 2 个绕组提供电流。我要强调的是：电流是一样的，只是第二个绕组相对于第一个绕组有相位偏移，如果绘出这些电流的图形，可以看到，一个正弦波相对于另一个正弦波会有 π/2 的偏移。

1820 年，汉斯·克里斯蒂安·奥斯特（Ханс Кристиан Эрстед）进行了一项实验，他将一个金属导体置于磁化指针之上，电流通过导体，指针随磁场改变位置。特斯拉意识到，要起动磁转子，必须转动定子的磁场。这就是电流相互移相的绕组的功用所在：事实上，当两个相邻的绕组不断将转子"推"向对方绕组时，改变施加于转子的总作用力可以模拟磁场的转动。

与特斯拉同时开发交流电动机的，还有另一位意大利工程师和科学家伽利略·费拉里斯（Галилео Феррарис）。1888 年，特斯拉和费拉里斯几乎同时造出了交流发动机，但特斯拉是作为工程师进行的开发研究，具有商业目的，更何况威斯汀豪斯公司也提供了大量的资金支持，费拉里斯则在更大的程度上像是一名科学家，这项研究对他来说不过是一次有趣的实验，虽然意大利科学家比特斯拉更早一点发布了交流发动机的相关情况，但他并没有意识到自己的这项发明蕴藏着怎样的潜力。

然后，费拉里斯关于旋转磁场的研究论文，以及对发动机设计的说明，引起了多利沃－多布罗沃利斯基的关注。

三相电流

这项研究一下子就让米哈伊尔·奥西波维奇着了迷。1888 年和 1889 年，他设计并建造了几台交流电动机、变压器和其他设备，这么说吧，无论在世界的哪个地方，这些设备都是电力系统所必需的。米哈伊尔·奥西波维奇的研制工作是独立进行的，并没有借鉴他人的成果，但他肯定时刻关注着自己的竞争对手。

实现三相电路，是多利沃－多布罗沃尔夫斯基的重大突破，同时也推动了他的研究。特斯拉为自己的发明注册的专利名是"多相电流"，他也认可使用两相以上电流的可行性，但他本人只用两相电路，并且是这种电路方案的坚定拥护者。为什么？这很难说。特斯拉总体来说性情比较乖张。

多利沃－多布罗沃尔斯基建造了世界上第一台三相电动机，他没有把输入电流以 $\pi/2$ 的移相分成两路，而是以 $2\pi/3$ 的移相分成三路。这种方案有许多优点：结构更简单，更具经济性，工作的均衡性更好，如果从应用的角度看，三相电流还有一个优点必须要提一下，就是只用三根电线就可以远距离传输电力，而且系统完全平衡。多利沃－多布罗沃尔斯基开发了多种绕组、定子和转子，并获得了多项专利，正是他不懈的努力，才使得电动机具有今天的模样。

当时，欧洲的电气化进程推进相当缓慢。最初，是爱迪生利用自己的直流电系统进行电气化推广，但在 19 世纪 90 年代初，即使在美国，直流电系统也很快失去了与威斯汀豪斯和特斯拉的交流电系统相抗衡的能力。这是因为由于大量的热量损耗，直流电几乎不可能长距离传输，所以爱迪生推行电气化的城市几乎每个街区都建有变电站。

也许，欧洲本来青睐于特斯拉的系统，但随后出现了多利沃－多布罗沃尔斯基的专利，而多利沃－多布罗沃尔斯基有实力雄厚的德国通用电气公司为后盾。爱迪生和威斯汀豪斯公司鞭长莫及，无法与大洋彼岸的对手竞争。

在 1891 年的国际电工展览会上，德国通用电气公司为三相系统进行了一次著名的"公关活动"，以"现身说法"的方式向参展商和参观者展示了自己的"三相系统"——公司完成了劳芬（Лауффен）—法兰克福（Франкфурт）之间的电力传输，成为展会的亮点。一年前，弗朗茨·阿迪克斯（Франц Адикес）被任命为美因河畔法兰克福的市长，他思想前卫、果敢坚定（他在这个职位上坚守了 22 年）。他提出了全面的城市电气化目标，并开始在爱迪生直流电系统和特斯拉的交流电系统之间做选择。电工展览会本质上就是招标会：谁给人留下的印象好，谁就有可能拿到订单。

开展之前，德国通用电气公司已经从内卡河畔劳芬镇附近的瀑布到法兰克福修建了一条 170 千米的输电线！8 月 25 日，展会首批 1000 盏白炽灯，正是由这个电源供电点亮的。直流电在竞争中落败，德国通用电气公司赢得了合同，多利沃 - 多布罗沃尔斯基的三相系统开始了在欧洲的胜利之旅。

移民颂歌

很久以后，1899 年，俄罗斯向多利沃 - 多布罗沃尔斯基抛出了橄榄枝，邀请他回国工作——俄罗斯此时已经意识到，自己正在失去多利沃 - 多布罗沃尔斯基。邀请多利沃 - 多布罗沃尔斯基就任的职位是圣彼得堡理工学院机电系主任，但多利沃 - 多布罗沃尔斯基放弃了这个机会，主要是因为他与德国通用电气公司签订了长期合同。这也合情合理：在欧洲，多利沃 - 多布罗沃尔斯基已经成为科技界的明星，他作为德国通用电气公司的高级雇员薪酬非常可观，而且 1909 年他马上将升任公司经理。不过，他也回过俄罗斯——曾经被剥夺了在俄罗斯接受教育的权利、远走异国他乡的多利沃 - 多布罗沃尔斯基，如今以第一届全俄电工大会特邀演讲嘉宾的身份荣归。

第一次世界大战期间，米哈伊尔·多利沃 - 多布罗沃利斯基在中立国瑞士工作，战后他回到了法兰克福，1919 年 11 月 15 日，他因心脏病发作去世，时年 57 岁。

俄罗斯最终也没能成为欧洲电气化的中心。一个人所能决定的事情，当然不多——决定事情成败的，是环境，是可以获取的材料和信息，以及周围人的关注度。俄罗斯本来是有机会的，可惜，俄罗斯又一次失之交臂。

第 36 章

伊戈尔·西科尔斯基：空中王者

　　西科尔斯基被视为有史以来伟大的航空设计师之一，他当之无愧。所以有两个国家一直以来都在争夺称他的国籍权：一个是他人生起步的地方，他在那里求学、成人、立业，但由于革命事件被迫离开；另一个是接纳他并给予他所需一切，任其发挥潜能的地方。

伊戈尔·伊万诺维奇·西科尔斯基的人生经历明显分为两个时期——俄罗斯时期（1889—1918 年）和美国时期（1919—1972 年）。其间还有旅居巴黎的短暂插曲，西科尔斯基原来是想留在法国的，他在巴黎已经开始了飞机设计活动。但法国和俄罗斯一样，没有意识到应该不遗余力地留住这个人才。法国没有挽留这位无与伦比的天才，漂泊的西科尔斯基来到了美国。初来美国那几年，西科尔斯基的日子并不好过。但我们还是要按顺序一一道来。

我首先简单列出西科尔斯基的主要成就和他的发明成果。他是重型飞机的奠基人，他是第一个开始设计多引擎战略飞机的人，他还造出了第一架多引擎战略轰炸机。是他设计了历史上第一架可操控实用型直升机——在他之前已经有数十种的直升机设计，但那些方案造出的只是实验用原型机，只有西科斯基设计的系统实现了直升机的规模生产。由于他的存在，现代航空才会具有如今的模样。

俄罗斯时期

西科尔斯基出生在一个富有且成功的家庭，父亲是著名的精神病学家、基辅大学教授，找他看病的人踏破了门槛，他还是皇室的朋友（伊戈尔·西科尔斯基的教父、教母分别是彼得·尼古拉耶维奇亲王和亚历山德拉·彼得罗夫娜亲王夫人）。

一开始伊戈尔被送到海军武备学校，但在 18 岁的时候，征得父亲的同意，他中途退学，1907 年前往巴黎，就读于拉诺杜维格瑙技术学校。半年后，伊戈尔·西科尔斯基回国到基辅理工学院求学（那里有一所相当有实力的浮空飞行学校），之后又中途退学，再次到巴黎，开始在费迪南德·费伯（**Ferdinand Ferber**）身边工作和学习，费迪南德·费伯是飞机设计师、飞行员，也是欧洲著名的航空先驱之一。1909 年 9 月 22 日，费伯在测试瓦赞飞机工厂生产的双翼原型机时发生事故，机毁人亡，西科尔斯基再次返回基辅。

当时他才 20 岁。他有与费伯一起建造简易直升机的经验（后来他在基辅浮空飞行展上展示了自己的第一个模型机 S1），他还收藏了不少"宝贝"，特别是 2 台安扎尼发动机和 1 套螺旋桨。1911 年他在建造螺旋桨雪橇的时候，使用了其中的一个螺旋桨，后来他向总参谋部展示了自己的"作品"。如果你们读过谢尔盖·涅日丹诺夫斯基那一章，应该还记得，当时俄罗斯国内对螺旋桨雪橇非常感兴趣。西科尔斯基用自己收藏的第二台发动机建造了另一架直升机，现在被称为 S2。

他接下来的成果，从 S3 到 S5，都是飞机。S5（西科尔斯基于 1911 年完成，当时他只有 22 岁）是飞机设计师第一次成功的设计：S5 不仅能升空，而且飞行性能并不逊色于瓦赞飞机厂制造的双翼机和其他同时代飞机。

早些时候伊戈尔·伊万诺维奇都是用家里的钱进行各种开发设计，之后他超拔的才能为最高层所瞩目。1912 年，西科尔斯基有了正式的工作，他成为"俄罗斯 - 波罗的海车辆厂"，也就是"鲁索巴尔特"航空部首席设计师。"鲁索巴尔特"的车厢和汽车主要在里加生产，航空部则位于圣彼得堡。西科尔斯基——年纪轻轻，甚至没有工程师文凭——怎么会成为这家工厂（这家工厂大有成为俄罗斯最大航空制造企业的势头）的首席设计师？

答案不言而喻。尽管像茹科夫斯基这样的伟大理论家造飞机不成问题，但放眼整个俄罗斯，有能力实际造出飞机的专家凤毛麟角。航空部负责人兼"俄罗斯 - 波罗的海车辆厂"股份公司董事会主席米哈伊尔·弗拉基米罗维奇·希德洛夫斯基（Михаил Владимирович Шидловский）不想邀请外国人，他列出了一份适合担任总设计师职务的候选人名单。在此之前，伊戈尔·西科尔斯基已经自行建造了 2 架直升机和 3 架飞机，出身名门，又曾留在巴黎读书。希德洛夫斯基把赌注压在了年轻的西科尔斯基身上——尽管冒险，但事实证明，希德洛夫斯基是真正的赢家。

　　1912 年至 1918 年间，西科尔斯基一直担任设计局的领导职务，设计局规模很大，西科尔斯基可以随意支配很多资源，享有优厚的研究条件。西科尔斯基将自己的一生都献给了航空事业，他全身心地投入工作，先后取得 2 项重大技术突破，担任设计局领导期间，他实现了第一次重大突破，我们不妨称之为"俄罗斯突破"。

　　当时，一方面航空业正以风驰电掣般的速度狂飙前进，就像现在计算机技术的发展一样；另一方面，航空业还处于起步阶段。第一次世界大战中使用的飞机都是经典的纽波特 –17、索普维斯"骆驼"或"红男爵"福克 Dr–1

"伊利亚·穆罗梅茨"[①]飞机，机身上的步行舱面板[②]清晰可见

等机型——看起来就像是用铁丝和铆钉固定的木棺。在这样的技术大背景下，西科尔斯基却提出了一种"惊世绝俗"的设计方案：载荷 1 吨，四引擎，驾驶舱封闭。别的先不说，单是载荷这一项，西科尔斯基的勇气和能力足以傲视天下，要知道，那个时代飞机的最大载荷只有 500 千克。我说的这架飞机就是西科尔斯基在 1911 年设计完成的"俄罗斯勇士"号，第一次世界大战前的 1913 年 5 月 10 日这架"大力士"飞机完成了首飞。

　　关于这次试飞的报道，国外一直以为是谣传，甚至在飞机起飞前，谁也不相信，"俄罗斯勇士"真的能一飞冲天。一开始，就在这架飞机还叫作"巨匠"项目（项目曾经两次更名）的时候，西科尔斯基想在飞机上安装 2

---

① 伊利亚·穆罗梅茨是俄罗斯史诗中的英雄勇士。——译者注

② 西科尔斯基设计的早期飞机由于没有舷窗，飞行过程中如果想观察飞机周围情况，需要抓住专用绳索，爬到机身上的步行舱面板上。——译者注

台发动机，但为了保证性能的可靠性和飞行安全性，最终决定改装 4 台。世界上第一架多引擎重型飞机就这样横空出世，它不仅能搭载一名飞行员和一名乘客，还可以执行包括运输在内的其他任务。"俄罗斯勇士"创造了 1 小时 54 分钟的续航记录。别忘了，那还只是一架原型机。

著名的"伊利亚·穆罗梅茨"就是以同年年底拆除的"俄罗斯勇士"为原型的量产机。1913 年 12 月 22 日，巨大的四引擎全木制双翼飞机首次升空，"伊利亚·穆罗梅茨"总共建造了 76 架，有 5 种不同改型。

"伊利亚·穆罗梅茨"是一型具有革命性意义的飞机，实现了多项"第一"。它是历史上第一型驾驶舱与座舱分离飞机，第一型配有加温和电力装置的飞机，第一型量产客机。4 台 100 马力的发动机保证这型重达 4.5 吨的飞机以超过 100 千米的时速无着陆飞行 5 小时。

如果不是接二连三地发生战争和革命，俄罗斯也许会成为世界第一航空强国。由于战争爆发，之前建成的 4 架"穆罗梅茨"客机只能改装成重型轰炸机，后续的 70 多架从一开始就按照军机标准制造。"穆罗梅茨"系列飞机的最后一次升级改造是在 1916 年，改型后的飞机发动机功率十分强大，载重量达到 7.5 吨，220 马力雷诺发动机可以使飞机时速达到 130 千米。"穆罗梅茨"系列飞机中有 30 架改型机（穆罗梅茨 –B 型）安装了"鲁索

"伊利亚·穆罗梅茨"飞机

巴尔特"自主开发的 150 马力发动机，俄罗斯飞机制造业不再仅依赖进口发动机存活。

第一次世界大战期间，"穆罗梅茨"飞行中队战斗出动 400 架次，敌人只击落了其中 1 架。另外，由于技术故障，损失了 20 多架，有一部分是在机场被敌人炸毁。无论终局如何，这款巨型轰炸机都已经证明了自己。

第一次世界大战后，"穆罗梅茨"再次改装为民用机，作为客运飞机和邮政飞机运营。"穆罗梅茨"在 1923 年完成了最后一次飞行。可惜，这型堪称伟大的飞机连一架都没有保留下来。

在开发"穆罗姆茨"的同时，西科尔斯基还开发了其他一些型号的飞机，这些飞机的革命性意义不如"穆罗姆茨"，其中比较著名的是 S16 系列护航战斗机。在西科尔斯基的指导下，"俄罗斯 – 波罗的海车辆厂"总共制造了 240 架飞机，其最后生产的型号飞机是 S20 战斗机。有传闻说"伊利亚·穆罗姆茨"后来有了后继机型，称为"亚历山大·涅夫斯基"重型轰炸机，但没有任何官方文件提到过这型飞机。

1918 年 2 月 18 日，伊戈尔·西科尔斯基意识到他在新建立的俄罗斯国家前景黯淡，不会有太大作为，于是绕道阿尔汉格尔斯克，前往英国，后来又去了法国。他想效力法国陆军部，但是没有被接纳，于是 1919 年 3 月他又乘船前往纽约。他只有 30 岁的年纪，已经成就斐然——然而，他的未来更可期⋯⋯

美国时期

西科尔斯基刚到美国的时候，日子并不好过。初来乍到的西科尔斯基，似乎百无一用。他语言不通，美国当时的飞机制造业人才济济，有才华的飞机设计师比比皆是。所以，有好几年的时间，西科尔斯基就在俄语移民学校当老师、讲课。1923 年，他与一群新的志同道合者共同创立了他的第一家公司西科尔斯基航空工程（Sikorsky Aero Engineering）。初创时期的公司规模小的可怜，就像一个鸡舍，几个燃烧着航空梦想的设计师就在小作坊里工作，有时候他们也干些与智力无关的工作，赚取些外快，总之，所有能干和不能干、所有该干和不该干的工作他们都做过。如今，当年的小作坊已经发展为拥有 15000 名员工的大型现代企业——西科尔斯基飞机公司。

西科尔斯基的公司举步维艰的时候，西科尔斯基的朋友谢尔盖·瓦西里耶维奇·拉赫曼尼诺夫（Сергей Васильевич Рахманинов）雪中送炭，提供了一些资助，这件事许多人都听说过。拉赫曼尼诺夫是著名的作曲家和钢琴家，他在美国发展得不错，刚到美不久，便已站稳脚跟。他曾资助西科尔斯基，但并不是像一些资料中所说的那样捐赠 5000 美元，而是用这笔钱购买了这家新生企业的股票。

西科尔斯基在美国研制的第一架飞机是西科斯基 S29A 双翼机（设计师保留了自己飞机的编号序列），于 1924 年建成，但试飞没有成功。后来，1929 年，S29A 双翼飞机在好莱坞霍华德·休斯（Говард Хьюз）执导的电影《地狱天使》的片场坠毁。

随着时间的推移，公司有了客户。最成功的订单是 1927 年为泛美公司生产的西科尔斯基 S36 水上飞机，一共生产了 6 架。客户喜欢西科尔斯基的设计，一年后，西科尔斯基声名鹊起。新式"西科尔斯基"S38 水上飞机是他的第一型量产机（到 1933 年制造了 100 多架）。从那时起，西科尔斯基不再制造传统飞机——他的整个业务完全转向两栖飞机，西科尔斯基两栖飞机的最后一个型号是飞越大西洋的"西科尔斯基"VS44（1944 年）。

西科尔斯基把公司从纽约搬到康涅狄格州的斯特拉特福，终于在美国的飞机制造领域占据一席之地后，伊戈尔·西科尔斯基对飞机失去了兴趣，开始追逐他久违的梦想——制造直升机。西科尔斯基在美国的竞争中并没有占据上风：1929 年，他的公司被联合飞机和运输公司（United Aircraft and Transport Corporation）兼并，［该公司由普拉特·惠特尼公司

（Pratt & Whitney）的威廉·波音（Уильям Боинг）和弗雷德里克·伦奇勒（Фредерик Рентчлер）创立的公司]。兼并后的公司发展成为一家超大型联合企业，今天的名字为"联合技术公司"（United Technologies）。

西科尔斯基的直升机

本书讲述的是"十月革命"前的俄罗斯发明，所以第一次世界大战后的美国本来不在我们的讨论范围之内。但西科尔斯基是跨越了两个国家和两个时代的人，所以我将继续讲述他的故事。

1939 年，西科尔斯基公司展示了"沃特－西科尔斯基"VS300 直升机（当时沃特和西科尔斯基是集团公司的一个部门）。这架单座试验直升机首次成功地使用了自动倾斜器和尾桨，开创了历史，目前绝大多数直升机都采用这种配置。

在这种型号直升机的基础上，1942 年初开始生产"西科尔斯基"R4，世界上第一型量产直升机。这是一型纯军用飞行器，在美国和英国空军得到广泛使用。另外，这种轻型直升机还用于联络和救援工作，可搭载一名飞行员和一名乘机人员。

在此我们需要暂时偏离一下主题，做几点说明。首先，如果说"伊利亚·穆罗梅茨"是当之无愧的革命性突破，那么在直升机设计和制造领域，即使没有西科尔斯基，直升机也是能够造出的——从某种程度上说，他比其他人更幸运地、更早地实现了这个目标。在西科尔斯基造出直升机的那个历史节点，量产直升机已经走到了不可能不出现的那一步。在意大利，著名的工程师科拉迪诺·达斯卡尼奥（Коррадинод'Асканио）设计的直升机已经接近完成最终的配置，在法国，"宝玑－多兰"公司的实验室正在积极研制直升机，在西班牙，胡安·德拉·谢尔瓦（Хуан де ля Сьерва）的自动旋翼机已经在进行大规模生产和使用，在德国，"福克－乌尔夫"Fw61 双旋翼稳定直升机于 1936 年面世，在苏联，中央空气流体动力学研究所正在

积极进行相关试验。在所有人都即将终点触线的时候，西科尔斯基第一个
想出了将鲍里斯·尤里耶夫发明的自动倾斜器和尾桨（尾部的小型螺旋桨）
等部件组合在一起的方法。

　　如果你们错过了关于尤里耶夫那一章的内容，我就简单介绍一下，什
么是自动倾斜器。自动倾斜器是控制旋翼的机构。它根据桨叶在空间中的
位置改变桨叶的俯仰角，从而使直升机保持飞行方向和飞行员设定的倾角。
简单地说，如果没有自动倾斜器，桨叶的旋转会使直升机失去稳定的方向，
左奔右突，根本没有操纵性可言。正是由于使用了这种装置，直升机才得
以突破瓶颈，实现大规模生产。

　　到 1972 年去世前，西科尔斯基又建造了几十架直升机。他从未忘记
失去的俄罗斯，他是多个有君主制倾向的移民社团的领导者，他用俄语写
回忆录和笔记，但同时他也是一个美国人——务实、专业，不允许自己过
于感情用事，也没有不必要的多愁善感。他参与建造的最后一架直升机是
1970 年的"西科尔斯基"S67"黑鹰"试验机。

　　无论怎样，伊戈尔·西科尔斯基都将作为最伟大的设计师为俄罗斯所
铭记，他在两个如此不同的国家的飞机制造业中，享有同样的盛名。

第 37 章

凯格雷斯的履带

在俄罗斯的历史上，也有一些优秀的外国人才移民俄罗斯的事情，雅各比和圣加利就是很好的例证。但圣加利是年幼时就来到了俄罗斯，他后来完全俄罗斯化了，所以我在这本介绍俄罗斯发明家的书籍中也为他单独设立了一章。法国工程师阿道夫·凯格雷斯虽然后来回到了法国，但他最重大的发明是在俄罗斯任职期间应沙皇的要求完成的。

况且，他是不得已才离开俄罗斯的，不是因为思念故国，而是因为"二月革命"。在俄罗斯，凯格雷斯过得很好：在法国，他终其一生可能只是数百名普通工程师中的一员，但在俄罗斯，他是尼古拉二世的御用司机和机械师。

我们还是从头说起吧。

沙皇的车库

阿道夫·凯格雷斯 1879 年出生于埃里库尔（Эрикур）（上索恩省，Верхняя Сона），然后在蒙贝利亚尔（Монбельяр）的一所技术学校学习，1905 年来到俄罗斯。同一时期移民美国的人，多数是为了追求更好的生活品质，奇怪的是，凯格雷斯此时来俄罗斯，也是抱有同样的目的。凯格雷斯在俄罗斯梦想成真，他成功拥有了更好的生活：他刚到俄罗斯，就在列斯涅尔公司找到一份工作，当时这家公司需要熟练的技术人员。

那个时候，俄罗斯几乎只有列斯涅尔公司一家汽车厂。1904 年，公司计划扩大车型范围，开始生产卡车。这就需要扩大公司的员工队伍。凯格雷斯主要和小汽车打交道。

1906 年，弗拉基米尔·尼古拉耶维奇·奥尔洛夫（Владимир Николаевич Орлов）公爵，尼古拉二世最亲密的伙伴和朋友之一，同时也是沙皇车库的负责人，向列斯涅尔公司订购了 2 辆轿车。组装和调试车辆的时候（当时的底盘、发动机和车身是分开供货的，客户组装汽车就如同拼拼图一样），奥尔洛夫结识了凯格雷斯，公爵很欣赏这个法国技师，给他建议了一个新的职位——御用车库（位于皇村）技术总监。

正是在那里，凯格雷斯充分显示了自己的实力。尼古拉原来没有私人司机，多数情况下，都是奥尔洛夫亲自为沙皇驾车。一段时间后，公爵和沙皇逐渐信任了这个法国人，凯格雷斯成为沙皇的御用司机。与奥尔洛夫不同的是，凯格雷斯车开得飞快，从乘客的角度看，带有一定的危险性。

但尼古拉对此很满意，因为他就喜欢坐着疾驶的汽车兜风。

然而，这位法国人并没有忘记他作为工程师的职责。

俄罗斯的冬天

凯格雷斯实际上已经开始独自管理皇村的御用车库，因为奥尔洛夫被任命为"皇帝陛下戎行办事处"的负责人，他没有时间继续打理沙皇的车辆。凯格雷斯为沙皇订购了一批名车，包括劳斯莱斯、奔驰、菲亚特、贝利埃等。俄罗斯沙皇车库的车辆之多，在欧洲君主中也是名列前茅的，他也是爱车一族。尼古拉二世收藏的汽车中也有俄系车，像"鲁索巴尔特""列斯涅尔"，没有它们怎么能行。

凯格雷斯又新雇了一些机械师，其中许多人车也开得很好，经常载着皇室成员驱车出行（为尼古拉二世本人开车的只有阿道夫）——总之，他做着自己喜欢的工作，并尽可能地做得更好。

但有一个问题始终困扰着他——俄罗斯冬天的大雪。按照今天的标准，动力不足，而且没有任何越野性能的汽车，不可能在俄罗斯永远泥泞不堪的道路上全速疾驰。所以，只要是下一场像样的雪，那些漂亮光鲜的劳斯莱斯和德劳内，就会变成只能趴窝却动弹不得的废铁。车轮上的铁链也救不了它们。

凯格雷斯开始着手解决这个问题。当时半履带车已经问世，但履带车的底盘和车身与普通车完全不同，车身的外形不同，底盘类型也不一样，也就是说，普通车无论如何是不能改装成履带车的。凯格雷斯给自己设定了一个目标：想出一种既简单又不太花钱的可以将任何一辆普通汽车改装成越野车的办法。他做到了。

半履带

1910 年，凯格雷斯开始研究半履带式推进器，1914 年他获得了俄罗斯

安装了凯格雷斯推进器的"鲁索巴尔特"S24/40，1913 年

专利，专利号 26751，稍后又获得了法国专利。凯格雷斯发明的原理是这样的。

利用专用紧固件，在小轿车的前轮安装可操纵的滑雪板，后轮为主动轮，装有履带行走装置。凯格雷斯的系统直接固定在车轴上，只需用千斤顶顶起汽车即可。车轴由位于系统中心的驱动辊驱动，中心辊驱动后辊，这是主动辊，后辊再驱动前辊，也就是被动辊。在大辊轴之间安装了几个小的弹簧辊轴，以便在整个履带长度上分散车身负载的重量。

此外，单轴安装可以使履带相对于车身运动，以适应各种地形。安装整个系统只需几个小时，几乎适用于当时所有的车型。

凯格雷斯的系统赢得了所有人的青睐。沙皇车库里的汽车在冬季的行车速度提高了许多，也更容易通过难行路段。采用半履带式推进器的汽车还赢得了几场汽车雪地竞速赛的胜利。经过反复试验，沙皇下令在军队推广使用凯格雷斯发明的系统。

第一辆安装凯格雷斯推进器的车辆是法国的 F.L.18/24CV，这是位于巴黎的奥托通用汽车公司（Societe Generaledes Voitures Automobiles Otto）破产前的最后一款车型，也可能是沙皇车库里最不值钱的汽车。凯格雷斯先后为八九辆汽车装配了自己的推进器系统，包括 1 辆奔驰、2 辆或 3 辆（具体不详）帕卡德、3 辆"鲁索巴尔特"、1 辆雷诺救护车，以及 1 辆奥斯汀底盘的装甲车。

为了在军队中推广凯格雷斯系统，决定从装甲车入手，换言之，在装甲车上安装凯格雷斯悬挂装置是具有试验性质的尝试。凯格雷斯的系统表现非常出色。当时，越野能力不足是装甲车的主要掣肘——底盘发动机动力疲软、加速无力，装甲车体过于笨重，装甲车想要正常行驶都很困难，更别说越野了。凯格雷斯的系统扩大了装甲车的使用范围，也极大增加了装甲车的对敌威胁。

计划有很多：当时已经和"鲁索巴尔特"公司签订了批量生产装配凯格雷斯推进器的汽车合同，计划在奥斯汀装甲车上安装凯格雷斯推进器，定于 1917 年年底交付……但"二月革命"破灭了所有的希望。不过，我可以把一些后话提前在这里"透露"给你们：基于凯格雷斯底盘的装甲车后来还是投入了生产，但那已经是苏联时期的事情，而且发明家本人没有参与。这些装甲车一直服役到 20 世纪 30 年代中期。在普季洛夫工厂，列宁的座驾——著名的劳斯莱斯"银魅"——也安装了凯格雷斯推进器。

"二月革命"后，凯格雷斯随即将车库上交临时政府，带着妻子和 3 个孩子去了芬兰，然后又从那里辗转回到祖国。

回归法国

凯格雷斯可谓荣归故里，再次回到法国，他已经是享誉全球的发明家。工程界对凯格雷斯的发明很熟悉，20 世纪 20 年代初，雪铁龙公司购买了这项专利，后来又有十几家公司获得了该专利。凯格雷斯与工程师雅克·英斯坦（Жак Инстен）合作开发的雪铁龙 K1 是法国第一款装配凯格雷斯推进器的越野车。

装配凯格雷斯系统的雪铁龙越野车一直在线生产，直到第二次世界大战爆发，包括"黑色巡航"和"黄色巡航"等名车在内的雪铁龙越野车参与了非洲和亚洲战场的多次突袭行动。理查德·伯德（Ричард Бэрд）为他的南极之旅订购了 3 辆装配了凯格雷斯推进器的雪铁龙 C6。在苏联，这种越野车直到 20 世纪 40 年代中期才下线，让位给我们更熟悉的现代配置的越野车。凯格雷斯推进器后来成为美国生产量最大的装甲运兵车"M3 半履带车"（M3 Halftrack，1941 年）底盘的工程基础。

阿道夫·凯格雷斯 1943 年在塞纳河畔克鲁瓦西小镇（Круасси-сюр-Сен）去世。这位发明家对越野交通发展的贡献怎么评价都不过分：早在现代越野车发明之前，他就想出了一种几乎适用于各种车型、提高越野能力的方法。而且，令人欣慰的是，他是在俄罗斯发明了这项技术，从俄罗斯的经验出发，解决了俄罗斯"行路难，路难行"的问题。凯格雷斯所做的一切，当然不是为了给俄罗斯的道路增添荣光，但俄罗斯的道路的确成就了凯格雷斯的发明。

第6部分

永恒的辩题：
是不是俄罗斯的发明

有许多发明的归属是有争议的。面对同一个发明，会有好几个国家将其"据为己有"，俄罗斯也不例外。谁发明了飞机、鱼雷、灯泡，还有收音机？俄国人会给出一个答案，英国人会给出另一个答案，美国人则会给出第三个答案，甚至还会有法国人、意大利人、巴西人给出自己的答案。我管这叫"往自己脸上贴金"。

"贴金"大致可以分成两种。

第一种是共同发明。两个或多或少处于同一文化场域的国家，发展水平基本持平。即使其中一个国家在某些时候落后了，以后它也可能奋起直追，甚至赶超另一个国家，当然，之后可能再次倒退。每个国家的发展路线图不尽相同：有的是平直的技术发展线条，如英国；有的则呈现正弦波波形，如俄罗斯。但无论哪种轨迹，其总体都是朝着一个点奋力向上延伸的。汽车出现在那里——然后来到这里，焊接出现在这里——然后又去了那里，这就是"文化和技术交流"。

但世界的进步有时会因缺乏某项特定的技术而受阻。这项技术出现的所有先决条件都已具备，剩下的就是把分散的元件组装起来。有了电弧，有了稳定的电源，有了绝缘的电线——电弧灯就不可能不出现，正所谓"水到渠自成"。即使这个工程师没能把图拼起来，还会有别的工程师来完成拼图。

如果要我给这样的发明下一个定义，我会称它们是必然性发明，或者像本书所表述的，是共同发明。无线电的问世不是波波夫或马可尼（Маркони）的一人之功，而是一群杰出的物理学家和电气工程师共同的发明，他们几乎在同一时期共同开展了对这个问题的研究，每个人都为整体的拼图奉献了自己的一小片图块。在无线电的世界中，从来不是孤星闪烁，而是群星璀璨。飞机也是如此，19 世纪末和 20 世纪初涌现了众多航空先驱；蒸汽机和白炽灯亦是如此。防毒面具的发明史也是一个明证：第一次世界大战前，几乎没有人需要这种装置，类似装置的专利也非常罕见，主要用于消防领域。第一次世界大战中，首次使用了毒气攻击，此后，几十名化学家和技术专家随即在几个月的时间里研制出各种类型的防毒面具，足够全世界的人"人手三个"。当然，我是在夸大其词，但道理就是这么个道理。

遗憾的是，在 19 世纪，特别是在 19 世纪前半期，俄罗斯在科技领域根深蒂固的闭关主义思想仍然占据主导地位，左右着国家科学和技术的发展，这种观念如果追根溯源，应该追溯到彼得大帝之前的年代。1820 年，小市民伊万·基里洛维奇·埃利马诺夫（Иван Кириллович Эльманов）在米亚奇科沃（Мячково）地区修建了一条"架设在柱子上的道路"——其实就是单轨铁路的原型。当时有一些杂志登载过这件事，例如圣彼得堡的《工商业杂志》（1835 年刊），还有亚历山大·巴舒茨基（Александр Башуцкий）主编的《公共实用信息杂志》（1836 年刊）。但这个故事最终无疾而终，埃利马诺夫甚至连发明权都没有获得。与此同时，1821 年，英国工程师亨利·罗宾逊·帕尔默（Генри Робинсон Палмер）申请了单轨货运铁路的专利。1825 年 6 月 25 日，在赫特福德郡（Хартфордшир）的切森特（Чешант），第一条帕尔默铁路开通，最初专门用于货运，后来也用于客运。这项发明正是从英国走向世界的。俄罗斯没什么可骄傲的。

但是，除了这些平行的发明外，遗憾的是，还有另一种情况，那就是我们虽然确切地知道谁是第一个发明，但还是会有人往俄罗斯的脸上"贴金"，而他们所依据的不过是庸常惯见的谎言和伪说。

从 1947 年到 1953 年，苏联正式发起"反世界主义运动"。这场运动的主要目的是将俄罗斯民族描绘成苏联兄弟民族和整个世界民族中最杰出的民族，有能力主导全球，执世界牛耳。在这种背景下，文学作品和历史作品中只要出现稍有不同的意见，就会受到尖锐的批评。

"反世界主义运动"逐渐演变成一种社会文化孤立政策，同时摧毁了西方文化的神话。作家们开始在同行的作品中寻找线索，其中凡是正面提到西方的，他们就会撰文严厉抨击（就连"杰克·伦敦是个好作家"这样近似于箴言的表述，也会被视为崇洋媚外）。从本质上看，这一时期的"反世界主义运动"就是 20 世纪 30 年代肃反运动的第二波次。并不是所有人只是受到谴责或被禁业这样简单的处罚——有些人甚至被关进了劳改营。

那个时期的文学作品中，但凡写及"外国"，只能看到一幅幅消极晦暗的画面：颓废的美国、悲惨的法国和贫穷的英国。

这场运动也波及了科技发展史领域。苏联开始从方方面面积极寻找证据，证明俄罗斯某项发明具有"优先地位"，也就是在世界范围内享有首创地位，可以冠以"历史上第一……"名号的发明。如果某项发明的首创地位无论如何都和俄罗斯的科学家或工程师扯不上关系，对这样的发明就只字不提。

早在 20 世纪 50 年代中期，"反世界主义运动"时期的许多书籍和文章就被真正的历史学家扔进了历史的垃圾堆，任其灰飞烟灭。但这些书籍和文章编造出来的美丽童话，还是流传开来，进入了学校教科书。

我可以举一个典型的例子来说明，这也是一个流传甚广的传闻，说世界上第一架水上飞机是俄罗斯工程师德米特里·帕夫洛维奇·格里戈罗维奇（Дмитрий Павлович Григорович）1913 年的发明。事实是，而且这也不是什么秘密——格里戈罗维奇的第一架 M1 飞行艇是仿制产品，是在俄军购买的法国量产唐纳－勒韦克 A 型水上飞机基础上改制的飞机。M1 问世时，有几家公司正在大规模制造浮筒水上飞机。世界上第一架水上飞机是亨利·法布尔（Анри Фабр）（1910 年）设计的 Hydravion（法语水上飞机的意思），第一艘飞行艇是美国人格伦·柯蒂斯（Гленн Кёртис）设计的柯蒂斯 F 型飞机（Curtiss Model F）（1911 年）。格里戈罗维奇当然也是一位颇有实力的工程师，设计了一系列非常有意思的飞机，但臆造出的"格里戈罗维奇传奇"，无疑是 20 世纪 40 年代末最无耻的"往自己脸上贴金"的伪说之一。

那个时期的现代科学也成为重灾区：国外主要科学期刊的文章都遭到口诛笔伐，基本上被清出了图书馆，送到专门的储藏库存放。这些举措严重阻碍了苏联科技的发展。

不管怎样，我把所有的争议和伪说分为了两组。本书这一部分讲述的发明故事，都是真实存在的发明，只不过在"反世界主义运动"时期，我们在其中的首创地位成了全民的精神财富。在本书的最后一部分，我会戳穿一些彻头彻尾的伪说，将那些根本就不存在的"发明"真相大白于天下。

继续我们的发明之旅吧！

第 38 章

波尔祖诺夫与瓦特之争：蒸汽机

苏联时期几乎所有的教科书（也包括一些当代教科书）都声称，早在瓦特之前，俄罗斯机械师和工程师伊万·伊万诺维奇·波尔祖诺夫（Иван Иванович Ползунов）就发明了蒸汽机。"那纽科门怎么说？"博学的读者或许会问。"萨弗里又算怎么回事？"那我们就来探讨一下，到底谁才是蒸汽机真正的发明人。

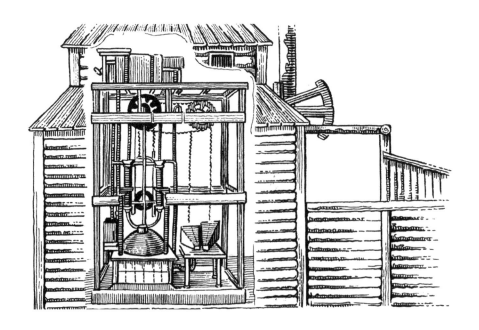

1698 年 7 月 2 日，英国机械师托马斯·萨弗里（Томас Севери）获得了一项"新发明"专利，"这项发明旨在利用火产生的驱动力来提升水位，或者为各类工厂生产提供推动力。这项发明将使矿坑疏干、城市供水以及没有固定水源和风车的生产作业极大受益"。把萨弗里专利的标题翻译过来，大致就是这么一个意思，其中隐藏的含义说白了就是：托马斯·萨弗里申请了有史以来第一台蒸汽泵的专利。

萨弗里其人和萨弗里之前的事情

萨弗里发明的设备中没有汽缸。代替气缸的是由 2 个相连的缸体组成的系统。第一个缸体相当于锅炉，其中的水加热到沸点，蒸汽被释放到第二个罐体——相当于泵罐。然后，将冷水倒入泵罐，蒸汽瞬间凝结，罐内压力降低。有意思的是，假使是萨弗里提出了汽缸的概念，那他完全可以造出真正意义上的发动机：也就是泵罐从腔室里吸出空气并将汽缸向自身方向拉动。但萨弗里并没有走到那一步：蒸汽被释放后，他的设备把水吸进已经没有蒸汽的空间，然后再把水从另一侧排出去。

毫无疑问，萨弗里的泵是一种非常原始的装置，效率极低，热损失巨大。尽管如此，它肯定可以被称为历史上第一台有实用价值的蒸汽机。到1702 年的时候，已经建成了好几台全尺寸泵，其中一些成功地用于伦敦的城市供水系统，毕竟不管怎样，机械的力量总是比人的双手的力量更加实用和强大。不过，萨弗里的动力机在矿井中就不那么好用，1705 年，在使用萨弗里泵抽取大量矿井水的作业中发生了爆炸。

有意思的是，如果说到蒸汽机的原型机，其实在萨弗里之前就已经出现了。其中最有名的是汽转球——亚历山大里亚的希罗的蒸汽涡轮机。希罗早在公元 1 世纪就对这种装置进行过描述。他的系统是一个绕轴旋转的球体，配有 2 个排气管通往不同的方向。球内装满了水，水被加热时，从管子里喷出的蒸汽推动球体旋转，这其实就算是喷气式涡轮机了。

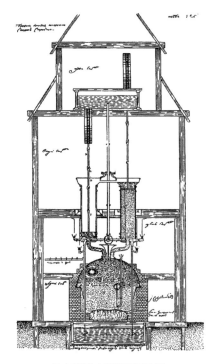

波尔祖诺夫蒸汽机示意图

资料来源：P.S. 库德里亚夫采夫《物理学史》，第 1 卷，《从古代物理学到门捷列夫》，俄罗斯苏维埃联邦社会主义共和国教育部国家教育和教学出版社，1948 年

后来，英国历史学家，马姆斯伯里的威廉（1090—1143）描述过赫伯特管风琴，这是安装在兰斯（Реймс）一座教堂里的乐器，乐器内部的空气被从底部供应的蒸汽推动着流动。再之后，列奥纳多·达·芬奇描述过蒸汽炮。然后，在 1551 年，奥斯曼科学家塔基尤丁·阿什－沙米（Такиюддин аш–Шами）设计了一种原始的蒸汽涡轮机，与希罗的系统相似。17 世纪，意大利人乔瓦尼·布兰卡（Джованни Бранка）和英国人约翰·威尔金斯（Джон Уилкинс）发明了类似的系统。

1606 年，西班牙天才机械师杰罗尼莫·德·阿扬斯－博蒙特（Херонимо де Айянс–и–Бомон）的发明和萨弗里的设计最为接近。他一生共获得 48 项皇家特许权，涉及各类系统，大都与水有关，如潜水服、水坝等的原创性设计。他还发明了一台蒸汽泵，用来抽取矿井水，比萨弗里早了 92 年！阿扬斯－博蒙特管理着西班牙在南美的所有矿井（至少 550 座），并对采矿业进行了多项技术改进。他于 1613 年去世，没来得及造出一台真正的发动机，这项发明留下来的只有一纸专利。

最后，我还要提到法国著名的数学家丹尼斯·帕潘。1680 年，他发明了汽缸蒸汽泵，并申请了专利。事实上，帕潘造出的是一台真正的单缸蒸汽机。这台设备有实用价值，但问题是帕潘没有想到可以采用独立的锅炉产生蒸汽、直接加热汽缸。帕潘设计的缺点是设备损耗高、效率极低。不过这位法国科学家是第一个使用安全阀的人。后来，在阅读了萨弗里的论文后，帕潘意识到自己的错误，他新建了几个系统，并改进了萨弗里的泵。然而，由于一开始的错误做法，丹尼斯·帕潘不能称为蒸汽机最早的发明人。

虽然一路磕磕绊绊，但在多位科学家和机械专家的努力下，蒸汽泵诞生了。剩下的问题就是蒸汽机了。此时距离伊万·伊万诺维奇·波尔祖诺夫出生还有 30 年的时间。

二号人物——纽科门

萨弗里的成就与其说是造出了蒸汽泵，不如说是推动蒸汽泵在工业中得到实际应用，而不仅仅是把蒸汽泵当作发明家放在实验室里的好玩的摆件。这个领域里的下一位重要人物是英国人托马斯·纽科门（Томас Ньюкомен）。

1712 年，他发明了一台蒸汽机，可以说是汇集了帕潘、萨弗里及其前辈发明成果精粹的集大成之作。纽科门的设计中引入了"活塞缸"的原型系统（这是帕潘的创想），这个系统可以在锅炉形成的低压作用下运动（萨弗里的创意）。由此制成的泵能够将水提升到远远超过萨弗里系统 9 米极限的高度，性能也更加可靠。1715 年，康沃尔郡的威尔·沃尔矿井中至少有一台这样的泵。

出现了两个问题：一个是法律问题，还有一个是技术问题。第一个问题是萨弗里的专利措辞含糊不清，内容包罗万象，而且该文件早在 1733 年就失效了。纽科门与萨弗里非常熟稔，说服了后者允许自己建造类似的机器，名义上还是萨弗里的专利，这意味着纽科门和萨弗里是一种合作关系。技术问题仍然是效率低和损耗严重。

不过，纽科门的泵系统比萨弗里的设备完善了许多，因此在英国国内外非常畅销。纽科门的泵系统问世的时候，距离伊万·伊万诺维奇·波尔祖诺夫出生还有 14 年的时间。

瓦特还是波尔祖诺夫？

事实上，在不同的时代和不同的国家，有许多人完善了纽科门系统，并在其基础上建造了各种蒸汽机。如果把这些设备都列出来就太乏味了，毕竟，这不是一本关于蒸汽应用历史的书！目前我们只对两个人感兴趣：詹姆斯·瓦特和伊万·波尔祖诺夫。

詹姆斯·瓦特 1736 年出生在苏格兰格里诺克（Гринок）一个富裕的中产阶级家庭，他父亲是一名船东，也是小城的"贝利"（类似于郡长的行政司法长官，我就不深究苏格兰的法律体系了）。最初是家里人教瓦特读书识字，后来等他再长大些，就送他到格林诺克文法学校上学，18 岁时瓦特去了伦敦，在那里学习了机械和锻造，并立志成为一名仪表制造师。父亲也支持瓦特的职业选择。瓦特后来想在格拉斯哥（Глазго）开办自己的企业。由于没有手工业者同业公会的会员资格，他遇到了一些麻烦，但格拉斯哥大学后来聘请瓦特担任科学和测量仪器师，瓦特的事业因此没有荒废。正是在格拉斯哥大学，年轻的机械师第一次见识了纽科门的蒸汽机。那是 1759 年的事。大约在同一时间，他也终于创建了自己的公司，生产各种工具，很快赚得钵满盆满。

伊万·波尔祖诺夫 1728 年出生于叶卡捷琳堡的一个军人家庭，比他的英国同行早出生了几年，他的教育情况和瓦特类似。一开始的时候，波尔祖诺夫在叶卡捷琳堡冶金厂附属的矿业学校学习。按照现在的说法，叶卡捷琳堡冶金厂是城市支柱企业，纳税大户。我记得，叶卡捷琳堡于 1723 年建城，就是为这座新工厂而建，专门为工厂提供各种服务。后来，波尔祖诺夫接受上岗培训，然后跟随尼基塔·巴哈列夫（Никита Бахарев）学习技艺，尼基塔·巴哈列夫是乌拉尔多家工厂的首席机械师，擅于设计和制造各种机床和工具，是很有名气的设计师和机械师。也许在当时，有机会跟

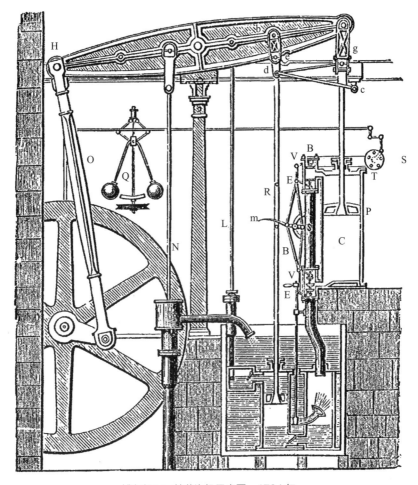

博尔顿和瓦特蒸汽机示意图，1784 年

资料来源：罗伯特·瑟斯顿《詹姆斯·瓦特和他的发明》，D. 阿普尔顿公司，1878 年

随名师学艺，在俄罗斯已经是最好的技术教育方式了。

　　1747 年，波尔祖诺夫开始在巴尔瑙尔铜冶炼厂工作。刚进厂的时候，他只是一名技师，后来成为冶炼炉的主管，还负责组织各种生产活动等。波尔祖诺夫的上司很看重他，认为他技术全面，是个全能型的专家和组织者，他干过各种各样的工作，有时候和技术几乎不沾边（例如，1758 年，他率领一支商队护送 24 千克黄金和 3400 千克白银前往圣彼得堡）。

在帝都，波尔祖诺夫有生以来第一次看到他无数次在书中读到的蒸汽机（他很早就开始抄书，凡是他能搞到的技术书还有图纸和用图说明，几乎被他抄了个遍）。1717 年彼得大帝下令在彼得霍夫安装萨弗里的泵，用来给喷泉泵送水。

请注意：在此之前，波尔祖诺夫和瓦特的人生轨迹几乎是平行的。这两个人都是各自领域的佼佼者，都是优秀的工程师和机械师，几乎同时对蒸汽机产生了浓厚兴趣。

生不逢"地"

不幸的是，阻止波尔祖诺夫继续前行的唯一阻碍——是他的祖国。他生逢其时，出现在蒸汽机的时代，但他生不逢"地"，出现在一个没有发明权保护的国家。

伊万·伊万诺维奇·波尔祖诺夫在 1763 年完成了蒸汽机的设计，他采用了自己独特的设计方法，同时借鉴了纽科门、萨弗里等人的发明，博采众长，波尔祖诺夫也发现了一些改进方法。波尔祖诺夫的设备类似于纽科门系统，属于大气式蒸汽设备，也就是利用蒸汽提升活塞，但是活塞在大气压力下会下降。然而，和前辈们不同，波尔祖诺夫发明了一种双缸结构，使机器可以连续运转。当蒸汽抬起一个汽缸，另一个汽缸就会下降，一上一下，节奏均匀。波尔祖诺夫将这个看似简单的思想进行了实际应用，这在世界科学和技术史上还是第一次。

波尔祖诺夫的项目非常幸运。借著名工程师、俄罗斯采矿业中央机构——矿务总局——主席伊万·安德烈耶维奇·施拉特尔（Иван Андреевич Шлаттер）之手，发明的图纸和说明文件被直接送到了叶卡捷琳娜二世的御案上。更令人惊讶的是，这些图纸和文件给女皇留下了深刻印象（很可能，其中不无施拉特尔的功劳）。波尔祖诺夫得到了全权委托：不仅获得了 400 卢布资金（这在当时是一笔可观的数目），并有权雇用任何人来制造原型设备。

在 1764 年到 1766 年的两年里，波尔祖诺夫造出了他的设备，历史上第一台双缸发动机。发明家也没有放弃往复运动的想法，只是没有想到将往复运动转换为旋转运动。在波尔祖诺夫的系统中，活塞轮流摆动大摇臂，带动泵工作。此外，即使按照现代方式重建波尔祖诺夫的系统，要准确计算出波尔祖诺夫系统的规模还是相当困难的。我们只能推算波尔祖诺夫的系统高约 12 米，气缸高约 3 米。

根据波尔祖诺夫的设想，摇臂可与矿石熔炼设备的风箱相连，或与抽水泵相连，这意味着摇臂有一定的通用性。发动机功率为 32 马力（这在当时同样是一个惊人的数字。顺便说一下，"马力"一词最初是由托马斯·萨弗里发明的，后来经詹姆斯·瓦特推广成了技术术语）。1766 年 5 月 6 日（旧历 27 日），也就是发动机首次试运行前几个月，伊万·伊万诺维奇·波尔祖诺夫死于肺痨，时年 38 岁。

生不逢"地"的弊端开始显现出来。如果波尔祖诺夫生活在英国，那么他的事业一定后继有人，无论继承者是其他发明家、敌人、竞争对手，还是他的学徒或追随者，总会有人沿着他开创的道路前行。在工业革命时期，英国的每项专利都伴生了众多的改进和新发明，如同百花园中的鲜花，从来不是孤独一枝，而是满园春色。但在 18 世纪的俄罗斯，工业资本主义是一种奢谈，更没有保护发明权的制度。

波尔祖诺夫去世几个月后，学徒们启动了波尔祖诺夫的设备，它连续工作了 43 天，向熔炼炉输送空气。即使在这一个半月里，这台蒸汽机也已经带来了可观的利润——完全收回了成本。但到了 11 月，出现了任何新设备试用初期都很难避免的"幼稚病"，特别是气缸开始泄漏。机器只好停了下来，但举目四望，在这个国家竟找不到有能力接续波尔祖诺夫事业的人。波尔祖诺夫的学徒们都是籍籍无名的小辈，他们既没有能力筹集资金来建造一台新设备，也没有技术能力修复旧机器。14 年后，巨型泵被拆除、熔化，直到 19 世纪俄罗斯才开始购买瓦特最早期的蒸汽机系统。

瓦特的命运

此时詹姆斯·瓦特正在思考。起初，他和早先的纽科门一样，设想综合帕潘系统和萨弗里系统所长。1763 年，他在格拉斯哥大学接受了一项工作——修复一台使用中出了故障的纽科门泵。在修理过程中，他想出了一些弥补机器缺陷的方法——从那时起，他就全身心地开始研究蒸汽作用原理。

1766 年，他造出了自己的第一台发动机，和波尔祖诺夫的设备一样，也是大气式蒸汽发动机，但型式是单缸的，带有隔离蒸汽冷凝室（这大大提高了设备效率）。瓦特作为土木工程师，后来与大实业家马修·博尔顿（Мэттью Болтон）合作，博尔顿此后多年一直为瓦特的研究发明活动提供资金。1775—1776 年，瓦特以自己的名字为第一批工业蒸汽机命名。现存最古老的瓦特蒸汽机被称为"老贝斯"（Old Bess，1777 年），现在保存在伦敦科学博物馆。

在 1775 年掀起的蒸汽机浪潮中，人们对这种新设备的兴趣陡然强烈起来，俄罗斯政府邀请瓦特到圣彼得堡工作，并提供了一份长期优惠合同（后来也多次邀请）。但博尔顿意识到瓦特的价值，绝不愿意失去他，最终说服瓦特留了下来。伊拉斯谟斯·达尔文（Эразм Дарвин）是瓦特的朋友，他给瓦特写了封有趣的书信，在信中，他真诚地恳求他的朋友不要离开，不惜拿出俄罗斯熊还有其他种种关于那个北方遥远国度的可怕传闻来吓唬瓦特。

经过近 20 年的开发研究，1782 年，詹姆斯·瓦特为自己发明的系统申请了专利，这个系统后来成为整个工业革命的基石——第一台双动式蒸汽机。我得提醒一句，到目前为止，所有发动机都是清一色的大气式蒸汽发动机：蒸汽只朝着一个方向（向上）推动活塞运动。当时也出现了卧式气缸——其中活塞的反向行程是由飞轮来保证的，也就是说，仍然只有一个行程可用。瓦特还申请了一项专利，这个专利系统可以利用蒸汽在两个方向上推动活塞运动，不仅极大地提高了功率和效率，同时也减轻了蒸汽机的重量，使蒸汽机有可能按比例缩放。波尔祖诺夫将自己的装置设计得如此庞大，部分原因就是为了获得高功率，因为在大气压的作用下，活塞的行程直接取决于其重量。

正是双动蒸汽机成就了 19 世纪的技术进步：船舶、蒸汽机车和制造业中，无处没有蒸汽机的身影（在某些地方，至今仍在使用这样的蒸汽机）。瓦特真的推动了世界前行。

如果一切可以重来

如果波尔祖诺夫能活得更久一些，他一定会得出和瓦特一样的结论，蒸汽机就会从俄罗斯大踏步走向世界。如果当时的俄罗斯不是自行其是、故步自封，不是把发明家当作离奇古怪的小丑，波尔祖诺夫就会有后继者来完成他未竟的事业。那么，他的发明创造，即使说不上超越时代，至少也是符合时代发展的，他的发明创造就不会沦落为百无一用的玩件，湮没在历史的洪流中。欧洲人很晚才了解到波尔祖诺夫的发明，那时，装配瓦特小型蒸汽机的火车已经在铁路上高速行驶。

1825 年仿造的波尔祖诺夫蒸汽机模型，现保存于阿尔泰国立地方史博物馆，至今仍可使用。可惜啊！历史从来不做假设。

第 39 章

亚历山德罗夫斯基与怀特黑德之争：
鱼雷

凡是与俄罗斯科学家和设计师相关的俄语参考文献中，提到鱼雷发明者的时候，上面必然赫然写着伊万·费多罗维奇·亚历山德罗夫斯基（Иван Федорович Александровский）的名字。但在国外文献中，英国工程师罗伯特·怀特黑德才被认定为鱼雷的发明人。到底谁才是鱼雷真正的发明人？孰对孰错？

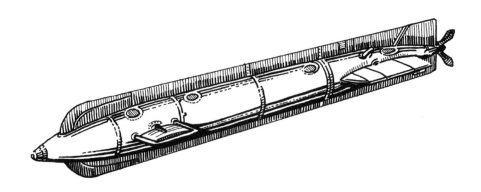

首先，"鱼雷"本身在怀特黑德和亚历山德罗夫斯基之前就已经存在。这里的鱼雷，所指其实是原始的海雷，与现代术语中的鱼雷毫无关联。例如，并非籍籍无名之辈的罗伯特·富尔顿（Роберт Фултон）把自己的发明称为"鱼雷"，其实那就是一种固定在船底的定时水雷。

但一般来说，现代鱼雷的起点，即拥有自主推进器并能自行到达目标的水雷，是封锁用的纵火船。这种船型在 16 世纪到 19 世纪非常常见，通常装载炸药和易燃材料。纵火船一般只有几名船员，也就是操纵一艘帆船所需要的最低人数。船员的任务就是把纵火船引向敌舰群（不管火势如何），然后点燃导火索，再驾着小舢板离开。纵火船爆炸后，燃烧的碎片四处飞溅，点燃周围的船只。也有一些纵火船，只要握紧船舵，船就会直奔敌船而去。这些船本质上就是水面鱼雷。

先是英国

英国人罗伯特·怀特黑德 1823 年出生，毕业于曼彻斯特的机械工程师学院，这在当时是一个意义不同寻常的教育机构。学院的创建人是一群学术资助人，学院的性质类似于今天有组织的大师班，机械师和工程师都可以到那里讲课，在实践活动中展示自己的技能，或与同行切磋。机械工程师学院不授予学位，但积极参与社会生活，持有这所学院推荐信的工程师求职时比有正式学位的工程师更有优势。

总之，完成学业后，怀特黑德在法国的菲利普·泰勒父子公司（Philip Taylor & Sons）担任码头工程师，后来又去奥地利和意大利当工程师，最终晋升为意大利最大的蒸汽机和锅炉制造商里耶卡技术中心（Stabilimento Tecnico di Fiume）的经理。1864 年，怀特黑德在那里遇到了乔瓦尼·卢皮斯（Джованни Лаппис），这位奥匈帝国海军军官曾参与开发"海岸防卫者"鱼雷（Salvacoste）。1860 年，卢皮斯将最新型的"海岸防卫者"鱼雷展示给弗朗茨－约瑟夫（Франц-Иосифу）皇帝。鱼雷长 6 米，装有发条马达

（类似钟表发条）和推进器；鱼雷从岸上发射，船上的操作员通过拉动绳索或发送电信号来控制鱼雷，发出"向右""向左"或"爆炸"指令。

但是与怀特黑德相识，对海军军官卢皮斯来说是一个里程碑意义的事件。1866 年 12 月 21 日，两人向奥匈帝国海军高层展示了"水雷船"（Minenschiff）鱼雷。鱼雷长 3.35 米，重 136 千克，携带 8 千克炸药。最重要的是，怀特黑德放弃了操纵鱼雷本身的想法。他设计了一种从船上发射炮弹的系统，就像从火炮中发射炮弹一样。实际上，他还发明了一种只能沿直线运动，并且自带推进装置的水下圆形弹。船只需要实施机动才能瞄准目标——自古以来火炮武器就是这么操作的。发动机是工程师皮特·布拉泽尔胡德（Питер Бразерхуд）按照怀特黑德的订单设计的三缸气压发动机。

早在 1867 年，发明家们就从军队那里获得了 20 万福林的大笔资金，用于启动批量生产，并且接到了第一批订单。但实际上，他们直到 1868 年才开始制造鱼雷，当时怀特黑德为自己设计的鱼雷安装了定深器（一种稳定装置），以及 2 个共轴式推进器。鱼雷获得了完整的外观，此时怀特黑德征得了卢皮斯的同意，占有了全部知识产权。

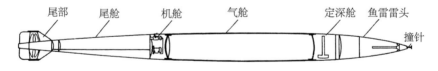

尾部　尾舱　机舱　气舱　定深舱　鱼雷雷头　撞针

1876 年俄罗斯海军列装的怀特黑德鱼雷示意图

资料来源：Yu.L. 科尔舒诺夫，G.V. 乌斯片斯基《俄罗斯海军鱼雷》，汉科角出版社，1993 年

此后 40 年间，罗伯特·怀特黑德不断改进鱼雷、生产鱼雷，完成了大量军用订单，创造了商业神话（在此之前的 1875 年，卢皮斯去世，生前尽享荣华）。多年来，怀特黑德鱼雷已成为英国、法国、德国、奥匈帝国、意大利、比利时、美国、俄罗斯等十几个国家海军的主战武器之一。

你们注意到没有——俄罗斯也购买了怀特黑德鱼雷。亚历山德罗夫斯基去哪儿了？

然后是俄罗斯

伊万·费奥多罗维奇·亚历山德罗夫斯基首先是一名艺术家，其次是一名摄影师。1817 年他出生在库尔兰省米塔瓦（**Митава**）（今叶尔加瓦）的一个小官吏家庭，上过实科学校，1835 年，在征得父亲的同意后，家里资助他到圣彼得堡的帝国艺术学院旁听课程。同时，他以教授绘画、素描和制图为生。亚历山德罗夫斯基终其一生都是一名画家，参加过学院派的画展，虽然他仅在 1857 年获得了非高级画家的级衔（相当于画家中的初级级衔），并在一次例行的学院派画赛中获得了一枚小小的银牌。

19 世纪 50 年代，亚历山德罗夫斯基在涅瓦大街开设了一家摄影工作室。生意很红火，1859 年亚历山德罗夫斯基应邀为皇室制作官方照片。从那时起，他基本上成了宫廷摄影师。事实证明，这种幸运的命运转折在很大程度上确保了他早期发明活动的成功。

与此同时，德国设计师、潜艇建造的先驱威廉·鲍尔（**Вильгельм Бауэр**）与圣彼得堡签订了建造潜艇的合同，用于在涅瓦河河底的作业。1854 年，鲍尔设计的"海上幽灵"（Seeteufel）潜水艇建造完毕。潜艇采用脚踏传动，第一次试验没有成功：15 分钟后艇员们就累得筋疲力尽。随后，鲍尔对这艘艇进行了改进，但由于设计本身不成功，"海上幽灵"从未实际使用过。1858 年前，潜艇又进行了几次试验，但还是以失败告终。

亚历山德罗夫斯基和许多圣彼得堡人一样，亲眼目睹了这个奇形怪状的家伙所经历的"苦难历程"，于是起意建造俄罗斯自己的潜艇。他邀请自己的朋友斯捷潘·伊万诺维奇·巴拉诺夫斯基（**Степан Иванович Барановский**）参加这个项目。巴拉诺夫斯基是语言学教授，与亚历山德罗夫斯基一样，也是一名工程爱好者，专攻常压（即气动）发动机。临近

1862 年的时候，他们设计了一艘潜艇，呈送海军部审议。在遭到断然拒绝后，亚历山德罗夫斯基想方设法争取到面见海军大臣尼古拉·卡尔洛维奇·克拉别（Николай Карлович Краббе）的机会，后者后来将亚历山德罗夫斯基的设计方案面呈沙皇御览。沙皇对亚历山德罗夫斯基很是赏识，资金很快到位。1866 年，亚历山德罗夫斯基在亚历山大二世面前进行了示范性演示，取得了成功。在那个时代，这个项目具有突破性意义。潜艇的外形尺寸尤其惊人：长 33 米，排水量 363 吨，比西方最大的潜艇还要大一倍。

遗憾的是，项目最后无疾而终。不过，亚历山德罗夫斯基还是荣膺了一枚勋章，还获得 2 项奖励，每一项的奖金数都是 5 万卢布（这在当时是非常高额的奖金了。伊万·费多罗维奇摄影工作室每年的收入约为 35000 卢布，已经算是很成功的经营了），这艘艇的试验一直持续到 1871 年。后来，由于使用操作不当，潜艇沉没，打捞上来后就报废处理了。

但当时亚历山德罗夫斯基已经对另一个项目产生了兴趣，那就是鱼雷。

俄罗斯鱼雷

俄语资料也显示，在怀特黑德展示自己发明的鱼雷的前一年，即 1865 年，伊万·亚历山德罗夫斯基向克拉别提交了一个类似的项目。1866 年他将这种鱼雷描述为由压缩空气驱动的类似潜艇的装置。从本质上讲，亚历山德罗夫斯基的设计思路和英国人如出一辙：鱼雷（或者说是电鳐，当时鱼雷和电鳐的写法一样，后来才有了一个字母的差别）只能沿直线前进，初始方向由船只的位置决定。

但问题来了。1866 年，怀特黑德已经展示了雷头装有炸药的鱼雷实物样品，而亚历山德罗夫斯基当时手里只有图纸。也就是说，怀特黑德和卢皮斯至少在 1864 年年末就已经完成了这个项目的开发。

因此，最公允的表述应该是：俄罗斯人和英国人同时独立地提出了鱼雷的概念，而且显然是在同一年提出的。怀特黑德的灵感来源于卢皮斯的

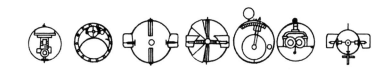

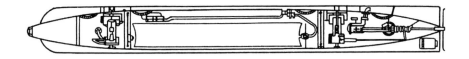

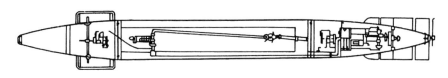

I.F. 亚历山德罗夫斯基的鱼雷示意图，1875 年

资料来源：Yu.L. 科尔舒诺夫，G.V. 乌斯片斯基《俄罗斯海军鱼雷》，汉科角出版社，1993 年

原始设计，而亚历山德罗夫斯基的灵感来源于鲍尔同样原始的潜艇，亚历山德罗夫斯基是在此基础上建造了自己的潜水艇，其先进性已经远非鲍尔的潜艇可比。

然而，伊万·费奥多罗维奇虽然是旷世奇才，但也生不逢"地"。1865年，亚历山德罗夫斯基遭到了克拉别的拒绝，理由是鱼雷技术必须首先在当时在建潜艇上进行试验。1868 年，亚历山德罗夫斯基再次提出书面申请，但直到一年后，当克拉别得知国外不仅发明了鱼雷，而且开始批量生产鱼雷时，才同意发明者先垫资建造鱼雷，随后报销费用。

当时资金严重短缺，优质材料匮乏，找不到所需厚度的铁板，工匠们经常把工作搞砸。结果，2 枚长 6.1 米和 5.6 米的鱼雷直到 1874 年前才完工，当时怀特黑德系统正在迅速占领市场。海军水雷的工作偏偏又是海军少将康斯坦丁·帕夫洛维奇·皮尔金（Константин Павлович Пилкин）负责，他与亚历山德罗夫斯基从 19 世纪 60 年代中期就开始出现矛盾，此后两人关系一直不睦。伊万·费奥多罗维奇在回忆录中称，试验潜艇时，皮尔金是负责喀琅施塔得港口的港务长，在一次试航中，发给艇员的潜水器是残次品。皮尔金因此受到训斥，对亚历山德罗夫斯基心怀不满。这段讲述中，其实有些矛盾之处：皮尔金于 1872 年 1 月 1 日被任命为港务长，潜艇于 1871 年沉没，时间上无法应合。所以皮尔金和亚历山德罗夫斯基之间的矛盾应该不是个人恩怨，或是出于其他什么原因。

尽管亚历山德罗夫斯基的鱼雷在其他方面并不逊色于怀特黑德的系统，但它的航速的确很低。即使是 1875 年的改进型，亚历山德罗夫斯基鱼雷速度也比英国鱼雷速度慢 2 节 [①] 到 6 节。俄土战争迫在眉睫，迫切需要在英国和俄国鱼雷之间做出选择，然后列装。俄罗斯鱼雷的主要捍卫者是克拉别，主要反对者是皮尔金；但在 1875 年，海军大臣的身体状况严重恶化（一年后去世），他的继任者斯捷潘·斯捷潘诺维奇·列索夫斯基（Степан Степанович Лесовский）站在皮尔金一边。他们的立场其实也不难理解：怀特黑德鱼雷在许多性能方面客观上优于国产鱼雷，同样重要的是，怀特黑德鱼雷通过了多次试验，效果不错。

问题是，如果克拉别在 1865 年或最坏的情况下在 1868 年同意为亚历山德罗夫斯基的项目提供资金，那么此时俄罗斯人应该能够拥有堪与怀特黑德鱼雷一争高下的快速、可靠的鱼雷。但迁延拖沓的官僚作风和官员对本国技术力量的不信任导致的结果就是，1876 年俄罗斯还是购买了第一批英国鱼雷并列装部队。

1881 年 3 月，对伊万·费奥多罗维奇一直青睐有加的亚历山大二世皇帝辞世，万事俱休。亚历山德罗夫斯基在海军部一无所获，终是前功尽弃，他的项目被永久地画上了叉号。由于要进行潜艇实验，亚历山德罗夫斯基从 1865 年开始在海军部工作，如今他被海军部解聘，这意味着他每年损失

---

① 节，是船速的单位，1 节 =1.852 公里 / 小时。

5000 卢布，这是他作为公务员的薪酬。而在此前，伊万·费奥多罗维奇已经关了自己的照相馆。直到 1894 年去世，他还不断向海军部呈文，陈述自己的新创意，同时表达申领退休金的愿望。但没有人再去关注和审议他的发明，海军部只提供了一两次救济金，数额微不足道。

就这样，俄罗斯错失了成为第一枚鱼雷诞生地的历史机缘，而怀特黑德不负历史使命，搅动了世界风云。

第 40 章

洛德金与爱迪生之争：白炽灯

　　白炽灯是一项伟大的世界级发明，其意义不输于飞机和无线电。没有明确的答案可以告诉我们，究竟是谁发明了电灯。但在那些无疑为电灯的出现做出了巨大贡献的人物中，我们不能忽视几个俄罗斯人，包括 19 世纪电气工程领域的两位巨人——亚布洛奇科夫和洛德金。

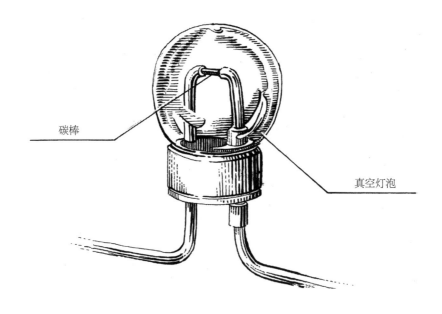

碳棒

真空灯泡

首先，我简要介绍一下时间线。

一切都始于一个英国人汉弗莱·戴维和一个俄罗斯人瓦西里·彼得罗夫。1802 年，他们几乎同时分别向皇家学会和圣彼得堡科学院展示了电弧发光现象。具体细节可以在第 20 章中读到。在这里，我只想指出，戴维和彼得罗夫都没有为他们各自的发现找到任何客观的实际应用，因此他们的实验仍然停留在实验室里的奇观这一层面。

在戴维和彼得罗夫展示电弧发光现象之前，英国物理学家埃比尼泽·金纳斯利（Эбенезер Киннерсли）在 18 世纪下半叶就进行过利用电流将电线加热到炽热、发光状态的实验。总的说来，无论对于电弧灯还是白炽灯而言，发明电灯的先决条件已经具备。

金纳斯利、戴维和彼得罗夫的工作为朝着这个方向的积极探索奠定了基础。1835 年，苏格兰发明家詹姆斯·鲍曼·林赛（Джеймс Боуман Линдси）在邓迪（Данди）的一次公开演示中，用一根炽热的螺旋线照亮了自己周围的空间，报纸写道，林赛在完全黑暗的环境中，凭借螺旋线的光亮阅读了一本放在 45 厘米开外的书。林赛是个不拘小节的人，他甚至没有像样地描述过他大部分的发明（这些发明涉及各个领域），更不用说申请专利了。他把电灯实验很快就抛到了脑后，在邓迪的演示只成为历史上的一桩奇趣之事。

三年后，比利时摄影师和平版印刷师马塞林·约伯达尔（Марселлен Жобар）获得了世界上第一个多少具有一些现代样貌的白炽灯泡的专利。约伯达尔发明的是一种玻璃球形灯泡，里面的空气被吸走，用碳丝作了灯丝体。约伯达尔是一位在多个领域都很有成就的科学家，他的 73 项专利分别涉及弹道学、运输、食品工业等领域，电灯只是他众多爱好中的一个。他没有在这个方向继续探索，最后也没有去申请专利，因为他最初就是想将电气照明用于摄影。但由于耗电量巨大，发光度差，他认为这个项目不值得继续深挖。

1840 年，英国物理学家和天文学家沃伦·德拉鲁（Уоррен де ла Рю）用铂金丝取代了碳丝，造出了第一只发光强度足以使之具有实用意义而不仅限于技术演示的电灯。问题是铂金的成本过于昂贵：没有人愿意规模化生产这种造价的电灯。一年后，另一位英国人弗雷德里克·德莫林斯（Фредерик де Молейнс）申请了铂金灯（铂金灯丝）的设计专利。五年后，美国人约翰·惠灵顿·斯塔尔（Джон Веллингтон Старр）和爱德华·金（Эдвард Кинг）申请了电灯专利（前者是一名技术人员，后者是他的商业伙伴）。

我为什么要讲述这段历史？是因为，所有这些事件发生在三个人出生之前，而这三个人在不同的资料中都以这样或那样的方式被称为电灯的发明人——我说的三个人分别是亚历山大·洛德金（Александр Лодыгин）、帕维尔·亚布洛奇科夫，当然还有托马斯·爱迪生。有一个有趣的巧合：这三个人都是 1847 年出生的。

要有光！

洛德金的发明

从时间轴来看，这三个人里，亚历山大·尼古拉耶维奇·洛德金是最早开始认真从事电力工程研究的。他出身贵族，但家境平平，不太富有，而且从他一出生，他的人生道路就已经被安排好了——从军。他先是在坦波夫，然后在沃罗涅日的武备学校念书，然后到第 71 别廖夫步兵团服役，之后他去莫斯科步兵士官学校学习工程专业（今阿列克谢耶夫军事学校）。毕业后洛德金的心思并不在军事上，只想尽快退役。23 岁那年，洛德金退役。从 1871 年起，洛德金专攻电气工程，同时开始旁听圣彼得堡实用技术学院的课程。

在随后的数年中，洛德金不仅开发了他自己设计的以碳棒为灯丝体的电灯，而且还在俄罗斯、法国、英国和其他一些欧洲国家申请了专利。特别是，他不仅想到从灯泡中抽取空气，还想到用惰性气体填充灯泡，从而提高灯丝体的照明性能，使结构更加耐用。1873 年，亚历山大·洛德金的电灯照亮了帝都圣彼得堡的街道，宣告了洛德金的成功：他的电灯持续亮起 1000 小时！他的发明成果受到圣彼得堡科学院的关注，科学院给了他一笔奖励金，但总体上资金缺口还是很大，俄罗斯第一家照明公司"俄罗斯洛迪金和 K° 电气照明合伙公司"很快就破产了。

1884 年，由于资金问题，前途渺茫，还有政治局势的恶化（彼时皇帝亚历山大二世刚刚遇刺身亡，政府开始对民粹党人进行报复性迫害，而洛德金与民粹党有着千丝万缕的关系），他离开了俄罗斯。他先去了法国，然后到美国在乔治·威斯汀豪斯的公司工作，洛德金在那里取得了非凡的成就。威斯汀豪斯作为爱迪生最重要的竞争对手，总是乐于雇用能够巩固公司地位的工程师。后来他雇用了尼古拉·特斯拉并利用他赢得了著名的"电流之战"。

1906 年之前，洛德金往来穿梭于纽约和巴黎之间——为设计越来越新颖的照明系统申请专利。在此期间，他在法国创办了一家灯具公司，参加了几次世界博览会——总的来说，他过着积极向上的生活并取得了巨大的成功。但是洛德金作为商人却不善经营，他个人开创的许多产业都以破产告终。1906 年洛德金遭遇了最后一次破产，他只能回到俄罗斯，国内早就向他发出过邀请，毕竟洛德金那时已经是世界知名的电气工程师。

洛德金一生中最活跃的时期是 1892 年至 1897 年这几年。在这 5 年中，他获得了 3 项重要的美国专利，第一项是金属灯丝白炽灯的设计，奠定了他在这一领域的首创者地位，第二和第三项是通过采用新材料，进一步丰富了第一项的内容。钼、铂、铱、钨、锇和钯灯丝都属于洛德金的发明，最终都归爱迪生的通用电气公司（General Electric）所有，因为亚历山大·尼古拉耶维奇回俄罗斯前卖掉了他的专利。钨丝灯专利是洛德金最重要的专利，也是他获得的第一个美国专利（1893 年）。时至今日，钨仍然是制作灯丝的主要材料，正是洛德金的发明使电灯具有了现在的面貌。发明家离美回国后，通用电气公司开始规模生产钨丝灯。

革命爆发前，洛德金在俄罗斯又生活了几年，在亚历山大三世圣彼得堡帝国电工学院 [今圣彼得堡国立技术大学（列宁格勒电工技术学院）] 任教，积极参与了国家的电气化建设，特别是铁路建设，1917 年他回到美国，在那里受到了热烈欢迎。

总而言之，洛德金在电器照明历史上有两个主要创新。在 19 世纪 70 年代，他是第一个用惰性气体填充灯泡的人，在 19 世纪 90 年代，他是第一个使用金属灯丝特别是钨丝的人。

现在我们再来说说亚布洛奇科夫！

亚布洛奇科夫发明了什么？

帕维尔·尼古拉耶维奇·亚布洛奇科夫在 19 世纪 70 年代中期（在洛德金之后稍晚一些时间）加入了"电灯竞赛"。更确切地说，他是在阅读了洛德金实验的相关报道后对这一领域产生了兴趣。

他的命运多多少少和自己的同行也有相似之处。破落的贵族家庭，拥有不多的地产，然后是在萨拉托夫男中读书，之后又去了尼古拉工程学校，这是一所军校，但也培养民用领域专家。1866 年亚布洛奇科夫从学校毕业，被授予工程少尉军衔，分配到了基辅要塞，在第 5 工兵营服役。和洛德金一样，亚布洛奇科夫也无心在军队发展，1872 年，他 25 岁的时候，就找机会退役了。在此之前，他已经因健康原因离开过一段时间，后来又重新回来服役，重要的是，他在电镀技术服务队服役了 2 年。亚布洛奇科夫被派往喀琅施塔得的电镀技术学院（今军官电工技术学校）进修。学院的毕业生在军队中一般从事与电力有关的各项工作，包括远距离地雷引爆，以及各种设备的小型维修。

退役后，亚布洛奇科夫和洛德金一样，开始研究电气照明问题，只不

过时间要晚一年半。但亚布洛奇科夫
决定另辟蹊径，他认为电弧灯比白炽
灯更有效。事实证明，他没有错。

以19世纪70年代初的技术水
平，生产的白炽灯确实不是很亮，而
且根本不耐用。但电弧灯可以照射出
强烈、稳定的光线，接近于日光。而
且结构更简单，性能更可靠，价格更
低廉。不过，随着技术的不断发展，
它们在"电灯竞赛"中彻底落败，当
然，那是后来的事情。

当时制造的电弧灯的问题是，照
明器内有一个电极间距调节器。因为
在工作过程中，产生电弧的碳棒经常
烧坏，为了保持碳棒间距一致，必须
不断手动拧调节器。亚布洛奇科进行
首次公开实验时，演示了给铁轨照明
的碳弧灯，实验中正是他本人手动调

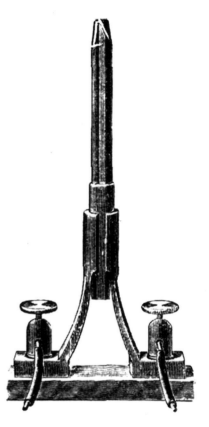

P.N. 亚布洛奇科夫的弧烛，1876年
资料来源：文章《电气照明领域的成功和
P.N. 亚布洛奇科夫的功绩》，《科学与生活》
杂志，1890年第39期

节碳棒间距。也有许多设备可以实现调节过程的机械化，但多数情况是，
机械调节设备非常复杂，性能也不可靠。亚布洛奇科夫给自己设定了一个
目标：设计出不需要调节器的电弧灯。

1875年，亚布洛奇科夫去了法国，开始在著名物理学家和发明家路
易·弗朗索瓦 – 阿尔方斯·宝玑（Луи-Франсуа-Альфонса Бреге）的实验室
工作，他是著名的"宝玑"手表创始人阿伯拉罕 – 路易·宝玑（Абрахама-
Луи Бреге）的孙子。在公司蓬勃发展的同时，路易将大量时间用于科学和
技术研究，尤其是电气工程领域的研究，而不是制表业。多数情况下，亚

布洛奇科夫不是与路易本人，而是与路易的儿子，他的同龄人安托万（宝玑家族企业的共同所有人）更容易找到共同语言。

正是在法国，帕维尔·亚布洛奇科夫于1876年3月发明了无调节器电弧灯并获得专利。这种电弧灯的原理非常简单：电极不是"面对面"排列，而是平行排列，电极之间被一层惰性但相对容易蒸发的材料隔开，例如高岭土、白黏土等。电弧只在电极尖端产生。随着电极不断燃耗，电弧的高度越来越低，绝缘层不断汽化——直至全部蒸发。亚布洛奇科夫最早研制的电弧灯大约能照明一个小时，而且，如果一旦熄灭，就不能重新亮起，也就是说，彻底报废。使用寿命虽然短，但电弧灯的亮度却是惊人的——洛德金当时发明的白炽灯与电弧灯的亮度相比，简直是云泥之别。

同年，宝玑资助帕维尔·尼古拉耶维奇带着他的电弧灯参加了伦敦的一个展览，"亚布洛奇科夫弧烛"引起了轰动。半年时间内，相继成立了好几家生产"弧烛"的工厂；法国和英国公司争相从发明家那里购买电灯的生产许可——这种电灯结构简单、异常明亮。你们或许会问："怎么会这样，毕竟这种电弧灯只能燃烧几个小时？这管什么用？"。当然管用。在那个年代，蜡烛是主要光源——一根蜡烛也烧不了多长时间，烛火不仅昏暗，而

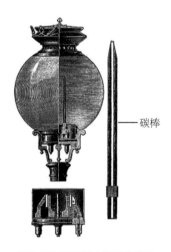

碳棒

P.N. 亚布洛奇科夫发明的弧烛

且易燃，非常危险。"亚布洛奇科夫弧烛"尽管工作时间不长，但是毕竟已经燃亮，而且如此明亮！

亚布洛奇科夫电弧灯最初用作路灯。人们都错误地认为第一个安装"亚布洛奇科夫弧烛"的城市是巴黎，实际上是洛杉矶——洛杉矶先声夺人，在电弧灯亮相伦敦博览会上后、规模化生产开始前就在城市街头燃起了电弧灯。1878 年 5 月 30 日，围绕着巴黎歌剧院、星形广场凯旋门周边的几条街道都亮起了电弧灯，1881 年世界博览会期间，"亚布洛奇科夫弧烛"的灯火照亮了整个城市的主干道。与此同时，伦敦安装了 4000 多盏电弧灯，美国各地共安装了 13 万盏电弧灯！不过，这项发明有两个缺点。先说第一个，这是次要缺点，就是亮度太强，一般适合宽阔的大路、主街照明，但不适用于窄巷小街或门廊入口。第二个缺点，也是主要问题，就是灯的寿命短，因此需要相当数量的路灯工人来更换灯的电极。

早在 1879 年，纽卡斯尔（Ньюкасл）就安装了英国发明家约瑟夫·斯旺（Джозеф Суон）研制的最早一批白炽路灯。到 19 世纪 80 年代中期，爱迪生公司的电灯在亮度方面可以与"亚布洛奇科夫弧烛"相媲美，成本更低，工作时间长达 1000 小时——短暂的电弧灯时代就此终结。但电弧灯在世界范围内开启了电气照明的新时代。

同时，亚布洛奇科夫还致力于其他发明：他研制了结构新颖的交流电发电机、变压器和其他许多系统。曾经风头无两的电弧灯风光不再，亚布洛奇科夫逐渐失去了"明星"的光环，他的身体也每况愈下。他两次中风，1894 年死于心脏病，当时还不到 50 岁。

令人感叹的是，许多年后，电弧又以氙气灯的面貌回归了电灯世界。氙气灯现在广泛用作闪光灯、投影仪、舞台照明和汽车头灯。

爱迪生发明了什么？

托马斯·阿尔瓦·爱迪生也发明了电灯。最重要的一点，他第一个意识到，如果不采用经济的方法，整个电灯史诗将失去所有的意义。

　　1878 年爱迪生着手解决这个问题的时候，"亚布洛奇科夫弧烛"正在高歌猛进，占领全球市场，而洛德金还没有在俄罗斯"加紧"生产他研制的电灯。所以，爱迪生的主要竞争对手不是这两个俄罗斯人，而是前面提到的英国人约瑟夫·斯旺。爱迪生和斯旺的工作几乎同步展开——1878 年秋，他们都各自造出了碳丝白炽灯。斯旺没有试图打破电弧灯在街道照明中的垄断地位，而是将目标客户锁定为私人定制客户，斯旺的照明灯更加柔和，噪音更低。他自己的房子成为世界上第一个采用电灯照明的房子。1881 年，斯旺为威斯敏斯特（Вестминстер）著名的萨沃伊剧院安装了白炽灯。这是第一个采用这种类型照明的公共场所。

爱迪生的电灯

　　爱迪生拥有庞大的员工队伍和可观的经济实力，他用自己惯用的方法进行了大规模的实验。他的员工尝试了大约 6000 种（！）不同形状和材料的灯丝配置——爱迪生最终在 1879 年获得了"照明改进"专利。1880 年，他发明的电灯安装到"哥伦比亚"号蒸汽船上，这是世界上第一艘采用电气照明的轮船。

爱迪生发明的竹丝灯是最高效的灯——可以持续照明约 1200 小时——但爱迪生最终还是选择了碳丝灯，它的照明时间约为 300 小时，但价格便宜得多。爱迪生接受了多次采访，花费了数万美元做广告，在他成功运作之下，实现了市场对他的电灯的巨大需求，最终在几年内设法将电灯的成本从 1.25 美元降至 0.22 美元。随后，爱迪生不得不同意与斯旺公司合并，以便在欧洲市场开拓业务——爱迪生和斯旺电灯公司（Edison and Swan Electric Light Company）由此诞生。

1882 年 9 月 4 日，爱迪生第一批 400 盏白炽灯照亮了纽约。这是电弧灯的终结，但却是一个新时代的开始。爱迪生公司后来购买了洛德金的钨灯丝专利，朝着未来又迈出了一大步。

那么，电灯究竟是谁的发明？

电灯是你们在这一章读到的所有人的共同发明。还有大约 50 个人，我在这里没有提到。俄罗斯人取得了两项重大突破：一个证明了城市电气照明具有发展前景，二是使白炽灯具有了现代面貌。但如果没有爱迪生，洛德金的钨丝灯不太可能在 20 世纪初就得到如此迅速的普及。

令人郁闷的是，为了使自己的发明成果能够产生实际效用，俄罗斯在照明领域的两位先驱无奈之下只能移居海外，这种情况已经不是第一次发生。他们制造的第一盏灯不是在圣彼得堡或莫斯科点亮，而是照亮了巴黎、伦敦和洛杉矶的街巷。

电灯不是某一个人的发明，而是全人类的共同发明。

第41章

波波夫与马可尼之争：无线电

俄国人认为无线电是亚历山大·波波夫的发明；意大利人则认为古列尔莫·马可尼才是发明人；在印度人看来，无线电的发明人是贾格迪什·钱德拉·博斯（Джагадиш Чандра Бос）；德国人坚持认为无线电是海因里希·赫兹（Генрих Герц）的发明成果；就连白俄罗斯人也有自己心目中的无线电发明人——雅科夫·纳尔克维奇·约德科（Яков Наркевич Иодко）。谁对谁错呢？谁才是最早的发明人？谁是这项改变世界的技术的创造者？答案再简单不过：上面这些说法都不错。

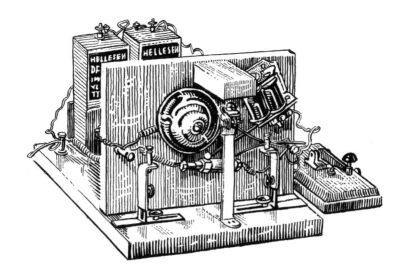

1895 年 4 月 25 日（旧历 5 月 7 日），亚历山大·波波夫在俄罗斯物理化学学会物理学部的一次会议上展示了他的无线电接收器。一方面，这一事件发生在马可尼获得专利之前，这就是俄罗斯始终不承认意大利人是无线电首创者的原因。另一方面，我们从来没有注意到，尼古拉·特斯拉的专利（马可尼的专利和特斯拉的专利完全相同）早在两年前就已经存在。马可尼的所作所为并不干净：他通过法院判决，从塞尔维亚人特斯拉手中抢走了专利权，从而"挤占"了特斯拉首创者的地位。如果单从时间先后来看，在众多的发明人中，波波夫绝无可能排在第一位。

但正如我在本章开篇所言：无线电是典型的共同发明。19 世纪末，技术的发展已经步入无线通信时代——无线电的问世是技术发展的必然结果。因此，无线电的发明是全世界几十位科学家共同努力的结果。波波夫为无线电的发展所做的工作远远超过了他的许多同行，就贡献而言，波波夫理当名列前五，但称他是无线电的唯一发明人也是完全错误的。

理论推广

丹麦物理学家汉斯·克里斯蒂安·奥斯特是最早发现电与磁场关系的人（之一），时间是在 1820 年，他用一根带电金属线使罗盘针发生了偏转。然而，在他的实验之前，亚历山德罗·沃尔塔（Алессандро Вольта）、乔瓦尼·多梅尼科·罗马尼奥西（Джованни Доменико Романьози）和其他科学家已经做过类似的实验。

然后，在 19 世纪 30—40 年代，两位伟大的物理学家同时研究了这个问题，他们是英国人迈克尔·法拉第和美国人约瑟夫·亨利（Джозеф Генри）。前者发现了电磁感应并描述了电磁场现象，后者发现了自感应并设计了继电器，一种在提供脉冲时关闭或断开电路的装置。19 世纪 60 年代，另一位科学巨匠，苏格兰人詹姆斯·克拉克·麦克斯韦（Джеймс Клерк Максвелл），用清晰的数学方程说明了电磁场理论。

1866 年，美国牙科医生马龙·卢米斯（Мэлон Лумис）在历史上首次提出了一种无线通信的方法。原则上讲，卢米斯可以视为无线电思想的孕育者。卢米斯不是像法拉第或麦克斯韦那样的天才物理学家，他并没有注意到他的许多想法的奇妙之处。特别是，他认为信息和能量都可以通过带电的大气层传输（尽管当时根本不知道无线电波的存在）。1872 年，卢米斯获得了无线电报的专利，比另一位业余物理学家威廉·亨利·沃德（Уильям Генри Уорд）晚了三个月。两个人的专利完全一样。目前还搞不清楚谁窃取了谁的成果，但事实是，这两项专利都涉及大气电的使用，而且都是纯理论性的——没有任何关于实现无线通信的设备的说明，仅仅包含了对这种做法的假定可能性的计算。

请你们记住这些名字：卢米斯和沃德。他们是思想的创造者，也可以说是创意者。

从言语到行动

下一个卷入无线电之争的是著名的亚历山大·格雷厄姆·贝尔（Александр Грэм Белл）和托马斯·阿尔瓦·爱迪生。前者因电话而成名，在 1880 年与他的同行查尔斯·萨姆纳·泰恩特（Чарльзо Самнер Тейнтер）一起申请了光电话的专利，这种装置可以通过光远距离传输信号。从本质上讲，用光束代替电，是贝尔对电话的进一步创新。光电话被视为光纤通信的先驱。1885 年，爱迪生建造并测试了一种能够通过水传输信号的装置，并获得了专利。这种装置的实际用途令人怀疑，因为传输会受到许多干扰，而且无论如何，它只适用于船舶之间的通讯。

还有其他几个热心的业余爱好者和专业人士（水平参差不齐）也进行了一些尝试，但在卢米斯和沃德之后，实现下一个重大飞跃的是伟大的德国物理学家海因里希·鲁道夫·赫兹（Генрих Рудольф Герц）。1885 年，赫兹在卡尔斯鲁厄理工大学担任教授，开始积极研究电磁波，或者更准确地说，他研究的是一种当时尚未被科学理解的东西，"电磁波"是后来定义的名称。赫兹的研究主要是为了理论上的目的：他研究了麦克斯韦方程，该方程用数学的语言对电磁场进行了说明，赫兹用实际的方法验证了麦克斯韦方程。海因里希·赫兹为此制作了两台仪器，严格地说，这两台仪器应该被视为无线电领域最早的实物体现——无线电发射器和无线电接收器。振动器，也称赫兹天线，是由两根铜棒组成的振动电路，相当简单，它能够通过 2 个黄铜球之间的跳火花产生电磁振荡。在此我不做详细说明，但请相信我（或在网络上查找方案），你们可以在 10 分钟内用手边的材料做成这样的振动器。

接收器，即谐振器，并不复杂——也是一个带有火花间隙的框架。当振荡器产生高频振荡时，火花会在谐振器中跳过。因此，赫兹证明了不用电线也能传输能量，并证明了波的存在，他称之为电动波。他在 1888 年发表了这些研究结果，然后详细研究了电磁波，证明了电磁波与光波的相似性，并推导出一系列方程。

没有赫兹的发现，就没有无线电，但他自己的故事却以极其令人沮丧的结局告终。在一次讲座上，一位听众向赫兹询问了电动波的问题："我们知道波是存在的。接下来再做什么？"赫兹回答说："我想，没什么可做的了。"他真的不认为自己的发现会有什么实际应用。海因里希·鲁道夫·赫兹于 1894 年 1 月 1 日死于韦格纳肉芽肿，时年 36 岁。韦格纳肉芽肿是一种急性循环系统疾病，当时无法治愈。

无线电时代终于来临

赫兹的发现开创了无线通信时代。在 1894 年至 1900 年期间，许多科学家和工程师都推出了自己的无线电系统，有数十项专利问世，出现了数百次的演示。关于那一时期的情况，可以单独写成一部十卷的书，但我会尽量把最主要的信息放在下面短短几段文字中。这里，我只介绍其中几位知名度最高的发明家。

　　首先要提到的是尼古拉·特斯拉。1889 年，他对赫兹的发现产生了兴趣，作为一个具有多方面天赋的奇才，他在接下来的几年里开发出了新的发射器和接收器，并在 1891—1893 年他著名的公开讲座中多次展示了无线能量传输。1898 年，他建造了有史以来第一艘无线电控制船模型，他认为在美西战争中这种设备应有用武之地，但他还没有开始公开演示，战争已经结束，这艘船始终无所用，只成了一件稀奇物件（现保存于贝尔格莱德的特斯拉博物馆）。这位塞尔维亚天才有两个问题。首先是他的性格问题——他很难持久地做一件事情，比如说，他是在同一时间并行开展了发动机和 X 光机的开发工作。他实际上是世界上第一个在公开讲座中成功演示无线传输的人，但他并没有把这些当回事儿，因此，直到 7 年后的 1900 年他才获得专利，但那时已经有点晚了。第二个问题是，特斯拉在科罗拉多斯普林斯实验室研究大气电时错误地得出结论，认为地球周围有驻波可以传递信息和能量，而赫兹的电磁波只是一个特例。接下来著名的沃登克里弗塔开工建设，特斯拉永久地退出了“无线电竞赛”。

　　第二位我们要提到的发明家是奥利弗·洛奇（Оливер Лодж）。这位著名的英国物理学家与赫兹同时进行了电磁波研究，洛奇原则上也可能成为电磁波的发现者，但他的成果出来得稍微晚了一些。与赫兹不同，他认为电磁波具有应用价值。1894 年 6 月，洛奇在牛津举行的英国科学协会会议上演示了赫兹信号的长距离传输，并使用他自己设计的系统作为接收器，这台接收器包含的主要元器件是金属屑检波器。金属屑检波器是一种电阻，可以根据外部因素（特别是在无线电信号的影响下），采用两个极端电阻值中的一个数值。有意思的是，金属屑检波器是 1890 年由爱德华·布兰利（Эдуард Бранли）发明和研制的，他是法国人心目中的无线电发明人。布兰利是第一个将“无线电”作为术语应用于技术的人，他最初称自己的金属屑检波器为无线电导引器。洛奇制作的金属屑检波器在电磁波的作用下，可以接收两个电阻值中的一个，这样就能以二进制代码传输信息，简单说，就是可以用摩尔斯电码拍发信息。但有意思的是，洛奇并没有进一步续写这个故事，没有为自己的发明找到实际的用途，这是我在下面将要讲到的问题。

1894 年 11 月，和洛奇同时开展研究的孟加拉国伟大的物理学家贾格迪什·钱德拉·博斯在加尔各答展示了他自己设计的金属屑检波器系统。展示的时候，在他的操控下，放在远处的铃铛摇响、手枪开火、火药起火。他是第一个接收到短波辐射的人（其他人使用的都是长波），还发明了许多我们现在所熟悉的无线电组件。

从事相关研究的还有西班牙人胡里奥·塞维拉·巴维耶拉（Хулио Сервера Бавьера）、巴西神父兰德尔·德·莫拉（Ланделл де Мора）、美国人约翰·斯通·斯通（Джон Стоун Стоун，我没有写错，他的名字就是这样）和后来因发明阴极射线管而成名的德国人卡尔·费迪南德·布劳恩（Карл Фердинанд Браун）。尽管同一时期的研究人员和发明家有不少，但"波波夫与马可尼"之争是最著名的历史性争议话题，也是我们讨论的重点。

俄罗斯人和意大利人之争

为了这个话题，历史上已经争得死去活来，我都有些不好意思重提这个事端。该写的都写完了，该讨论的都讨论罢了，该厘清的细节也都厘清了。下面我所写的，只是简短的材料汇编。我想再强调一点，这一整章讨论的不是语音无线电，而是无线电报，即信号编码的传输。

1895 年，亚历山大·斯捷潘诺维奇·波波夫 36 岁。神父的儿子，出生于彼尔姆省，上过神学院，后来从圣彼得堡大学物理学数学系顺利毕业，成为一名教师，同时也进行电学领域的各种实用性研究。

从 1889 年开始，波波夫就像世界上所有思想前卫的物理学家一样，在讲座中展示了赫兹的实验，但在 1895 年，当波波夫理解了洛奇的系统后，他对无线电波的应用产生了兴趣。1895 年 5 月 7 日（旧历 4 月 25 日）波波夫在圣彼得堡大学举行的俄罗斯物理化学学会会议上展示了他的发明——这一天后来被俄罗斯和一些东欧国家定为无线电发明日。

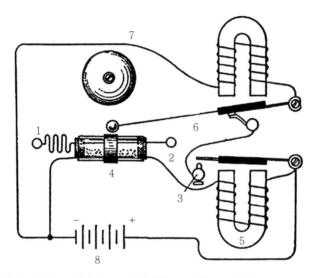

1—4. 金属屑检波器组件；5. 继电器；6. 接触弹簧；7. 电铃；8. 电池

A.S. 波波夫的无线电接收器原理图，1895 年

重要的是要理解一点，波波夫的设备就是洛奇的设备。波波夫按照洛奇发明成果的样式和近似设计造出了自己的设备（波波夫从未隐瞒这一点），他只做了一个原则性的修改。事情是这样的，洛奇的系统是"一次性系统"。接收器记录电磁波，布兰利金属屑检波器改变电阻，为了"归零"需要对其进行物理振动，使构成导管内主要内容物的金属屑恢复到原来的位置和电阻。为了接收信号序列，洛奇使用的是自动敲击器，不断敲击管子，瞬间将信号"归零"，防止信号变短或变长。就是因为这一点，也妨碍了使用完整的摩尔斯密码。

波波夫想出了"反馈"的方法。信号到达的瞬间，不仅金属屑检波器的电阻发生变化，电铃的继电器和敲击管子的敲击器也被触发。也就是说，归零不是永久性的，而与信号有关。这样就可以在信号之间任意停顿，从而有效地使用二进制代码。

但是，波波夫和他所有的前辈一样，不知道出于什么原因，也没有将该设备专门用于通讯。他把自己发明的设备和打字机连接起来，从而发明了雷电计，也就是记录雷电的仪器。接收器可以记录雷暴时的闪电，还可以记下电击的时刻。圣彼得堡林业研究所气象站安装了波波夫的雷电计，后来，又有其他气象站定制了同样的设备。

这个时候，古列尔莫·马可尼加入了战团。1895 年的时候，这位意大利发明家只有 21 岁。他家境殷实，是个神童，曾在博洛尼亚大学以及佛罗伦萨和里窝那（Ливорно）的学院学习。

1896 年 7 月，马可尼在英国首次演示了他的系统，同时申请了专利。像波波夫和洛奇一样，马可尼没有另起炉灶，而是利用了前人的工作成果。马可尼的发射器采用的是意大利电磁波研究者奥古斯托·里吉（Аугусто Риги）的球形振荡器（里吉不在无线电发明者之列，他基本上算是实验科学家）。马可尼的接收器又对波波夫的成果有所借鉴，但又增加了一些元器件进行了改进，提高了信号质量和接收距离。1897 年 7 月 2 日，马可尼成为第一个获得无线电专利的人。

接下来事情的发展，就是陷入了典型的俄罗斯发明怪圈。当积极进取的马可尼如果不是每个月，至少也是每年都在对系统进行改进（有时那些改进根本不是他的创念）、做大量的宣传，并与各国政府签订无线电合同时，波波夫本来比马可尼早一年完成了发明，占有先机，但是直到 1897 年 12 月，波波夫才传输了第一条连贯的讯息，请注意，是讯息而不是抽象的无线电信号。

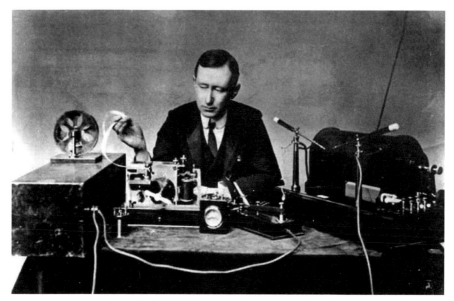

工作中的古列尔莫·马可尼，《世界工作》杂志，1903 年

资料来源：《世界工作》杂志，1903 年

　　马可尼的展示令人印象深刻。1897 年 5 月 13 日，马可尼在水面上发出了历史上的第一条无线电讯息。那是一句询问："准备好了吗？"讯息从英国南威尔士海岸的弗拉特岛经布里斯托尔湾发出。后来，马可尼的设备可以生成强信号，1898 年，马可尼发送了第一条跨越英吉利海峡的无线电讯息，1899 年，马可尼在美国对"美洲杯帆船赛"进行了转播（向岸上的记者传输信息），引起轰动。后来，到了 20 世纪，马可尼是第一个跨越大西洋传输信号的人。与此同时，马可尼在他的发明生涯中也干了不少龌龊的事情，卷入了许多官司。我们前面提到的特斯拉就和马可尼因为首创者身份的事情打过官司，结果败诉（特斯拉的美国专利被撤销，马可尼的权益得到了维护）。

苏联纪念邮票，1959 年

1943 年，马可尼去世后，美国最高法院又剥夺了马可尼公司的多项专利，支持已故的特斯拉、洛奇和前面提到的斯通。但马可尼在 1897 年获得的第一项专利，也是他最主要的专利，却无可挑战。还有一件事情值得注意：包括俄罗斯在内的一些国家拒绝注册马可尼的专利，理由是波波夫比他更早地提交了一些报告和研究成果。

波波夫怎么样了？1896 年 3 月 24 日，波波夫在俄罗斯物理化学学会的一次会议上再次展示了他的系统，这一系统非常接近马可尼此后不久申请专利的系统，但波波夫没有发送连贯的无线电报，更重要的是，没有申请原创专利。不过，波波夫也非常积极地推广自己的发明，1898 年波波夫系统开始了小规模生产。陆军部队和海军舰船都安装了波波夫的无线电接收器，后来他获得了政府的高额发明奖励。此外，1901 年夏，波波夫获得了无线电信号音频接收器专利。这位俄罗斯工程师的助手们发现，在某些条件下，金属屑检波器可以将传入的信号转换成耳朵能听到的低频信号。波波夫进一步改装了接收器，用电话听筒取代了继电器——现在电报员可以接收到"点划相间"系统，也就是说，除了视觉上的信息外，还可以听到一组点击声。

被加拿大视为无线电发明人的雷金纳德·费森登（Реджинальд Фессенден）与波波夫同期也进行了类似的实验。1900 年 12 月 23 日，费森登使用变频器在 1.6 千米的距离内进行了有史以来第一次成功的话音传送。随后，他多次改进系统，1906 年他的系统获得了高质量的声音，那一年的圣诞节期间他进行了历史上第一次语音广播，接收器可以在指定范围内接收到。遗憾的是，亚历山大·波波夫没有看到这令人惊喜的一幕，他在 1905 年 12 月 31 日（旧历 1906 年 1 月 13 日）因中风去世。

究竟是谁发明了无线电？应该将亚历山大·斯捷潘诺维奇·波波夫排在这个名单的哪个位置？波波夫当然应该排在靠前的位置。波波夫和洛奇、特斯拉、赫兹、马可尼、费森登一起为无线通信的出现和发展做出了贡献，他理应跻身无线通信事业最伟大的推动者之列。他的发明基于洛奇系统，而马可尼的发明又以波波夫的系统为基础——也就是说，这是一条连续不断的链条，所以不应该认为无线电是纯粹的俄罗斯发明，同样，在俄罗斯发明史上，也有其他一些发明并不属于某一个人，而是共同属于几个有相互承继关系的发明家。所以，波波夫当然不能被称为毫无争议的无线电唯一的发明人，就这一点而言，其他人也不例外。

　　附言：在前文中，我提到过白俄罗斯无线电发明家雅科夫·奥托诺维奇·纳尔克维奇·约德科。我觉得应该简单介绍一下我的这位同乡。他是明斯克省人，在巴黎接受的教育，回国后在国内积极投身科学事业，有所成就。他的科研成果包括大量的电、电磁现象研究，气象学著作，以及生理学和医学论文。纳尔克维奇·约德科在国外也享有盛名，他的成果经常被欧洲顶级科学期刊引用。他主要从事电生理学领域的研究，但在此过程中，他于 1890 年发明并研制了一型雷电计——他的雷电计比波波夫的雷电计更加简单，约德科在自己建造的气象站使用了自己发明的雷电计，结果表明，他的雷电计性能优良。约德科的气象系统没有得到很好的后续开发，但他发明雷电计这一事实足以使这位科学家与其他无线通信的缔造者相提并论。

第 42 章

莫扎伊斯基与莱特兄弟之争：飞机

在苏联，如果有人提出"谁发明了飞机"这个问题，那么唯一的答案就是："莫扎伊斯基！"什么莱特、桑托斯－杜蒙，以及迪·唐普尔、汉森，统统不在标准答案之列。莫扎伊斯基是飞机制造史上具有开端和终结意义的人物。我无意贬低他在技术上的天赋，但我要坦率地说：莫扎伊斯基几乎在任何方面都不是第一，也不是唯一。在莫扎伊斯基之前，飞机已经发明和建造出来了。在莫扎伊斯基之后，飞机实现了升空、在天际翱翔。尽管如此，亚历山大·费多罗维奇（Александр Федорович）莫扎伊斯基的发明成果仍然是俄罗斯发明史上可圈可点的一页。

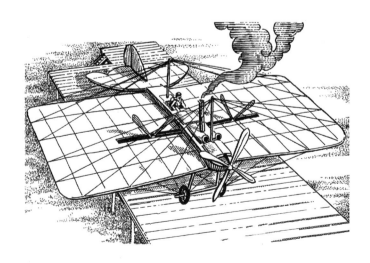

我们最先要提到的是乔治·凯利（Джордж Кейли）爵士，一位杰出的工程师、物理学家和探险家，正是有赖于他，比空气重的飞行器才有可能问世。1799 年，年轻活泼的凯利创造了历史上最早的"飞行器"概念，在他的理解中，这样的飞行器具有刚性机翼和独立的机械化元件，用于升空和改变飞行方向。1804 年，凯利建造了历史上第一架滑翔机，起初还只是模型，凯利多次放飞这个模型，后来又造出一些类似布局、结构的滑翔机。1809—1810 年，他出版了第一部飞行器空气动力学著作《论空中导航》（*On Aerial Navigation*）。经过多年的理论和航空模型研究，1848 年，凯利造出了世界上第一架载人全尺寸滑翔机；它的飞行员兼乘客是一个在历史上没有留下名字的孩子。

英国工程师威廉·汉森（Уильям Хенсон）和约翰·斯特林费洛（Джон Стрингфеллоу）向着飞机的出现又迈近了一步。1842 年，他们为一架成熟的蒸汽飞机申请了专利。他们立下的远图宏志是：要让他们的飞行器"阿拉伯羚羊"号定期从法国飞往埃及。他们甚至注册了世界上第一家航空公司——航空运输公司（Aerial Transit Company），但发明家甚至无法做到让他们的蒸汽飞机模型起飞。两位工程师后来分道扬镳，1849 年，汉森和他的家人移居美国，再也没有回归航空业。

斯特林费洛单枪匹马地实现了他们两个人未曾实现的目标。1848 年，斯特林费洛将翼展约 3 米的实用蒸汽动力模型飞机放飞，创造了新的历史，这个时间与凯利的全尺寸滑翔机升空的时间差不多。斯特林费洛多次改进自己的系统，1868 年他在当年的世界博览会上获得了一枚奖章，但他从未造出过全尺寸飞机。斯特林费洛的蒸汽无人飞机现保存在伦敦的科学博物馆。

第一架真正意义上的飞机是由法国航空先驱、海军军官费利克斯·迪·唐普尔·德克鲁瓦（Феликс дю Тампль де ла Круа）建造的。1857 年，他用蒸汽动力模型重复了斯特林费洛的实验，同年他获得了全尺寸蒸汽飞机的专利，并于 1874 年公开展示了他的"单翼飞机"（Monoplane），公众对此惊叹不已。这架重 80 千克的轻型飞机翼展 13 米，由迪·唐普尔亲自设计的蒸汽机驱动。1878 年，德克鲁瓦的飞机在巴黎世界博览会上展出，成功起飞后，离地高度达到 10~20 米，但对于真正的飞行而言，这个高度还是太低了。

这一切都发生在莫扎伊斯基之前。

但我们不应该贬低莫扎伊斯基的功绩。从凯利到 20 世纪 10 年代，所有的航空先驱都是天才和英雄。他们通过反复试验，不断试错，突破了一个完全未知的领域。没有人真正知道最后的成功会是什么样子。因此，出现了闭环翼机、带有类似于轮船叶轮的可移动"翼"旋翼机，根据翅果①原理工作的单桨旋翼微型飞行器。英国工程师霍雷肖·菲利普斯（Горацио Филлипс）认为，升力取决于机翼的数量，而不是机翼的形状，他那架巨大的"两百翼飞机"是继 1907 年莱特兄弟首飞后第一架在英国起飞的飞机。

莫扎伊斯基也在此类航空先驱之列。当时人们对空气动力学（主要是凯利的研究成果）的了解非常贫乏，技术也相当薄弱，所有的开拓都如盲人摸象一般，猜测、摸索着前行，莫扎伊斯基也是在这样的知识和背景下，决定开始对航空这样一个艰深而重大领域的探索。所有这些人，包括迪·唐普尔、莫扎伊斯基、让－马里·勒布里（Жан-Мари Ле Бри）、阿尔方斯·佩诺（Альфонс Пено）和维克多·塔廷（Виктор Татен）——都出生得太早，没有赶上航空时代，却成为第一批扑火的飞蛾、第一批勇敢的探路者，以便后来人能够踩着他们的肩膀向上攀行。这是一个令人激情澎湃又略有伤感的比喻，我很喜欢。

从事航空研究之前的莫扎伊斯基

写莫扎伊斯基的文章和书籍太多了，我甚至不知道，在这里是否有必

---

① 翅果是一种干果。翅果的形状使得风能将果实带到很远的地方。

要花费笔墨。反正在他的生平中，我没有任何新的发现。不过，记述他的故事的文字中，充满了神话、传说和夸张。所以，如果你们在网上看到这样的标题，《亚历山大·莫扎伊斯基——世界上第一架飞机的发明人》，还是立刻关闭窗口吧。如果标题就是胡说八道，那么文章还有什么可看的。

不过，莫扎伊斯基在从事航空研究之前的人生经历，绝对称不上"充满神秘的谜团"。1825 年，莫扎伊斯基出生于维堡附近罗琴萨尔姆镇（Роченсальм，今属芬兰）一个海军军人的家庭，祖上几代都在海军服役。后来，莫扎伊斯基去圣彼得堡的海军武备学校学习，之后在海军服役了很长的时间，军衔不断晋升，服役的地点也不断变换，他在多艘舰船上都工作过。巡航战船、斯库纳型帆船、84 炮炮艇、军用轮船、克利珀型帆船等——莫扎伊斯基曾在几十艘舰船上服役，1863 年莫扎伊斯基调离现役部队，开始从事办公室的文职工作。

19 世纪 70 年代初，他开始关注航空科学。他制作风筝，进行试验，探索不同形状的翅膀对升力的影响。在这一点上，应当说，莫扎伊斯基是领先于汉森和迪·唐普尔的：汉森和迪·唐普尔试图复制鸟翼的形状（他们说，鸟具有飞行能力），莫扎伊斯基放弃了模仿的想法，并提出，要想产生升力，靠的不是仿造，而是计算。这是莫扎伊斯基的突破——他是最早突破了以仿制鸟翼为基础制造飞行器机翼这一思想束缚的人，不是"唯一"而是"之一"。莱特兄弟后来证明，他开创的道路是正确的。

1876 年，莫扎伊斯基辞去公职，一直生活在沃洛格达（Вологда）附近祖上留下的庄园里。那个时候，他最需要的就是造飞机所需的时间和安静的环境。他要造的是货真价实的飞机。

滑翔机与经济实力

毫无疑问，莫扎伊斯基是了解费利克斯·迪·唐普尔·德克鲁瓦飞机的。即使他在着手自己研究的时候还不知道，但在 1878 年世博会之后，他肯定是知道的，这一点确定无疑。他本人没有去巴黎，但他订阅了世界各地的各种技术书籍和期刊，迪·唐普尔的飞机（就像斯特林费洛的飞机模

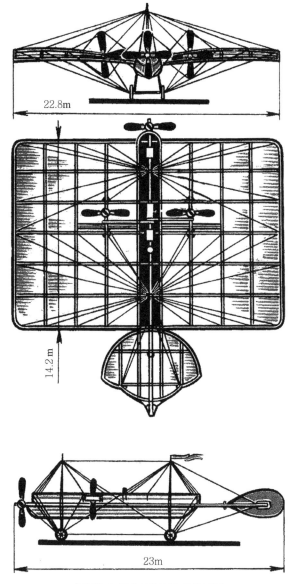

复原的 F. 莫扎伊斯基飞机设计图

资料来源：B. 沙夫罗夫《1938 年苏联飞机设计史》，莫斯科：1978 年（根据发明人专利中的图纸制作）

型和勒布里的滑翔机一样）是一个重大事件，受到所有技术记者的关注。

　　莫扎伊斯基走的是和其他人一样的道路。1876 年，他制造了他的第一个模型。模型有 3 个螺旋桨，由发条马达驱动——最初采用的是扭转的橡皮筋，第二代——采用的是时钟弹簧。模型飞行顺利完成。莫扎伊斯基准备好所有必要的文件，将项目呈送著名的军事工程师兼陆军部浮空飞行委员会主席爱德华·伊万诺维奇·托特列边（Эдуард Иванович Тотлебен）伯爵审议。

　　那个时候，1877—1878 年的俄土战争正在酝酿之中，所以军事发明和研究很受欢迎。莫扎伊斯基的创意为委员会提供了空中观察敌方阵地的思路，发明家获得了 3000 卢布——相当可观的一笔资金——用于进一步的研究和开发。这笔款项中有相当一部分被莫扎伊斯基拿出来用于维持家庭和庄园的开支，因为亚历山大·费多罗维奇当时已经退出公职，没有稳定的收入来源。他继续从事发明，开发了升降舵的设计，总体上开创了机翼机械化的先河，他设计的翼形在某种程度上与现代飞机已经接近。

　　但后来莫扎伊斯基就不再那么走运。他申请了 18895 卢布的新拨款，用于建造和测试全尺寸飞机。这份申请书由机械师和工程师赫尔曼·叶戈罗维奇·保克尔（Герман Егорович Паукер）领导的委员会审议，保克尔是出了名的保守派，还崇外贬内，在捧高国外权威的同时打压本国权威。这个项目最后遭到拒绝，原因正是我在前文说明的莫扎伊斯基的突破。突破在先进者眼中是打破常规，在保守者眼中就是离经叛道。当时国外的设计方案有两种倾向，要么是安装可扇动机翼的扑翼机，要么是模仿鸟类身体形状的飞机。从委员会的角度来看，莫扎伊斯基飞机采用扁平、简约的机翼，是一种从根本上错误的思路。莫扎伊斯基把官僚机关的门槛都快踩破了，他不断呈送自己的申请书，呈送部门的级别越来越高，但终是枉然。于是他决定走一步险棋，但这也是他唯一可行的一步：自掏腰包造飞机。当时，他基本没有什么积蓄。

俄罗斯飞机

1879 年，莫扎伊斯基重回军队服役，并在他的母校海军武备学校找到一份教官的工作。他不仅有了晋升官阶的通道，也能够为造飞机积蓄财力。同时，他也没有放弃申请资助。他的行为得到了一些权贵的支持：海军大臣斯捷潘·斯捷潘诺维奇·列索夫斯基就力挺莫扎伊斯基，在列索夫斯基的帮助下，财政部拨出了 2500 卢布用于莫扎伊斯基购买动力装置之需。莫扎伊斯基亲赴美国，后来又去英国与目标承包商商谈订单，1881 年 5 月 21 日，2 台英国蒸汽机——分别为 10 马力和 20 马力的阿尔贝克尔（Ahrbecker）和索恩 - 哈姆肯斯（Son & Hamkens）——交付圣彼得堡。同年，莫扎伊斯基获得了自己所设计飞机的专利权，他第二次退役。应当说，如果没有这份专利，我们对莫扎伊斯基飞机的设计将几乎一无所知；这份专利至今仍是我们最主要的信息来源，因为军队对这架真正意义上的飞机的所有信息都严格保密。

亚历山大·费多罗维奇发起了一场真正的、完全意义上的众筹运动。他通过朋友和熟人、浮空飞行爱好者和技术资助人筹集了一笔资金。有钱的出钱，没钱的出力。在经济上无法提供帮助的也对莫扎伊斯基提供了实际的帮助，特别是波罗的海造船厂厂长米哈伊尔·伊里奇·卡济免费为莫扎伊斯基制造了一些零件。宫廷事务及皇室领地大臣、亚历山大三世的密友伊拉里翁·伊万诺维奇·沃龙佐夫 - 达什科夫（Илларион Иванович Воронцов-Дашков）带着莫扎伊斯基的申请书和相关文件面呈皇帝，但有人悄悄向沙皇进言，说飞行器可能被革命者利用，沙皇于是拒绝拨款资助。莫扎伊斯基只好抵押了他所有的一切，从庄园到怀表。

在我们还没有讲完的这个故事的后续部分，许多重要时间节点的日期就颠三倒四、乱成一团。许多资料都显示，那一年的 7 月，莫扎伊斯基的飞机进行了第一次也是唯一的试飞，但这种说法的可信度不高，因为 1883

年2月，俄罗斯帝国技术协会委员会才成立，莫扎伊斯基发明的评估是由这个委员会完成的。那一年的11月9日，著名的扑翼机支持者弗拉基米尔·德米特里耶维奇·斯皮岑（Владимир Дмитриевич Спицын）在科学协会一次非常正式的大会上做报告称，莫扎伊斯基的飞机已经建成，但尚未进行试验。

试飞观摩极有可能是在1884年夏或1885年夏正式举行的。造成时间错乱的原因不仅是因为项目的保密性，还因为莫扎伊斯基显然是在没有委员会代表在场的情况下，在更早的时候测试了轨道发射台和飞机推力，这些信息有时也出现在试验报告中，从而与主体试验的日期混为一谈。

歪曲历史的最大"功臣"是"反世界主义运动"时期的苏联历史学家切列姆内赫（Черемных）和希皮洛夫（Шипилов）。在两人合著的《A.F. 莫扎伊斯基——世界上第一架飞机的缔造者》（1949年出版）一书中，他们言之凿凿地指出确切的试验日期（1882年7月20日）以及由飞行员伊万·戈卢别夫参与试飞的事实。1956年，这本书的不实之处被治学更为严谨的历史学家布尔切（Бурче）和莫索洛夫（Мосолов）的一篇文章击得粉碎。我们摘引了这篇题为《反对歪曲航空史》的文章的部分内容："根据比对一些间接资料，A.F. 莫扎伊斯基飞机的试验时间是在1884年。" I.F. 希皮洛夫和N.A. 切列姆内赫以什么为依据确定了1882年7月20日这个日期？他们将飞机的试验时间确定为"伊林节"前。"伊林节"是"十月革命"前俄罗斯浮空飞行者的节日。后来他们又搜集了红村（Красное селе）和杜杰尔戈夫（Дудергоф）的几名居民的签名，据称这些人是这一事件的"目击者"。但特别委员会的调查显示，"飞行目击者"没有看到任何试验：按时间推算，其中几个目击者在1882年的时候还是两三岁的孩子，另外几个目击者甚至还没有出生！无论是试验日期还是勇敢试飞的英雄机械师，这些人都是臆造出来的。N.A. 切列姆内赫和I.F. 希皮洛夫还引用了一段话，称这是莫扎伊斯基在飞行前发表的演说词。事实上，这些话

并非出自莫扎伊斯基之口，而是基于维克多·雨果（Виктор Гюго）1864
年年初写给法国浮空飞行家费利克斯·纳达尔（Феликс Надар）的书信改
写的文字，这封信的摘录内容被 K. 魏格林（K. Вейгелин）《飞行史纪事》
一书（1940 年出版）所引用。总而言之，这本书讲述的根本不是历史，而
是纯粹的科幻。但到目前为止，N.A. 切列姆内赫和 I.F. 希皮洛夫那本书的
摘选内容，还在俄罗斯互联网（RuNet）上占据了半壁江山。

　　不管怎样，在某一年的夏天，在圣彼得堡郊区红村附近的一个军事区，
第一次也是最后一次展示了莫扎伊斯基设计的飞机——这是历史上第二架
比空气重的全尺寸飞行器。在陆军部和俄罗斯帝国技术学会委员会高级官
员在场的情况下，某位机械师（可以肯定的是，驾驶飞机的不是莫扎伊斯
基本人，但这位机械师究竟是何许人，目前已不得知）操纵飞行器从轨道
上加速、起飞，并完成了短时飞行。飞机滑翔了几十米落地，落地时单侧
机翼着地。莫扎伊斯基的机翼由木头和油布制成，以这种方式着陆后，当
然全都断裂了。

A.F. 莫扎伊斯基的飞机，1882 年

资料来源：《先锋飞机：1914 年之前的早期航空》，普特南飞机历史系列丛书，普特南航空图书
公司，2002 年

但是在 1906 年 10 月 14 日阿尔贝托·桑托斯 – 杜蒙进行了那次著名的公开飞行之前，轨道是将比空气更重的飞行器发射到空中的唯一方式。桑托斯 – 杜蒙的 14bis 飞机是同类飞机中第一架自主起飞飞机，也就是不再依赖轨道起飞；在 1909 年前，莱特兄弟的飞机也凭借导轨起飞的。由此巴西人至今仍在与美国人争夺飞机制造领域的首创地位。

莫扎伊斯基飞机最核心的问题是发动机动力不足。蒸汽机根本不是飞行器动力装置的最佳选择，如果想缩减飞行器的直线尺寸，蒸汽机就显得大而无当，笨重且功率不足。历史上唯一飞行过的蒸汽飞机是贝斯勒兄弟（Бесслер）1933 年建成的"空速 –2000"（Airspeed 2000），这是多年以后的事情，但也不过是一次有趣的实验而已。

试验结果令各方都不满意——无论是发明家本人还是军队官员。资金一直没有着落，莫扎伊斯基个人的财力和筹款能力已经枯竭。在接下来的五年里，他一点一点地订购、拼凑齐维修备件，最重要的是，他购买了更强大的动力装置。但在 1890 年 3 月 20 日（旧历 4 月 1 日），亚历山大·费多罗维奇去世。几个月后，他的飞机从军事区拖走，显然是被拍卖了。所有订单都被取消。俄罗斯第一架飞机的故事就这样草草收尾了。

技术突破？

莫扎伊斯基的飞机在航空史上占据了什么样的地位？我的回答是：占据了显著地位。莫扎伊斯基以一种建设性的姿态，投身于一个重大的研究领域，也许在当时的技术能力条件下，他已经做到了极致。他的飞机具有完整的船形机身——海军工程师的背景在此发挥了作用——而在他之前甚至后来的大多数飞机设计中都没有机身的存在，飞行员坐在机翼之间的座位上。莫扎伊斯基的飞机有完整的起落架而不是滑橇，有相当强劲的动力装置和正常的机翼，没有模仿海鸥或其他鸟类的翼形。

最初，莫扎伊斯基计划用一台发动机驱动一个大的前螺旋桨，用另一台发动机驱动 2 个小的后螺旋桨，但最终他将这两个装置并联，利用共同的系统通过皮带传动驱动所有 3 个螺旋桨。不管怎么说，这都是世界上第一架双引擎飞机。飞机重量接近 1 吨，此后多年，世界上再没有出现比莫扎伊斯基飞机更重的飞行器。

莫扎伊斯基和迪·唐普尔一样，远远超前于他的时代，他起飞的尝试虽然以失败告终，但莫扎伊斯基自有他的追随者。即使那些像莫扎伊斯基一样没有在技术上给后人留下什么财富的人，他们也做了同样重要的事情——他们给了人类飞行的信念。

第 43 章

戈比亚托与斯托克斯之争：迫击炮

在俄罗斯军事文献中，迫击炮的发明者是一名俄罗斯军官：列昂尼德·尼古拉耶维奇·戈比亚托（Леонид Николаевич Гобято）中将。但在国外文献中，戈比亚托的名字都是被轻描淡写、一笔带过，发明迫击炮的功劳已经归于他人名下。我们不妨厘清一下历史的真相。

迫击炮原则上就是臼炮，早在中世纪晚期就以攻城射石炮的形式出现。因此，迫击炮不是骤然出现的发明，而是一个早已为人所知的武器原理持续发展的产物。

臼炮是一种炮管相对较短、专门用于曲射的加农炮。臼炮炮管一般抬高到 45° 以上角度，炮弹不是直接飞向目标，而几乎是从目标上方落下。曲射可以实现炮弹的抛射，例如，越过堡垒护墙，或者越过森林、山丘等天然障碍物。

迫击炮是臼炮的进一步发展。迫击炮没有炮架和反后座装置，但有结合了这两个要素特性的座钣。座钣一方面用作摆放迫击炮的底座，另一方面接受后坐力并将其冲量传递到地面。从本质上讲，迫击炮就是一种小型臼炮，可以单人肩扛，也可以在战壕之间转移。

但是，当尺寸最小化时，就出现了杀伤力降低的问题。中世纪的射石炮通常发射内无任何填充物的简单铸铁炮弹：这种弹的冲击力很大，即使不会被引爆，也足以造成严重的破坏。19 世纪的臼炮已经使用可以引爆的炮弹进行打击，但小巧的战壕臼炮需要某种更有效的炮弹，迫击炮弹就是这样的炮弹。迫击炮弹、地雷和水雷在俄语中是一个单词，但迫击炮弹与普通地雷没有关系，"迫击炮弹"在 20 世纪初才被命名，当时迫击炮的装药是由小型海雷制成的。现代迫击炮弹本质上是一颗巨大的子弹，尾部有火药装药，主要击发部分由引信和炸药组成。

这里的术语总的来说相当混乱。还有掷弹器——这是任何能够发射超口径弹药的臼炮或迫击炮（超口径弹药指的是口径比枪膛大的弹药，这种弹药只有尾段放在炮管中，击发部分留在炮管外）。还有一种迫击臼炮——这种武器的大小和迫击炮相当，但有炮架和反后坐装置，类似于臼炮。还有毒剂抛射炮——发射毒气弹的迫击炮——和榴弹发射器（美国人称之为火箭筒）。

这样存在的问题就不止一个：除了"谁发明了迫击炮"，还有另外一个问题："戈比亚托究竟发明了什么？"

旅顺口保卫战

戈比亚托的生平其实相当平淡无奇。1875 年出生在塔甘罗格的一个贵族家庭，后来全家搬到梁赞（Рязань）附近的庄园，那是有祖上留下的一处田庄。家里的两个男孩——列昂尼德和尼古拉——都被送到军校；这位未来的发明家曾在莫斯科第三武备学校学习，然后又去了米哈伊尔炮兵学校。就在这时日俄战争爆发。列昂尼德·戈比亚托被困在了战场，而且是战斗最激烈的地方：旅顺口遭受残酷围攻时，他担任旅顺口炮兵指挥官的助理。

旅顺口是一座神奇的地方。在中国清朝时是中国海军基地，1894 年被日本占领，后来日本又归还给中国，1898 年，俄罗斯强行向中国租借了这座海上堡垒，租期 25 年。旅顺口是继符拉迪沃斯托克之后俄罗斯军队在该地区的第二个主要驻扎地。自然，日俄战争一爆发，日军几乎是第一时间向旅顺口发起了攻击：从日本本土到旅顺口走水路并不远，而从俄罗斯手里抢占这样的前哨基地将会给日本带来立竿见影的巨大优势。

在俄罗斯到旅顺口驻军时修建的要塞工程项目于 1900 年获得批准，计划 1909 年完工，因此在日俄战争爆发时，要塞还没有准备好。顺便讲一下，旅顺口在俄语中为什么叫"阿尔图尔港"：1860 年，在第二次鸦片战争中，英国船长威廉·阿尔图尔（Уильям Артур）把受损的"阿尔及利亚人"号船开进了这个港口。英国人就将港口叫成了"阿尔图尔港"。

日军对这座未完工的要塞的围攻从 1904 年 7 月 30 日开始，一直持续到 1904 年 12 月 23 日（旧历 1905 年 1 月 5 日）。如果不是要塞指挥官纳托利·斯特塞尔副官长决定投降（后来法庭审判了他），围攻还会继续下去。那是一场非同寻常的保卫战：38000 名水兵迎战 20 万日军，15000 名俄罗斯人战死，日军死亡人数几乎是这个数字的 5 倍。

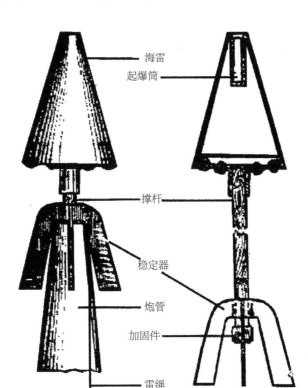

海雷
起爆筒
撑杆
稳定器
炮管
加固件
雷绳

可以插入 47 毫米迫击炮中的撑杆雷

　　列昂尼德·戈比亚托就在这场绞肉机战役中战斗最为惨烈的地方。来旅顺口之前，他曾担任东西伯利亚第 4 步炮旅的炮兵连连长，受过伤，伤愈后才调任到一个相对稳定、平静的工程岗位——担任火炮修理所主任。旅顺口被围期间，他接到了一项任务：制造一种轻型臼炮，既方便士兵快速转移炮位，同时可能从要塞墙外的遮蔽阵地采用曲射方式炮轰日军。他设计了一种称为坑道臼炮的武器。利用要塞当时军械库的材料和力量，仓促间制造出了六七门这样的臼炮。或者更确切地说，是翻造了六七门这样的臼炮。

　　当时已经有 75 千克重、2 米多长、口径 225 毫米的巨型可抛射海雷问世（旅顺口就有）。这种海雷本质上就是鱼雷和导弹的结合体，发射这种弹药的火炮称为舰艇迫击炮，一般部署在雷击舰和军用艇上，射程 40~100 米，属于近程武器。戈比亚托的想法是缩小海上迫击炮的尺寸，在上面安装制动器，以吸收开炮时产生的动量。后来，他就按照这个思路，进行了改装。

新制海雷的重量只有 11.5 千克，尾翼如箭尾。戈比亚托是从拉弓射箭的动作中获得了灵感：中世纪的弓箭手经常沿曲射轨线射出镞头带火的箭。戈比亚托只不过将箭镞换成了弹头。迫击炮本身是用 47 毫米舰炮改装的。

在苏联和后苏联史学中，关于这项发明还有其他版本的说法。其中有这样一个观点，就是将建造迫击炮的功劳归于另一位海军军官谢尔盖·尼古拉耶维奇·弗拉西耶夫（Сергей Николаевич Власьев），他也是旅顺口保卫战的亲历者，但这种说法的可信度不高，因为这种情况实际发生的可能性很小。弗拉西耶夫是一名海军准尉，日俄战争期间他一直在舰上作战。也就是说，首先，为什么一个在海上作战的军官要发明一种纯粹的陆用武器，其背景在这里完全不清楚，也难以理解。其次，与弗拉西耶夫不同，戈比亚托既有所需的工程和火炮教育背景，又有下属的修理所，也就是说，他可以从技术上解决迫击炮的设计和建造问题。最有可能的情况是，弗拉西耶夫向戈比亚托提出了自己的想法，希望能够将自己所熟悉的舰船武器制造原理应用于陆地武器，也就是说，弗拉西耶夫提供了"创意"的思路。更有可能的是，罗曼·伊西多罗维奇·孔德拉坚科（Роман Исидорович Кондратенко）中将（军事工程师、旅顺口保卫战的英雄、戈比亚托最亲密的同事和直接上司），也参与了开发。不过，这个猜测并没有得到证实。

但问题的关键并不在于此。严格意义上来说，戈比亚托设计的不是迫击炮，而是掷弹器，因为水雷—箭是超口径弹药（我们在前面已经提到过）。因此，外国军事史专家认为，戈比亚托即使有所贡献，其贡献也非常有限。

关于罗曼诺夫其人

如果再深入一些，我们会发现，一位姓罗曼诺夫的要塞炮兵大尉在 1882 年设计出了第一枚可以使用常规臼炮发射的、多少接近现代形制的射雷。我们甚至不知道他的姓名首字母的缩写形式，因为当时的官方文件没有使用这样的缩写——文件里只记录了他的军衔和姓氏，如果有好几个同姓的人，我们只能将他们编为罗曼诺夫 1 号、罗曼诺夫 2 号……这个排序的依据是他们的入伍时间。

罗曼诺夫发明的臼炮雷是长 73 厘米、重 82 千克的圆柱体，其中 24.6 千克是硝化棉（爆炸物）。最有意思的是，有一根 533 米长的电线（！）连着引信，整整齐齐地装在一个特制的箱子里。开火后，电线展开，在炮弹接近目标的那一刻，炮手发出电脉冲，激活引信。这个系统异常复杂，但还是在 1890 年前进行了试验，效果出奇地好，文件记录的最大射程为 426 米。罗曼诺夫的射雷甚至被批量订购了数百枚，并在新格奥尔吉耶夫斯克要塞列装。

罗曼诺夫和他的射雷是俄罗斯军事历史学家亚历山大·希罗科拉德（Александр Широкорад）在几份试验报告中挖掘出来的，其他资料中都没有提到这种射弹。由此可以得出结论，首先，罗曼诺夫射雷是在一定区域内有影响力的发明，并没有开创世界潮流；其次，这些射雷仍然是用常规臼炮发射的，也就是说，和制造迫击炮还是两码事，二者相去甚远。

外国史学

在国外的资料中，迫击炮根本没有作为单独的武器类型来区分。在英语中"mortar"既指臼炮、迫击炮，也指掷弹器，只是术语词义的扩展性解释不同罢了。

在俄罗斯之外的国家和地区，一般认为迫击炮的发明者是英国土木工程师威尔弗里德·斯托克斯（Уилфрид Стокс），他也是桥梁和铁路设计师。第一次世界大战期间，他在弹药部工作，这是一个在 1915 年到 1921 年期间存在的军事机构，负责为作战部队供应消耗品。斯托克斯运用工程思维，设计了一种经典的现代迫击炮，呈三角形（如果从侧面看的话），三角形的三条边分别由炮管、炮架和地线组成。

斯托克斯迫击炮为滑膛炮，口径 81 毫米；射雷与口径相符，没有配备尾翼。这种设计方案能保证射雷不稳定飞行，不断翻滚、旋转并在最大范围内施放毒气（斯托克斯的第一门迫击炮用于毒气攻击）。斯托克斯迫击炮重 52 千克，射雷重约 4 千克。工作原理很简单：迫击炮本身就是由座钣和固定在上面的常规炮筒组成；射雷压入炮管后，雷管受到挤压，引爆尾部装药，射雷被抛射到 700 米开外的地方。随后，在斯托克斯设计的基础上，法国人埃德加·勃兰特（Эдгар Брандт）设计出 81 毫米迫击炮（1927 年），成为所有现代迫击炮的基础。迫击炮发展到这种程度，基本上已经没有改进的空间了。

从军事历史的角度看，斯托克斯应该是迫击炮的发明者，戈比亚托应该被视为第一个掷弹器的发明者。列昂尼德·尼古拉耶维奇本人不大可能考虑到超口径弹药掷弹器在他之前并不存在的事实，否则他至少会为自己的系统申请专利。日俄战争后他又去军官炮兵射击学校学习，毕业后当了 6 年教官，还在总参谋部学院讲过课。他在自己的第一部炮兵科学著作《野战炮兵的作战原则和规范》（1906 年）中概述了掷弹器的概念，后来在他写的其他书中又进行了具体的说明。列昂尼德·戈比亚托第一次世界大战期间在围攻佩列梅什利（Перемышль）的战斗中牺牲，他再也无从知道，有位英国工程师出于和他十年前制造"迫击炮"同样的目的，已经造出了一种更先进的武器。

第 44 章

泽林斯基与哈里森之争：防毒面具

关于防毒面具的发明人，俄语资料清楚明白的写道，是俄罗斯化学家尼古拉·德米特里耶维奇·泽林斯基（Николай Дмитриевич Зелинский）。更严谨一些的作者会写到，泽林斯基发明了"第一种有效的防毒面具"。但"有效"是什么意思？

我们现在所说的军用毒剂是法国人在 1914 年 8 月首次使用的，根本就不是德国人。法国人使用的是装有溴乙酸乙酯，也称催泪瓦斯的手榴弹。10 月，德国人也尝试了军用毒剂，德国人用的是装有毒剂的子弹。但这些试验，坦率地说，根本没有效果。

正因如此，历史才会记住 1915 年 4 月 22 日这一天，即著名的第二次伊普尔（Ипр）战役，德国人成功地将 180 吨氯气喷洒到空中，毒气随风飘到英军阵地，造成约 5000 人死亡，另有约 10000 人中毒（其中也包括一些德国士兵，因为部分毒气团又随风飘向德军阵地）。德国人使用著名的双氯乙基硫，又称芥子气，是 1917 年 7 月 12 日的事情，时间上要晚得多。

第一次世界大战之前，毒剂很少使用，而且也没有太大的作用。基本上，使用这种武器的意图还停留在实验项目阶段。毒剂偶尔也会有使用，例如在围攻要塞时向自来水设备或土壤中投毒，但是总体上不存在大规模杀伤性化学武器。

防毒面具的生产在第一次世界大战前没有发展起来。因为根本没有武器需要防毒面具去防御。在民用方面，防毒面具的使用仅限于狭窄的行业领域，例如采矿业。

因此，防毒面具的发展过程可以清晰地分为两个阶段：1915 年 4 月 22 日之前和之后。

早期防毒面具

浸水的海绵自古以来就被人们用作过滤工具，古埃及人早就认识到这一点。在烟雾、灰尘环境中工作时，浸水的海绵可以起到很大的防护作用——通常情况下，只要有烟尘，这些微小的颗粒就可能进入呼吸道。17 世纪著名的"鸟嘴医生"（佩戴着鸟嘴形面具的瘟疫医生）所佩戴的面罩，正是一种原始的防毒面具。面罩的"鸟嘴"部分填满了芳香物，仅有两个很小的开口供空气流通——这样可以将医生感染的概率降到最低，也可以帮助医生在恶臭的环境中长时间工作。

第一个现代意义上的防毒面具专利是1849年6月12日颁发的美国6529A号专利。发明家刘易斯·哈斯莱特（Льюис Хаслетт）发明了"肺保护器"——一种带防尘过滤器的头戴式面具。在19世纪，后来又出现了几项类似的专利，但由于没有需求，这些技术没有得到进一步发展和广泛使用。

第一次世界大战前的最后一个防毒面具专利属于美国著名发明家加勒特·摩根（Гарретт Морган）。这是一种专为消防员设计的相对简单的面具，但其作用原理可谓是天才的创意。摩根想到，热烟向上升起时，近地面会形成"清洁冷空气区"（相对清洁）。发明者制作的面具带有长软管，可以从消防员的脚边位置收集空气。为了让分成2个套管的"象鼻管"不妨碍行动的自由，"象鼻管"从穿戴者的腋下穿过，再背到后背。摩根的面具后来经过改良，配备了过滤器，成为美国陆军的制式防毒面具。这也是第一型进入大规模生产的防毒面具——主要应用于消防和采矿行业。

然后就发生了战争。

技术突破：湿式防毒面具

原则上讲，防毒面具的制造技术并不复杂。一旦对这种系统产生需求，每一个参战（或计划参战）国家的发明家们都会以"开机枪一般的速度"设计出各种类型的防毒面具。

英国物理学家、医学博士和著名外科医生克吕尼·麦克弗森（Клани Макферсон）是第一次世界大战中第一个设计出防毒面具的科学家。他的方案非常简单，就是在头上套一个布袋，布袋上嵌入一块带玻璃观察窗的金属板，防毒面具因此变得轻便，还可以折叠，节省了空间。面具材料浸渍了甘油和硫代硫酸钠，毒气来袭时，甘油和硫代硫酸钠的混合物能吸附氯。此外，由于采用的是透气布料，士兵们隔着布就可以顺畅地呼吸。这个面具被称为海波防护罩（Hypo Helmet）。1915 年 6—9 月，英国工业生产了 250 万件麦克弗森防毒面具。这种面具最大的缺陷是，它完全防不住光气（即碳酰氯），光气是 1915 年秋法国首次使用的窒息性气体。

麦克弗森对面具进行了进一步的研究和改良，他第一次想到嵌入方便观察周围环境的圆形"窗口"，并为呼吸过程中产生的二氧化碳设计了圆形金属排气口。与第一个版本不同，新版本的 PH 型防护罩（PH Helmet）不仅可以防护氯气伤害，也可以防护光气伤害，因为浸渍剂中含有乌洛托品。

乌洛托品在俄罗斯也已经开始使用。当时，俄罗斯和世界各国一样，也在积极研制防毒面具。几乎同时出现了普罗科菲耶夫（Прокофьев）的湿式防毒面具、帕夫洛夫（Павлов）将军的防毒面具、带 20 层敷布的明斯克防毒面具和另外十几种防毒面具。1915 年 8 月，莫斯科帝国技术学校化学实验室的工作人员发现，布特列洛夫（Бутлеров）在 19 世纪中期发现的乌洛托品可以中和光气，所以他们用乌洛托品浸渍英国的"海波防护罩"。研究结果在俄罗斯进行了演示，并交给了英国方面，英国随即开始生产 PH 型防护罩。PH 型防护罩在军队中大概使用了一年时间，就被带滤毒盒的防毒面具取代。总的来说，麦克弗森面具是英军正式列装的第一型防毒面具，也是第一次世界大战中第一型能起到防护作用的防毒面具。

又一次突破：干式防毒面具

带浸渍剂的防毒面具称为湿式防毒面具。它有很多缺点。首先，浸渍剂可能对一种气体有效，但对另一种气体可能就不起作用。其次，浸渍剂本身有时毒性很大。因此，1915 年年底，出现了最早期的带有独立滤毒盒（放在专用容器内的外置滤毒器）的干式防毒面具。

在英国，这项技术的开创者是化学家爱德华·哈里森（Эдвард Харрисон）。战争爆发时，作为职业药剂师的哈里森想以志愿者的身份参战，但那时他已经 47 岁，因年龄原因没有如愿。哈里森对麦克弗森的面具进行了重大改进：他设计了可以放置在独立过滤盒中、性能可靠的滤毒器，士兵可以把滤毒盒装在肩包里，通过软管将滤毒盒与防毒面具连接起来。哈里森的防毒面具很快就被列装，但他在康皮涅停战前一周死于肺炎，没有看到战争的结局。

在美国，与哈里森同期开展研究的是梅隆工业研究所教授詹姆斯·伯特·加纳（Джеймс Берт Гарнер）。詹姆斯的滤毒器和英国人的设计相似，但使用活性炭作为吸附剂，这又和泽林斯基的防毒面具相仿（我们马上就讨论泽林斯基的问题）。

与此同时，法国、德国和俄罗斯仍在开发湿式防毒面具，因为当时还没有确切了解干湿两个系统哪个更为有效。

俄罗斯的防毒面具史

防毒面具门类众多、来源各异，有意大利的、法国的、西班牙的、德国的，总之，每一个有能力的国家，都开发了自己的系统。在1916年前，发明家们研制防毒面具的起点和支点都是麦克弗森和哈里森设定的形式要素：一种带圆形眼孔的软面罩，通过软管连接到便携式滤毒器。唯一的区别是在滤毒器的设计上。

俄罗斯著名化学家尼古拉·德米特里耶维奇·泽林斯基就是由此加入了"反制武器的竞赛"。战争开始时，他已经53岁，是一名教授，著有数十部科学论著，发现了一系列化学现象，担任财政部中央化学实验室主任。

1915年8月2日，尼古拉·德米特里耶维奇向科学学会提交了一份关于活性炭吸附特性的报告。这件事是在"毒气中毒临床、预防和控制方法研究实验委员会"的莫斯科会议上发生的。这次会议属于非官方活动，军方也派代表列席。在随后的两个星期里，委员会利用改装的特伦金湿式面具，反复测试了泽林斯基的滤毒器。特伦金面具当时已经批量生产，专供消防员和其他高危行业从业人员使用。特伦金的防毒面具防不住光气，但

佩戴泽林斯基 – 库曼特防毒面具的俄军捷克军团士兵

泽林斯基的活性炭的效果却出乎意料地好。

现在问题的关键是没有合适的面具和滤毒器。毕竟，泽林斯基不是工程师，他的认知仅限于实验室里的实验。"三角"橡胶制品厂的技术专家米哈伊尔·库曼特（Михаил Куммант）设计出与泽林斯基滤毒器相匹配的防毒面具系统（不知道出于什么原因，有些作者将米哈伊尔·库曼特写成爱德华·库姆曼特，这是错误的，库曼特的名字是米哈伊尔）。就在泽林斯基和库曼特研究新系统的时候，卫生和疏散部门的最高负责人亚历山大·彼得罗维奇·奥尔登堡斯基（Александр Петрович Ольденбургский）亲王捷足先登，他不仅利用了活性炭的想法，而且利用职权，订购了 350 万套防毒面具，不过不是泽林斯基的面具，而是由矿山研究所的专家在很短时间内开发出来的另一型面具。原本为泽林斯基 – 库曼特防毒面具采购的活性炭悉数用于生产"奥尔登堡斯基面具"，那个时候泽林斯基 – 库曼特防毒面具已经进入最后的试验阶段。1916 年 7 月，在斯莫尔贡（Сморгонь）战役中，"奥尔登堡斯基面具"根本防不住毒气，许多士兵为这个错误付出了生命的代价。亲王被勒令中止毒气防护研究，只负责卫生领域的工作，俄罗斯终于开始生产世界上第一种带活性炭滤毒器的系列防毒面具。

接下来的几个月里，泽林斯基－库曼特防毒面具进行了多次改进，因为它最初的设计存在缺陷，特别是戴上面具后呼吸困难。在毒气攻击中，即使佩戴防毒面具，人员伤亡也高达 20%。因此有了圣彼得堡式防毒面具、莫斯科式防毒面具、官方防毒面具等五花八门的门类。此外，所有后来的、以其他开发者名字命名的俄罗斯防毒面具，实际上不过是在泽林斯基－库曼特防毒面具基础上进行了一些修改。圣彼得堡化学家、格鲁吉亚公爵约瑟夫·达维多维奇·阿瓦洛夫（Иосиф Давидович Авалов）进行了一次最有意义的改进——滤毒盒采用阀式呼吸配气，从而消除了呼吸困难的问题。

从 1916 年下半年到战争结束，泽林斯基－库曼特防毒面具是俄军中唯一使用的防毒面具。德国人（德国造出了 11/11 型滤芯，这种滤毒器中装有碳和乌洛托品）和法国人（天梭系统的 A.R.S. 面具，1917 年）后来都仿制了泽林斯基的活性炭滤毒器，英国正式请求俄罗斯提供毒气防护系统样本和活性炭活化的方法，并于 1917 年上半年开始生产活性炭防毒面具。我发现，库曼特与不谈私利的泽林斯基不同，他为自己的滤毒盒申请了专利，但没有把专利给政府，而是将其出售，这样一来，他可以从每一套生产出的防毒面具拿到提成，他总共赚取了至少 1000 万美元。虽然库曼特的专利在 1917 年"二月革命"后就失效了，但他还是想办法又赚了 30 多万卢布。

许多材料都说"是泽林斯基发明了防毒面具"，这种说法失之准确。首先，至少有两个人——泽林斯基和库曼特——参与了这项研制工作。其次，他们成功整合了当时可用的技术，制造出第一个成熟的现代类型防毒面具。而本章开头提到的美国人刘易斯·哈斯莱特，也会站在 1849 年的历史坐标点上，向他们友好地挥手致意。

第 45 章

费奥多罗夫与切·里戈蒂之争：自动步枪

许多资料在讲述最卓越的、占据首创者地位的俄罗斯发明家时，往往在提及莫扎伊斯基飞机的同时，还会讲到弗拉基米尔·格里戈里耶维奇·费奥多罗夫（Владимир Григорьевич Фёдоров）和他的发明——自动步枪。我们现在就一起来搞清楚这个问题。

我们照例还是从术语谈起。"自动步枪"或简称"自动枪"，这个概念相当模糊。1885 年，德国枪械师费迪南德·曼利彻（Фердинанд Манлихер）推出他的设计方案——曼利彻 85 步枪（Mannlicher 85）。曼利彻 85 步枪与之前所有枪支不同，射手不必手动装弹：开枪后，枪支会利用火药气体的动量自动装弹。大约和曼利彻在同一时期，墨西哥军官曼努埃尔·蒙德拉贡（Мануэль Мондрагон，后来被擢拔为将军）独立开发了类似的系统并获得了专利。然而，蒙德拉贡步枪在相当长的一段时间内都只有原型枪，而曼利彻步枪已经开始批量生产，后来又好几次更新枪型系列。

曼利彻和蒙德拉贡的步枪使用火药气体消除原理实现了自动装弹，但无法连发射击。事实上，这两种步枪只是加速和简化了射手的操作，节省了射手的体力。但这样的武器也被称为自动步枪，因为再没有其他类型可以自动装弹的步枪了。

随着现代意义上的自动枪的出现，只能进行单发射击的自动装弹步枪被赋予了另一个名称——自装弹步枪或半自动步枪。这些术语至今仍在武器系统中使用。

而我要说的是真正的速射自动枪。

为什么需要自动枪？

20 世纪初俄罗斯军队的主用步枪是著名的 7.62 毫米口径步枪，也就是谢尔盖·伊万诺维奇·莫辛（Сергей Иванович Мосин）的 1891 式步枪，口径 7.62 毫米。1891 式步枪是一种相当先进的、世界级弹匣式步枪，当时自装弹枪的相关发明和设计还很鲜见，尚无法与常规步枪竞争。随后，退役的 7.62 毫米口径步枪开始作为射击运动用枪，其间经历了多次改装，直到 1965 年才退出生产线，可以说，7.62 毫米口径步枪开创了运动步枪历史的"一代王朝"。20 世纪初俄军使用的武器还有 1895 式"纳甘"转轮手枪和唯一的自动武器——安放在各种枪座上的马克西姆机枪（最初使用的是进口枪，从 1904 年起，使用的是图拉工厂根据许可证生产的武器）。

1904 年，日俄战争爆发，这是俄罗斯近 30 年来第一次参加如此规模的国际对抗。在日俄战争中，俄军参战人数超过 50 万，人员损失超过 5 万人。

结果表明，俄罗斯并没有为这样一场战争做好充分的准备——居安而未思危。火力密度严重不足，莫辛步枪尽管性能非常出色（不过话又说回来，杀人的武器又有什么出色可言），但也无力回天，挽回战场败局。当时，半自动步枪和手枪都已经问世，曼利彻步枪也开始批量生产。

一大批才华横溢的军械师，像雅科夫·罗谢佩伊（Яков Рощепей）、费奥多尔·托卡列夫（Федор Токарев）、彼得·弗罗洛夫（Петр Фролов）——临危受命，在这一时期开始为俄军研制半自动步枪，其中既有原创设计，也有对莫辛步枪进行的升级完善。弗拉基米尔·格里戈里耶维奇·费奥多罗夫也在其列。

费奥多罗夫的道路

战争爆发时，费奥多罗夫在圣彼得堡炮兵总局炮兵委员会军械部工作。在此之前，他是谢斯特罗列茨克（Сестрорецк）兵工厂的工作人员，他的直接上司就是莫辛，俄罗斯主战步枪的研制者。与上述设计师一样，大约在 1905 年前后，费奥多罗夫主动将莫辛的 7.62 毫米口径步枪改装成半自动武器。几乎所有的资料都显示，第一支费奥多罗夫自动步枪是在 1906 年进行的测试，这是对读者的误导，由此导致了我开篇所说的术语混乱。实际上，1906 年测试的是费奥多罗夫的半自动步枪——现代意义上的费奥多罗夫自动枪是后来才出现的。

1913 年前，弗拉基米尔·格里戈里耶维奇设计了一系列的半自动步枪，一开始是以"莫辛步枪"为基础，后来完全属于自主设计。最后一型费奥多罗夫半自动步枪是 1913 年式，配用的不是标准的 7.62 毫米子弹，而是

6.5 毫米标准子弹。设计时，费奥多罗夫改变了枪械口径，减少了机械装置的线性尺寸和武器重量。费奥多罗夫以前遇到过类似问题：他设计的前一型配用 7.62 毫米标准子弹的半自动步枪，比 7.62 毫米口径步枪重 0.6 千克，使用的弹匣和 7.62 毫米口径步枪完全一样，这样从一开始就注定了费奥多罗夫不可能有机会走到量产那一步。

6.5 毫米口径步枪有许多优点：比 7.62 毫米口径步枪重量要轻、尺寸要小，子弹初速更快，后坐力更小，因此更适合半自动武器。缺点只有一个：俄罗斯不生产这种口径的子弹。俄罗斯只有 7.62 毫米一个型号尺寸，再无其他。不太可能有人会因为一个枪械师的设计而使整个军队改用另一种口径的武器。

如果没有战争，费奥多罗夫的研究成果或许会就此覆灭。

闪亮登场的自动枪！

随着第一次世界大战的爆发，人们再次发现，俄罗斯依然没有做好战斗准备。步枪严重短缺，工厂来不及生产那么多的"莫辛步枪"。因此，只能在日本订购了一批 38 式试制卡宾枪（Type38），即有坂 38 式步枪。这几乎是 7.62 毫米口径步枪的翻版，只有一点，有坂 38 式步枪配用的是日本标准子弹，即 6.5 毫米子弹。这型枪获得批准后，俄罗斯军方下了一笔很大的订单，同时还购买了大批子弹，几家俄罗斯工厂开始生产新口径武器。

费奥多罗夫意识到他的项目有重生的希望。弗拉基米尔·格里戈里耶维奇是评估试制批有坂 38 式步枪性能的专家之一，专家们一致认为有坂 38 式步枪性能出众，但日本 6.5×50 毫米子弹的枪口动量和初速明显低于同样规格的费奥多罗夫子弹（二者的初速分别是：时速 730 千米和时速 850 千米），可是俄罗斯别无选择。说来也奇怪，这样的局面对费奥多罗夫这位设计师来说反而更加有利。

因为，一般情况下，都会默认步枪子弹比自动枪子弹更大更重。连发射击意味着子弹要轻，子弹的重量和参数直接影响到射速和枪结构的精确动作。自动枪的子弹射程和精度比步枪要低，但连发射击和大范围扫射，也不需要对瞄准精度提出过高要求。

V.G. 费奥多罗夫半自动步枪

费奥多罗夫恰好也有工作上的便利，他有权支配大量低杀伤力轻型子弹，利用这个条件，他想出了改进半自动步枪的办法。费奥多罗夫新设计的武器不仅可以利用火药气体动量自动装弹，还能在不扣动扳机的情况下自行射击——就像机枪一样，只是没有枪座和弹带。换句话说，费奥多罗夫发明了自动枪。

"二月革命"前后

费奥多罗夫的设计当时看起来只是半自动步枪的一个改型，并没有被视为一种新型武器，但它相对于半自动步枪具有碾压性优势：7.62 毫米口径半自动步枪每分钟发射 20~30 发子弹，费奥多罗夫自动枪的射速是每分钟 600 发（有些资料显示，自动枪为每分钟 100 发，这个指标被严重低估）。此外，费奥多罗夫还应用了许多其他解决方案，这些解决方案虽然在现代自动武器中已经见怪不怪，但在他那个时代却是全新的。例如，费奥多罗夫缩短了枪管（但在枪管上保留了刺刀），设计了 25 发装弹匣，还有从单发射击切换到连发射击的开关。

1916 年费奥多罗夫的自动枪通过了试验，随即列装。发明家本人被授予炮兵少将军衔，同时获得教授职称——总之，在官阶上进了一大步。最早配备自动枪的连队在罗马尼亚前线组建成立，另外，军队还接收了 6.5毫米口径量产自动枪和一小批 7.62 毫米口径的试制自动枪，也就是费奥多罗夫在"有坂 38 式步枪"出现之前试图推广的那种自动枪。总共有 53 支自动枪被发往前线，虽然数量看起来不多，但一支配备自动枪的特种小队可以"干掉"三倍于己的配备普通步枪的敌军战斗群，罗马尼亚前线和第48 步兵师第 189 伊兹梅尔步兵团成了自动枪的武器试验场。此外，"伊利亚·穆罗梅茨"飞机机组人员也配发了自动枪，俄罗斯军方在多家工厂订购了 25000 件新型自动枪。眼看费奥多罗夫就要享誉全球。

"二月革命"爆发了。那个时候，只来得及生产出大约 150 支自动枪，然后私营企业拒绝为新政府效力，国有工厂已经停产。

费奥多罗夫后来的命运总体上还是不错。"十月革命"后，费奥多罗夫成为科夫罗夫兵工厂厂长，该厂从 1919 年开始批量生产费奥多罗夫自动枪。据说，大约就是在同一时期，工农红军步兵委员会主席尼古拉·米哈伊洛维奇·菲拉托夫（Николай Михайлович Филатов）将这种新型武器称为"自动枪"，但这可能只是一种传闻。费奥多罗夫的速射自动步枪总共生产了 3000 多支，该武器系统于 1923 年进行了重大升级改造，并于 1928年退役。费奥多罗夫本人倒很长寿，后来又开发了多型武器，写了不少书（主要是关于武器历史的，但令人匪夷所思的是，他传世的论著中居然有一本评点《伊戈尔远征记》①的著作），于 1966 年在莫斯科去世。

与费奥多罗夫在同一时期在美国开发自动步枪的是约翰·摩西·布朗宁（Джон Моузес Браунинг），他的 M1918 布朗宁枪（M1918 Browning）于 1917 年公开展示，一年后投入批量生产。这是世界上第二型批量生产的自动枪。

---

① 俄国古代文学的第一部名著，英雄史诗，成书于 1185 年至 1187 年间，描写了古罗斯王公伊戈尔一次失败的远征。——译者注

自动枪这个故事还有一个小问题，就是除了俄罗斯人费奥多罗夫和美国人布朗宁之外，还有一个意大利人也应该提到。

切·里戈蒂

1890 年至 1900 年间，意大利步兵大尉阿梅里戈·切·里戈蒂（Америго Чеи-Риготти）先于费奥多罗夫和布朗宁设计了一种全自动步枪。那我为什么还称费奥多罗夫是自动枪的发明者？这与爱国主义无关，我是世界公民。我遵循逻辑，只遵循逻辑。

切·里戈蒂步枪的工作原理与后来的费奥多罗夫步枪大致相同。重新装弹和开火都是依靠火药气体的动量自动完成的。切·里戈蒂步枪也设计了单发射击模式。步枪上可以安装容纳 50 发子弹的弹匣，但在这里设计师有些考虑欠妥：更换弹匣需要拆卸部分部件，因此耗时较长（弹匣是敞开式的，允许向里面添加子弹），口径为 6.5 毫米。

1900 年 6 月 13 日，切·里戈蒂公开展示了这种步枪，展示并不成功。他的枪的射速达到每分钟 300 发（申报为 900 发），但射完第一个弹匣的子弹后，枪管过热，金属件膨胀，步枪出现卡壳。不过，英国人订购了 2 支切·里戈蒂步枪供进一步研究之用。这 2 支枪都保存了下来：一支由利兹（Лидс）皇家武器博物馆（英国）收藏，另一支被美国私人收藏。根据一些资料，瑞士对切·里戈蒂的枪也有兴趣。

关于切·里戈蒂步枪的更多情况已经不得而知。即使是我在此引用的信息，也不尽可靠，有可质疑之处：这些信息主要源于 21 世纪初意大利的新闻出版物和美国的武器手册。根据意大利农业、工业和商业部年度公报记录的更可靠的信息，这位设计师一直工作到 1911 年：因为 1903 年和 1911 年的公报中都提到了切·里戈蒂对步枪的改装。切·里戈蒂步枪从未投入量产。

意大利在"自动枪"这部历史剧中扮演了通常由俄罗斯扮演的角色，

剧情脚本你们在本书中已经多次看到。意大利军队高层没有预见这一发明的未来前景，显然，把它埋葬在了官僚主义的地窖中。就在几年后，另一位意大利人贝瑟尔·雷维利（Бетель Ревелли）发明并推广了历史上第一型冲锋枪维勒－帕洛沙 M1915（Villar-Perosa M1915），冲锋枪也算是一种自动武器。切·里戈蒂由于超前于时代而不被时代认可，就这样湮没在历史的长河中。

第 7 部分
那些著名的杜撰和伪说

　　假如在苏美尔的乌尔（Ур）发生过某个事件，我们对它真的一无所知，只能根据少得可怜的信息碎片猜测大部分的真相。这样做无可厚非。但那些深深植根于历史土壤的 19 世纪和 20 世纪的神话，对俄罗斯而言就是耻辱，或者说是具有讽刺意味的笑话。

　　我在前文已经讲过"反世界主义运动"，所以在这里我将更加密切地关注狭隘的历史幻想主义者。为了"往自己脸上贴金"，历史幻想派有时就是需要"无"中生"有"，生造出本不存在的惊世骇俗的故事。在俄罗斯的发明界，有四个故事在某种程度上称得上是家喻户晓，而且作为逸闻趣事被广为传颂。

　　（1）阿尔塔莫诺夫的自行车（1801 年）。阿尔塔莫诺夫其人及其发明的自行车都不存在。这个故事是瓦西里·德米特里耶维奇·别洛夫（Василий Дмитриевич Белов）撰写《乌拉尔采矿厂历史纪事》（1896 年出版）时杜撰的。20 世纪 80 年代官方已经正式翻案，否认了阿尔塔莫诺夫故事的真实性，但这一凭空臆造的"史实"仍然经常出现在媒体上，叶卡捷琳堡甚至为这位虚构的"发明家"竖立了一座纪念碑。事实上，自行车是德国的卡尔·冯·德雷斯（Карл фон Дрез）男爵在 1817 年发明的，男爵后来也申请了专利。

　　（2）克里亚库特内伊（Крякутный）的飞行（1731 年）。无论克里亚库特内伊还是他的热气球都是子虚乌有。这个故事的杜撰者是一向喜欢在文学上弄虚作假的写手亚历山大·伊万诺维奇·苏拉卡泽夫（Александр Иванович Сулакадзев）。20 世纪 50 年代后半期官方出面溯本清源，戳穿了这个在 19 世纪 10 年代编造的谎言，以正视听；然而，关于克里亚库特内伊的文章至今仍层出不穷，纪念牌仍时有出现。实际上，第一次热气球飞行发生在 1783 年，由法国浮空飞行家让·弗朗索瓦·皮拉特·德·罗齐耶（Жан-Франсуа Пилатр де Розье）和弗朗索瓦·劳伦特·达兰德斯（Франсуа Лоран д'Арланд）共同完成。

（3）布利诺夫的拖拉机（1888 年）。费奥多尔·布利诺夫在历史上确有其人，1879 年他获得了畜力牵引履带式车厢的专利。他还构想了一种拖拉机，可惜没有造出来。"布利诺夫发明的拖拉机在好几个展览会都展示过"如是云云的始作俑者是爱国作家列夫·达维多夫（Лев Давыдов）。他在 20 世纪 40 年代末根据一位曾在布利诺夫工厂工作过的人员，也是苏联拖拉机制造业颇有名气的人物雅科夫·马明（Яков Мамин）的讲述虚构出"布利诺夫拖拉机"的故事。然而，到目前为止，官方还没有正式批驳这一传言，也没有对这个问题进行深入的研究。不管怎么说，最早的拖拉机出现在美国，而在布利诺夫的时代，拖拉机已经实现了批量生产。

（4）普季洛夫和赫罗波夫的汽车（1882 年）。显然，这则谣言源于 1929 年出版的《行车志》杂志。普季洛夫、赫罗波夫和他们的汽车都是生编硬造的。说来也怪，这个传言在"反世界主义运动"时期居然没有被提及，倒是从 20 世纪 70 年代开始在各种文献中冒出头来。即使是今天，我们也可以在许多资料中读到这个编造的故事。

平心而论，不实的伪说和杜撰各种文化里都有，并非是俄罗斯文化的特色。例如，传说中的费城实验广为人知，据称是美国海军在 1943 年进行的一次实验，目的是研究远距离速传物体（心灵致动术）。其实这就是一个虚造的事件，这个故事是退役水兵卡洛斯·米格尔·阿连德（Карлос Мигель Альенде）在 20 世纪 50 年代编造的。

但问题是，人们似乎更愿意相信传闻而不是了解真相，更愿意认可是一个普通的俄罗斯农民发明了自行车，也不愿把这个首创地位让给一个德国贵族。

所以，才有了杜撰和虚构！

第 46 章

普季洛夫和赫洛博夫的汽车

有这么一个奇闻，居然把汽车的发明归功于……俄罗斯。这种被称为"普季洛夫和赫洛博夫汽油车"的老爷车，无形无影、虚幻无实，在现实中找不到丝毫的踪迹。现在我们就来探究一下历史的真相，按照俄语的说法，"看看这腿儿是从哪儿长出来的"，当然，这里更确切的说法应该是："看看这轮子是从哪儿滚出来的。"

历史上第一辆汽车，也就是由蒸汽机驱动的全尺寸马车，是法国机械师尼古拉斯·约琵夫·库诺（Никола Жозеф Кюньо）建造的。1769 年至 1771 年间，他先后设计并试验了用于牵引军用火炮的小型和大型"火车"。其实这就是汽车和蒸汽机车的原型，也是历史上第一辆自走式轻便车。如果有机会去巴黎，你们别忘了去工艺美术博物馆看看，那里陈列着这辆马车的原件，至今保存完好，真是个奇迹。

不过，我们这一章的主题不是蒸汽发动机汽车，而是第一辆内燃发动机汽车。我再小小地科普一下。蒸汽机组是外燃发动机，也就是说，这种情况下，燃料的燃烧过程与做功物质分离，活塞由准备好做功的物质——蒸汽——驱动。在内燃机中，反应直接发生在由爆炸能量驱动的气缸中，燃料本身就是做功物质。

内燃机从何而来？

比较严谨的内燃机造机实验，是在 18 世纪末至 19 世纪初开始的。在此之前，荷兰物理学家和机械学家克里斯蒂安·惠更斯（Христиан Гюйгенс）早在 1678 年就建造了名为"火药发动机"的内燃机的原始雏形。惠更斯的装置有一个气缸，气缸工作室装填了火药：火药爆炸后将活塞向上抛掷，这样就产生了有效功。

18 世纪末，出现了一系列专利、模型甚至全尺寸内燃机，包括史蒂文斯（Стивенс）系统、巴伯（Барбер）系统、斯特里特（Стрит）系统、米德（Мид）系统。法裔瑞士发明家弗朗索瓦·伊萨克·德·里瓦斯（Франсуа Исаак де Риваз）走得最远。他的内燃机，建于 1804 年，由氢氧混合气体驱动，通过电火花启动（在这一点上，德·里瓦斯远远领先于他的时代）。德·里瓦斯的发动机起初用于驱动水泵，但在 1807 年，在获得发动机专利的同时，他制作了一辆小型轮式车辆的模型，在这辆模型车上他设计了一种巧妙的链传动，将往复运动转换为旋转运动。

事实证明，这辆车完全可以正常行驶，1811 年，德·里瓦斯又造了一台近 1 吨重的全尺寸车辆，配备了内燃机。气缸长 1.5 米，活塞行程 97 厘米。试验过程中，这辆载重车行驶了 26 米，速度约为每小时 3 千米，平均每个活塞行程可走 3~6 米。法国科学院认为，内燃机永远无法与蒸汽机竞争，于是德·里瓦斯停止了他的实验。但无论怎样，德·里瓦斯都是第一辆内燃机汽车的缔造者。

19 世纪，出现了多种内燃机和试验车，它们系统不同，设计各异。我把汽车发明史的下一个重要阶段，称为量产车（不是实验室的试验车）阶段。第一批量产的蒸汽汽车（锅驼机）出现在 19 世纪中叶，但第一辆量产的内燃机汽车被认为是 1886 年的奔驰专利汽车（Benz Patent-Motorwagen），这是卡尔·本茨（Карл Бенц）工厂的早期车型。按照 1885 年的预购价格，这辆车可以卖到 1000 美元（约合今天的 26000 美元）。卡尔·本茨工厂总共生产了 25 辆这样的汽车。

现在我们再回头说说普季洛夫和赫洛博夫。

他们到底是何许人也？

网上的资料是这么写的："俄罗斯第一辆使用液体燃料内燃机的汽车是 1882 年由普季洛夫和赫洛博夫带领一批俄罗斯工程师制造的。"或者这样写："俄罗斯第一辆汽车是在涅瓦河畔设计的。给予这辆汽车生命的是普季洛夫和赫洛博夫，他们的智慧结晶在 1882 年问世。"还有的资料说："有证据（这些证据并没有文献可以证明）表明，早在 1882 年，俄罗斯著名实业家 A.I. 普季洛夫和一群工程师，其中提到了赫洛博夫，研制了一辆配备汽油发动机的自走式轻便车，他们驾驶这辆汽车驶过伏尔加河沿岸一座城市的街头。"更有甚者，还有这样的说法："1882 年，俄国工程师普季洛夫和赫洛博夫发明的配备内燃汽油发动机的四轮敞篷车出现在圣彼得堡的街头。这就是现代汽车的原型。"

这个杜撰的故事早在互联网出现之前就流传开了。例如，在格兰特·加斯帕良涅茨（Грант Гаспарянец）1978 年出版的《汽车设计、基本理论和计算基础》一书的前言中，有这样一段话："但只有在发明了轻便且足够强大的内燃机和充气轮胎后，汽车的诞生才成为可能。第一台发动机建造于 1860 年，而在 1882 年，俄罗斯工程师普季洛夫和赫洛博夫就研制出'装配马达的四轮双座敞篷轻便车'，也就是第一辆内燃机汽车。"类似的段落也出现在康斯坦丁·帕波克（Константин Папок）的教科书《燃料和润滑油应用化学》（1980 年）中。

这张照片是在下诺夫哥罗德全俄展览上拍摄的，1896 年

一些治学严谨的作者对待普季洛夫和赫洛博夫杜撰故事的态度也很有意思。例如，伟大的（我不怕使用这个词）汽车历史学家列夫·舒古罗夫（Лев Шугуров）在他趣味性最强的一本书《俄罗斯和苏联汽车》百科全书（1994 年）中谨慎指出："人们常常将这一事实与普季洛夫和赫洛博夫的汽车联系在一起，把他们两个人制造这种汽车的时间定为 1882 年。然而，这些信息并无文献支持。"

不管怎么说，这个虚构的故事显然在 20 世纪 70—90 年代之前就已经存在。继续深挖，然后——乌拉！——我们发现了一个更早的信息来源。
那就是 1929 年 10 月的第 20 期《行车志》杂志（当时为半月刊）。在那一
期的第 25 页，我们发现了一篇文章《汽车史上的奇闻轶事》，在"为第一
辆汽车奋斗"这一小节，我们遇到了老熟人："包括赫洛博夫和普季洛夫在
内的一群俄罗斯工程师声称，他们早在 1882 年和 1887 年就驾驶装配马达
的四轮双座敞篷轻便车定期出行，行程还相当远，这件事发生在伏尔加河
畔的小城佩斯特罗夫（Пестров），他们所描述的轻便车与第一辆奔驰汽车
非常相似。为这群工程师作证的是佩斯特罗夫城的居民，他们是工程师口
中'装配马达的四轮双座敞篷轻便车'的乘客，曾经坐着这样的车辆四处
兜风。但赫洛博夫和普季洛夫的申请没有通过。"

　　有了这本杂志，我们正本清源的工作就更进了一步。看来普季洛夫和
赫洛博夫确有其人，他们讲述的事情似乎是在为自己证明什么。这篇文章
相当有趣，它提到了一群不实的汽车发明者的名字，并说历史上争夺汽车
首创者身份的事情至少出现了 416 起（美国人占了三分之二，也有法国人、
英国人、德国人和俄罗斯人）。

　　可是非常不走运！佩斯特罗夫城也是向壁虚造之所，更令人诧异的
是，这座小城从未存在。或许，作者原本想说的是"佩斯特罗夫卡村"？比
1929 年更早的文字记录中，已经再也找不到关于普季洛夫和赫洛博夫（还
有佩斯特罗夫城）的只言片语，除了这一期的《行车志》，那个时代所有的
调查、名录、报纸都再没有提供任何线索。

　　我不知道对此还能再说些什么。有两种可能的解释。第一种，也是可
能性比较大的一种，普季洛夫和赫洛博夫是由一个叫 N.K. 的人虚构的——
《汽车史上的奇闻异事》一文的作者就是这样署名的。那一期杂志的作者
大都署上了自己的姓氏加上首字母的缩写，只有两个人的署名全是首字母
的缩写。这两个缩写字母的背后究竟躲藏着谁？如果我们翻阅杂志社的档
案，比如说找到稿酬清单，根据首字母缩写去查找，应该有所发现。但真

的有这个必要吗？我们想了解的普季洛夫和赫洛博夫显然从未存在过。第二种可能的解释是，汽车发明人首创地位的争夺的确发生过。但即便如此，在浩如烟海的档案库中找到某一年具体发生的某件事，也是不现实的（我们在《行车志》的那篇文章中也看到了，事情发生的时间可能不是 1882年，而是 1887 年）。所以我倾向于认为，普季洛夫和赫洛博夫是 N.K. 的"发明"。

最令人不爽的是，关于这两个虚构人物的故事至今仍在传播，不仅通过网络，也通过一些严肃的、有影响力的书籍和文献。例如，圣彼得堡国立建筑设计大学出版的《工业史》，作者 A.V. 波波夫（2013 年）："1882—1884 年——俄罗斯工程师普季洛夫和赫洛博夫建造了世界上第一辆'装配马达的四轮双座敞篷轻便车'，即世界上第一辆内燃机汽车。"也就是说，在编写教材的过程中，这位老师讲述了一个彻头彻尾的不实故事，甚至没有注上一句"未经资料证实"。

历史的真相

事实上，第一辆俄罗斯汽车是在 1896 年制造的，并在下诺夫哥罗德全俄工业和艺术展览会上进行了展示。提议建造这辆汽车的是实业家叶夫根尼·亚历山德罗维奇·雅科夫列夫（Евгений Александрович Яковлев），他是"俄罗斯第一家煤油和燃气发动机工厂"的所有者。1893 年，在芝加哥世界博览会上，雅科夫列夫有生以来第一次看到汽油车（当时世界上有十几家汽车制造企业），便暗下决心，不能让俄罗斯落于人后。

在三年的时间里，雅科夫列夫与彼得·亚历山德罗维奇·弗雷泽（Пётр Александрович Фрезе，一家马车生产厂的老板）合作，设计并建造了俄罗斯第一辆汽车，现在被称为"雅科夫列夫－弗雷泽汽车"。叶夫根尼·亚历山德罗维奇·雅科夫列夫计划批量生产这样的汽车，甚至印制了广告。"雅科夫列夫－弗雷泽汽车"的时速达到了 21 千米（在当时来说已经是相当不错的成绩），重量达到 300 千克。

　　雅科夫列夫还没有来得及生产这种汽车就于 1898 年去世，工厂的新主人对汽车不感兴趣。弗雷泽继续着他的故事：1899 年，他注册了俄罗斯国内第一家汽车厂"弗雷泽和 K°"，以发明家伊波利特·罗曼诺夫的系统为基础制造了 2 辆电动汽车，然后开始了法国"德·迪昂·布通"汽车的许可组装，从 1901 年开始——批量生产他自己设计的车型。

　　这就是俄罗斯第一辆汽车的历史。普季洛夫和赫洛博夫与此无关。

第 47 章

阿尔塔莫诺夫的自行车

在我看来，最受欢迎、流传最广，同时也是与真正的发明家最不相称、最不成体统的"谎言"，是苏联时期大肆宣传的，1801 年造出了第一辆自行车的俄罗斯农民叶菲姆·阿尔塔莫诺夫的故事。其实，哪有什么阿尔塔莫诺夫，这个人压根就不存在。更不用说什么发明了。

　　荒唐至极的是，无论过去还是现在，都是官方在宣传这个故事。叶卡捷琳堡甚至还竖立了一座阿尔塔莫诺夫纪念碑。位于下塔吉尔的"乌拉尔采矿工业"历史文化保护区前不久还展出了"那辆自行车"（当然，是指 19世纪 70 年代制造的那辆凭空而生的自行车）。就连中学课本里也有阿尔塔莫诺夫的相关内容——还不够令人汗颜吗？

　　那么我们先来看看历史的真相究竟是怎样的。

自行车是谁的发明？

　　1817 年，德国著名设计师卡尔·冯·德雷斯为"滑步车"申请了专利。"滑步车"由 1 个车架和 2 个位于同一平面的轮子构成。德雷斯的车没有踏板和车座，只有方向盘。德雷斯后来为"滑步车"配上了车座，又获得了一次专利。除了"滑步车"，发明家设计并获得专利的成果还有以他的名字命名的铁路轨道车、早期的印刷机和绞肉机。

　　在 19 世纪 60 年代之前，"滑步车"一直在线生产。有一个未经证实的传闻，说 1839 年，苏格兰铁匠和自学成才的机械师柯克帕特里克·麦克米伦（Киркпатрик Макмиллан）想到在"滑步车"上加装踏板驱动，避免双脚触地蹬踏。这个传闻的大体内容与俄罗斯版的阿尔塔莫诺夫传说很相似，所以并不是只有俄罗斯人"往自己脸上贴金"，而且还丝毫不感到难为情。19 世纪 40 年代的苏格兰报纸上确实提到了一个不知姓名的"自行车车手"，他骑的"滑步车"设计很新奇，至于这个人是不是麦克米伦就不得而知了。19 世纪 60 年代，另一位苏格兰人托马斯·麦考尔（Томас Макколл）与其他一些欧洲发明家几乎同时获得了脚踏自行车最早的专利，麦考尔的自行车采用的不是链条驱动，而是杠杆驱动。1869 年，一篇介绍托马斯·麦考尔自行车的文章出现在颇有影响力的《英国机械》（*English Mechanic*）杂志上。

　　从 1869 年开始，所有的自行车公司都很快转产脚踏车（脚踏车当时的绰号是"松骨车"，意思是"摇晃得骨头都要散架了"）。我忍不住要吹嘘一下，我曾经骑过莫斯科一位自行车爱好者收藏的 19 世纪 70 年代正宗的"松骨车"，他名叫安德烈·米亚季耶夫（Андрей Мятиев）——这辆车确实是个庞然大物，感觉足有 1 吨重。

最终得到广泛推广的不是麦考尔的英国"松骨车"，而是法国的自行车。法国人最先想到不必在后轮加装复杂的杠杆驱动，只需将踏板固定在前轮就万事大吉——就像现代的儿童自行车一样。19 世纪 70 年代，"松骨车"逐渐被著名的大小轮自行车取代。这种自行车有一个巨大的前轮，尺寸取决于直接驱动和骑行者的腿部长度。骑行大小轮自行车需要更多的技巧，但它的设计形式使自行车的重量减少了三分之二到五分之四！我忍不住又要来炫耀了：我也骑过一辆 19 世纪 80 年代的大小轮自行车，重 11~16 千克，看起来就像一辆漂亮时尚的现代自行车。

最后，在 19 世纪 80 年代中期，现代造型的自行车出现了。向此迈出第一步的人是哈里·约翰·劳森（Гарри Джон Лоусон），他在 1879 年推出了一款后轮链传动自行车，但外形仍然接近大小轮自行车。

现在我们来看看阿尔塔莫诺夫的"来历"。

查无此人

那个流传甚广的故事是这样讲的。叶菲姆·米赫耶维奇·阿尔塔莫诺夫（Ефим Михеевич Артамонов）是一名农奴，在波日瓦的一家工厂当钳工（另有一说是在下塔吉尔的工厂）。阿尔塔莫诺夫 1776 年出生在一个驳船造船工的家庭，他父亲在离工厂 85 千米外的丘索瓦亚河的旧乌特金斯克码头干活儿。那个时候，阿尔塔莫诺夫就开始想，能不能找到替代马匹的交通工具，让自己能够尽快赶到父亲身边。最终，在 1800 年，阿尔塔莫诺夫造出了世界上第一辆自行车——全金属自行车，两个轮子在同一平面，前轮尺寸是后轮的 3 倍——你们可以回想一下经典的"大小轮自行车"。于是，"大小轮自行车"就成了阿尔塔莫诺夫的"发明"。

征得东家同意后，叶菲姆·阿尔塔莫诺夫在众人诧异的目光中，骑着他的自行车从乌拉尔前往彼得堡，去完成工厂老板阿金菲·杰米多夫（Акинфий Демидов）交代的任务，在彼得堡阿尔塔莫诺夫不仅因为自己的发明获得了 25 卢布，同时也解除了农奴的身份，获得了自由身。然后他回到乌拉尔，又为下塔吉尔的客户造了几辆自行车，但由于阿尔塔莫诺夫造自行车用的铁料不是自己的，这些自行车后来都被毁掉了。1815 年，阿尔塔莫诺夫回到波日瓦工厂，1840 年又去了杰米多夫的苏克孙工厂，一年后去世。

卡尔·冯·德雷斯的自行车（Laufmaschine，"滑步车"），1817 年

这一切都是无稽之谈。实际发生了什么？

1896 年，瓦西里·德米特里耶维奇·别洛夫所著《乌拉尔采矿厂历史纪事》一书在伊西多尔·戈尔德贝格（Исидор Гольдберг）的彼得堡印刷厂

付印。这本书后来再版多次，是一部公认的高质量的历史著作。别洛夫长期担任杰米多夫家族工厂驻圣彼得堡总办事处主任，因此对乌拉尔工厂发生的事情也了如指掌。书中有这样一段话："保罗皇帝加冕时，也就是 1801 年，乌拉尔工厂的工人阿尔塔莫诺夫长途骑行，所骑是他自己发明的自行车，为此，皇帝下诏令，恩准阿尔塔莫诺夫本人及其后代永获自由。"

这一整句话让人感觉特别怪异。至少保罗一世是在 1797 年 4 月 5 日（旧历 16 日）加冕的而非 1801 年。我们权且认为这是笔误（混淆了保罗和亚历山大的加冕时间）。还有一点，在别洛夫之前没有任何人在任何地方提到过阿尔塔莫诺夫，无论是书籍还是回忆文章中。

阿尔塔莫诺夫再次"浮出水面"是在 1910 年，出现在制图师伊万·雅科夫列维奇·克里沃晓科夫（Иван Яковлевич Кривощёков）编纂的《彼尔姆省韦尔霍图里耶县志》中。作者老老实实地引用了一手资料来源（别洛夫的书），只是根据实际的加冕日期相应地更正了皇帝的名字。

后来呢，以讹传讹，越传越讹。1922 年，下塔吉尔的"乌拉尔采矿工业"历史文化保护区，确切地说，是历史文化保护区的一个分支机构——地方史博物馆，出现了一辆铁制自行车——正是"阿尔塔莫诺夫的那辆自行车"。20 世纪 80 年代进行的一项分析表明，这辆自行车是由贝氏钢制成的，也就是说，其出现的年代不会早于 19 世纪 70 年代，而且这辆自行车是纯手工打造的，并非工厂制造的产品。从技术发展史的角度看，大小轮自行车不可能在 19 世纪 70 年代之前出现，这个历史年代是可以准确判定的。我们推测最有可能的情况是：20 世纪 20 年代，有人发现了一辆旧自行车，就将其"指定"为世界上的第一辆自行车。

1940 年，阿尔塔莫诺夫在费奥多罗娃的《1701—1861 年农奴制下的塔吉尔：18—19 世纪乌拉尔矿业史插曲》一书中被提及，1946 年，奥莉加·福尔什（Ольга Форш）的小说《米哈伊洛夫城堡》也提到了阿尔塔莫诺夫，这里的人物，不仅拥有"阿尔塔莫诺夫"这样一个姓氏，而且拥有了名字和父称……伊万·彼得罗维奇·阿尔塔莫诺夫。

到了"反世界主义运动"时期（1948 年至 1953 年），当时苏联的历史学家必须找到更多新鲜的史料，证明自己的国家比其他所有国家更具有历史的优越性，彰显俄罗斯人独擅胜场的优越感。苏联技术史学家维克托·瓦西里耶维奇·丹尼列夫斯基（Виктор Васильевич Данилевский）偶然发现了一个宝藏——阿尔塔莫诺夫的自行车！一经发现，就迅速流传开来……

在他的著作《俄罗斯技术》（1947 年）中，丹尼列夫斯基还没有偏离原始的资料："当时，农奴工匠阿尔塔莫诺夫在下塔吉尔工作，至今还流传着他从乌拉尔骑着两轮铁制自行车到莫斯科观看亚历山大一世加冕典礼的故事，他发明自行车的时间远远早于西方产生类似的想法。"但在 1950 年第二版《苏联大百科全书》第一卷中，"阿尔塔莫诺夫"这个词条已经引用了丹尼列夫斯基的话，并注明可参考丹尼列夫斯基的人物词条。《苏联大百科全书》还增加了一点新内容，说发明家从首都回来后又建造了几辆自行车。我们看到，这个传说的内容在不断丰富。

1954 年，由历史科学博士阿纳托利·格里戈里耶维奇·科兹洛夫（Анатолий Григорьевич Козлов）编辑的传记词典出版。在阿尔塔莫诺夫的词条中，阿尔塔莫诺夫不再是伊万·彼得罗维奇·阿尔塔莫诺夫，而有了新的名字——叶菲姆·米赫耶维奇·阿尔塔莫诺夫，也有了生卒年份：1776—1841 年。当然，词典中没有注明这些新信息的出处。

20 世纪 60 年代中期，彼尔姆教育家、地方史专家和图书编目专家亚历山大·库兹米奇·沙尔茨（Александр Кузьмич Шарц）编纂了一本《乌拉尔传记词典》，沙尔茨在这本辞书中进一步补充了阿尔塔莫诺夫和他的父亲是驳船造船工的内容。"除了自行车，阿尔塔莫诺夫还发明了驳船上的抽水泵和'自走式四轮车'，即汽车的原型车，只不过这种汽车装配的是蒸汽机，阿尔塔莫诺夫的汽车据说在下塔吉尔的工厂运输货物"，沙尔茨写道。

1969 年出版的《苏联大百科全书》第三版第一卷，其中已经包含了科兹洛夫和沙尔茨"发明"的所有"史实"。

历史学家谢尔盖·奥赫利亚比宁（Сергей Охлябинин）在 1981 年又增补了一些内容，为阿尔塔莫诺夫的生平添上了最后一笔。奥赫利亚比宁增添的内容是，阿尔塔莫诺夫因浪费国家铁资源而遭到冷遇。奥赫利亚比宁的著作《19 世纪俄罗斯庄园的日常生活》现在的知名度很高，可是你们想想看，那本书里有多少内容是可信的，况且 Livelib 网站对这本书的评价极其负面。

历史真相究竟如何？

20 世纪 80 年代，阿塔莫诺夫的故事逐渐开始受到批判性的反思。工程博士格里戈里·尼古拉耶维奇·李斯特（Григорий Николаевич Лист）首先提出质疑，他指出"阿尔塔莫诺夫的自行车"与 19 世纪末英国的大小轮自行车有许多令人生疑的相似之处。一些研究人员继续对这个课题进行深挖，1989 年《自然科学与技术史问题》杂志发表了一篇题为《科技史上的神话是如何创造的》文章，由下塔吉尔历史文化保护区的工作人员共同撰写，文中证明阿尔塔莫诺夫的传说纯属乌有子虚。

沙尔茨的错误特别离谱。按照他提供的"资料"，阿尔塔莫诺夫在 1801 年 5 月 9 日至 12 日用……4 天时间从乌拉尔骑到了彼尔姆，骑行了 560 千米。但重达 60 千克的"大小轮自行车"（正好与塔吉尔博物馆的"那辆自行车"的重量相当）就算使出浑身解数，也不可能骑出每小时 10 千米以上的速度，而且每天还要骑 140 千米的路程——这简直是天方夜谭，更不用说他是在俄罗斯的道路上骑行。俄罗斯的道路质量到底有多差自不必我来细说。

奥赫利亚比宁也谬之千里，错出了新高度：他写道，这辆铁制自行车之所以保存下来，是因为尼古拉·杰米多夫下令把它放进了工厂的厂史馆。

可问题是，这个厂史馆于 1840 年建成，也就是尼古拉·杰米多夫去世 12 年后的事情。

如果你们愿意，其实可以找到许多不错的资料，这些资料对"捏造"阿尔塔莫诺夫的故事有很多的分析和解读——例如谢尔盖·甘扎（Сергей Ганьжа）的文章《一个讹传的历史》。文中对我这里讲述的所有内容有更详细的说明。

不过，话又说回来，阿尔塔莫诺夫的讹传也并非完全是空穴来风。18 世纪末至 19 世纪初，下塔吉尔真的出现了一个农奴发明家，关于他的事情，有相关文件可以证实，这些文件在时间上和这位发明家的生活年代是吻合的。他名叫叶戈尔·格里戈里耶维奇·库兹涅佐夫（热平斯基）[Егор Григорьевич Кузнецов（Жепинский）]，在 1785 年到 1801 年间，他给叶卡捷琳娜二世准备了一份礼物——一辆"音乐轻便马车"。然而，礼物备好的时候，叶卡捷琳娜二世已经去世，只能将"音乐轻便马车"进献给玛丽亚·费奥多罗夫娜（Мария Федоровна）皇后，保罗一世的妻子。历史的真相是：1801 年，库兹涅佐夫奉命到莫斯科向沙皇进献轻便马车。这辆马车配备了一个小型管风琴，车辆移动过程中可以演奏出动听的音乐，马车还装了里程计，方便计量里程，里程计也颇具匠心地制成铃铛的样子。这辆马车是完全真实的存在，这一点毫无疑问——马车原件现就珍藏于国立埃尔米塔日博物馆。埃尔米塔日博物馆同时还展出有叶戈尔·库兹涅佐夫的另一件作品——天文钟。

1801 年，皇帝下令恢复库兹涅佐夫及其家人，以及他的侄子阿尔塔蒙（Артамон）（注意！）自由民的身份。当然，实际的操作过程比较慢，直到 1804 年他们才获得自由。别洛夫很可能只是把这一切搞混了。

其他的一些杜撰

平心而论，许多国家的研究者都试图以欺瞒谎骗的方式将发明自行车的功劳据为本国所有，俄罗斯绝非个例。我们前面已经谈到了苏格兰。意大利也时不时地向世界展示达·芬奇的学生萨拉伊（Салаи）的一幅草图，上面描画的是一辆真正意义上的自行车，装有踏板和后轮的链驱动！1998年，研究人员汉斯·爱德华·莱辛（Ганс-Эдвард Лессинг）证实这幅画并非萨拉伊时代的作品，是后世造出的赝品，然而许多人至今仍相信那幅画的真实不虚。

法国人一度认为自行车的发明者是他们的同胞梅德·德·西夫拉克（Меде де Сиврак）伯爵，据称他在 1792 年发明了"提速车"，这是一种没有踏板的滑行车，与德雷斯后来的设计完全一样。后来才搞清楚，这个故事是记者路易斯·博德里·德·索尼埃（Луи Бодри де Соньер）在 1891 年生造出来的，纯粹是出于爱国主义情怀，这也是《我们发明了世界上的一切》计划的一部分。现实中不存在德·西夫拉克伯爵这个人。

如果卡尔·冯·德雷斯在天有灵，或许，只有他知道到底是谁发明了自行车。

第 48 章

克里亚库特内伊的飞行

1783 年 11 月 21 日，法国人让·弗朗索瓦·皮拉特·德·罗齐耶和弗朗索瓦·劳伦特·达兰德斯侯爵成为最早乘坐气球升空的人。这是事实。然而，在科斯特罗马附近的涅列赫塔（Нерехта）城有一座浮空飞行家克里亚库特内伊的纪念碑，后人立碑以颂扬他彪炳千古的伟绩——他比法国人更早地实现了乘坐热气球升空的梦想，是在 1731 年 5 月。我们就来看看这个谎言又到底是怎么回事。

这个故事是这样的。涅列赫塔（或者梁赞，这里的信息不大一致）有一个书吏名叫叶菲姆·克里亚库特内伊，或者叶菲姆·克里亚库特诺伊，这里的说法也不统一。1731 年，他在一个袋子里装满了热烟，从钟楼上一跃而起，从惊骇的人群头顶掠过。最早可查的资料是这样写的："1731 年，梁赞督军身边有个书吏，叫克里亚库特诺伊（涅列赫塔人），他做了一个球形的大口袋，里面装满了散发着难闻气味的浓烟，他给大口袋做了套索，自己就坐在套索里，一股邪恶的力量把他高高举起，比白桦树的树梢还要高，然后邪恶的力量把他摔到钟楼上，但他抓住了敲钟绳，活了下来。人们把他赶出小城，他就去了莫斯科，人们又想把他活埋或者活活烧死。摘自《博戈列波夫笔记》。"

1956 年，为纪念克里亚库特内伊飞行 225 周年，苏联各地都举行了庆祝活动，克里亚库特内伊的热气球飞行究竟是在哪一天，已经不得而知，于是人们假定性地确定了一个日子。为彰显克里亚库特内伊的飞行成就，苏联在那一年还发行了一枚纪念邮票。《苏联大百科全书》第二版也收录了他的词条，在苏联以及其他社会主义国家的各种报纸上，对克里亚库特内伊的事迹都有宣传，这并不奇怪。首先，那些年里，我们不止一次提到的"反世界主义运动"政策一直占主导地位；其次，信息的来源，尽管单一而且唯一，却是非常具象的，可感可知，可触可摸——因为那是《俄罗斯的空中飞行（从公元前 906 年开始）》手稿，这份手稿是历史学家和收藏家亚历山大·伊万诺维奇·苏拉卡泽夫（Александр Иванович Сулакадзев）在 1810 年代前后创作的。

但令人称怪的是，1956 年盛大的庆祝活动却终结了这个构思精妙的骗局。

受洗的德国人和格鲁吉亚公爵

为了纪念这个具有历史意义的日子，苏联国内进行了深入细致的科学研究工作，编纂了《1907 年前的俄罗斯浮空飞行和航空》文集。作为研究工作的一部分内容，决定再版《俄罗斯的空中飞行（从公元前 906 年开始）》手稿。这本历史书籍一直珍藏在苏联科学院图书馆的档案库中，将这本书调出档案库，也是为了对其进行更详尽的解析。将这本书拿到手后，科学家们采用现代方法进行了分析，他们首先发现，"涅列赫塔人，克里亚库特诺伊，大口袋"这三个词不是写在正文，而是小心翼翼地改在正文上面。在表层文字的下方，可以隐约看到被遮盖的下层文字："德国人，受洗的，弗塞尔"。那么到底是谁完成了飞行：俄罗斯书吏克里亚库特诺伊还是受洗的德国人弗塞尔？——真是让人摸不着头脑。

另外，除了这本手稿，在其他任何资料文献中，都找不到引用《博戈列波夫笔记》的文字，考虑到苏拉卡泽夫本人擅于杜撰历史掌故，也是诸多不实之说的制造者，他在这方面"恶"名远播。一切都变得不言自明：《博戈列波夫笔记》绝不可信。

那么，这位苏拉卡泽夫又是何方神圣，他为什么要生造出第一个俄罗斯浮空飞行家的谎言，谁又追随他进行了后续的改编？

亚历山大·伊万诺维奇·苏拉卡泽夫 1771 年出生于梁赞省，他的家族是伊梅列季亚王国[①]的贵族。他的仕途平淡无奇，毫无精彩之处：先是在普列奥布拉任斯基团的禁卫军中服役，然后从那里退出现役，退役时军衔很低，只是个准尉，然后从事行政工作——一会儿给阿列克谢·鲍里索维奇·库拉金（Алексей Борисович Куракин）公爵当秘书，一会儿又干起粮秣官的差事，一会儿又不知道跑到哪个部任职。文书工作意外显现了苏拉卡泽夫模仿各种笔迹的惊人天赋，他甚至能仿写他不熟悉的文字。苏拉卡泽夫收集了许多古籍和手稿，经常在其中增补、扩充内容，以提高这些古籍和手稿的价值和重要性。

---

① 格鲁吉亚境内的封建国家，15 世纪末建国，1811 年被俄国征服。——作者注

苏联邮票，1956 年

　　苏拉卡泽夫最有名的虚造案例是他伪造了智者雅罗斯拉夫的女儿、法国国王亨利一世的妻子安娜·雅罗斯拉夫娜（Анна Ярославна）的《私人笔记》。《私人笔记》的出现，缘起于 1800 年从法国回来的彼得·彼得罗维奇·杜布罗夫斯基（Петр Петрович Дубровский），他曾在俄罗斯驻法使馆（巴黎）担任使馆秘书多年。在动荡的革命时期，杜布罗夫斯基设法从被法兰西共和国摧毁的修道院中收购了一大批古代文献和手稿。他想把这些收藏转赠帝国公共图书馆，但官员们认为这批文献和手稿的收藏价值不高，于是杜布罗夫斯基委托"伪造大师"苏拉卡泽夫在一份 14 世纪的塞尔维亚手稿上，假借安娜·雅罗斯拉夫娜之名添加了几行西里尔文。

　　后来，苏拉卡泽夫又假造了其他一些足以以假乱真的文献，误导了历史学家多年。苏拉卡泽夫的私人藏书里有许多古代典籍，也被他精心地增补和伪造。甚至连藏书的书目也有作假，并不可信：书目中有些图书，苏拉卡泽夫根本没有收藏，有些根本就是子虚乌有。

　　我们再回头说说克里亚库特内伊。

臆想的飞行

　　1901 年，科学历史学家和作家亚历山大·阿列克谢耶维奇·罗德内赫（Александр Алексеевич Родных）有幸看到不久前过世的藏书家雅科夫·费杜洛维奇·别列津 – 希里亚耶夫（Яков Федулович Березин-Ширяев）的藏书。总共有 5 万多册，包括一些极其罕见的典藏，因为别列津 – 希里亚耶夫在不同时期收购了一些著名学者和藏书家的藏书。别列津 – 希里亚耶夫也买过亚历山大·苏拉卡泽夫的藏书，不过只是苏拉卡泽夫藏书残剩的部分。

在研究这些藏书的时候，罗德内赫意外地发现了一份有趣的手稿，里面的内容他闻所未闻（除了苏拉卡泽夫本人，恐怕再没有其他人了解内情），那就是《俄罗斯的空中飞行（从公元前 906 年开始）》手稿。这份手稿是罗德内赫随着其他一些出版物一起买下的。同年，罗德尼赫将他在手稿中读到的克里亚库特内伊的故事刊登在《俄罗斯》杂志上，但没有引起关注。

9 年后，即 1910 年，罗德内赫采用照相技术翻拍了整部手稿，然后出版。在序言中，他强调了克里亚库特内伊在浮空飞行发展进程中的作用。这本书非常成功，不仅在科学界，在所有的圈子里都得到广泛关注。部分书页甚至作为文化交流活动的内容在慕尼黑科技博物馆展出。

克里亚库特内伊的杜撰故事开始出现在各种资料中：例如，布罗克豪斯和叶夫龙出版社的《新百科全书词典》第一卷（1911 年，"浮空飞行家"词条），历史学家维克托·维尔金斯基（Виктор Виргинский）的著作《浮空飞行的诞生》（1938 年），亚历山大·沃尔科夫（Александр Волков）的中篇小说《神奇的气球》（1940 年），教育家和历史学家维克多·丹尼列夫斯基的《俄罗斯技术》（1947 年第一版，多次再版），谢苗·维申科夫（Семён Вишенковый）的《亚历山大·莫扎伊斯基》传记（1950 年）等。在 20 世纪 40 年代末争夺俄罗斯技术发明优先地位的斗争中，克里亚库特内伊的故事恰逢其时，派上了用场。

1951 年，当这部手稿被俄罗斯科学院图书馆手稿部收藏时，人们第一次对手稿的真实性产生了怀疑。同时，历史学家鲍里斯·尼基托维奇·沃

历史学家亚历山大·罗德内赫对 A. 苏拉卡泽夫的手稿进行的修改

罗比约夫（Борис Никитович Воробьёв）发表了一篇论文：《论作为浮空飞行研究史料的 A.I. 苏拉卡泽夫的〈关于空中飞行〉手稿》。沃罗比约夫在文中对手稿进行了这样的描述：一共有 2 个笔记本，每本各 6 页，手稿的最后几页装订得很特别，这样就像是一本"复式书"，从前往后读，是一本书，读完把书上下颠倒过来，又是一本新内容的书。书稿的一面写的是飞行的事情，另一面是《俄罗斯人在世界不同国家的游历和旅行》。沃罗比约夫最早指出，苏拉卡泽夫经常引用未经证实的一手资料，《博戈列波夫笔记》就属于此类，克里亚库特诺伊的相关记述似乎就来源于此。

1956 年，普希金之家的工作人员 V.F. 波克罗夫斯卡娅（В.Ф. Покровская）发表了一篇题为《再论 A.F. 苏拉卡泽夫的一部手稿》的文章。作者明确指出，苏拉卡泽夫不是以其对历史的科学态度而闻名，他的名气源于他一心想利用自己的藏书制造轰动效应：他收入的一个重要来源是手稿和书籍的交易。《关于空中飞行》一书提供了许多明显不实的信息。下面这一段话就足以说明问题："992 年，图加林·兹梅耶维，身高三俄丈[①]，善于点火。在萨法特河，图加林的纸翅膀被浸湿。图加林从天而降。——俄罗斯古代诗歌，1804 年。"我们不可能对这样的信息来源产生坚定的信任感，除非真正的《博戈列波夫笔记》现身，才能证实弗塞尔飞行的真实性（我们把克里亚库特内伊忘了吧）。

波克罗夫斯卡娅认为这是苏拉卡泽夫本人的修改，不过这个说法后来

———————

① 俄丈是俄国旧长度单位，约等于 2.13 米。——译者注

认为可信度不高。除了"弗塞尔"，手稿原稿中还有一处改动。有一个段落是这样写的："1745 年，一个卡腊查耶夫人从莫斯科出发，做了个六边形的纸风筝，上面固定了套索。又按套索大小做了个坐垫，他飞了起来，但开始打转，他摔了下来，伤了腿，再没有飞起来。"而从《博戈列波夫笔记》来看，手稿里最初写的不是"卡腊查耶夫人"，而是"高加索人"。

为什么苏拉卡泽夫相当粗暴地将"受洗的德国人弗塞尔"改为"涅列赫塔人克里亚库特诺伊"（还增加了一个十分晦涩的词"furvin"，根据文章的内容，这个词应该就是"气球"的意思），将"高加索人"改为"卡腊查耶夫人"？最有可能的情况是，不为什么——对苏拉卡泽夫来说，没有任何区别。但对于正在根据手稿为《俄罗斯》杂志撰写文章的亚历山大·罗德尼赫来说，这两处改动具有重大的爱国主义价值。把德国人改成科斯特罗马省人，把泛泛而指的高加索人改成让俄罗斯人更感亲近、具有具体民族属性的卡腊查耶夫人，完全符合爱国主义情感，半个世纪后也被反世界主义的斗士们欣然接受。

因此，让·弗朗索瓦·皮拉特·德·罗齐耶和弗朗索瓦·劳伦特·达兰德斯侯爵仍然是人类最早的飞行者（再多说一句，搭乘蒙哥里菲叶热气球伴随人类实现第一次飞行梦想的乘客是一只羊、一只公鸡和一只鸭子）。至于凭空编造的弗塞尔和克里亚库特内伊，不过是一段引人入胜的历史笑谈。

第49章

布利诺夫的拖拉机

"拖拉机"的概念相当模糊。根据百科全书的释义,"拖拉机"是"一种自走式（履带式或轮式）机械,用于农业、筑路、挖掘、运输和其他作业,配有牵引、悬挂或固定机械（机具）"。"拖拉机"一词来源于"track"（轨道）,更像是在暗示履带式配置。关于谁是"拖拉机"发明人的争论至今仍未平息。所以,这一章会提出很多的困惑。

费奥多尔·阿布拉莫维奇·布利诺夫（Федор Абрамович Блинов）的命运原本应该像几十位自学成才的俄罗斯发明家一样悲惨。他可能会带着自己的想法去拜访科学事业的庇护人，踏破无数的门槛，最后一无所有，在贫困潦倒中死去。但布利诺夫的人设与此不同，除了技术头脑，他还有出众的财务管理天赋和老黄牛一样吃苦耐劳的品质。所以，他的一生，就是从农奴（农民）到大型机械制造厂工厂主的一生，他的儿子子承父业，在巴拉科沃开设了"P.F.布利诺夫'感恩'石油发动机和消防泵厂"。

费奥多尔·布利诺夫在 19 世纪 80 年代发明了拖拉机。也许，他发明的不是拖拉机。也许，他什么都没有发明。

拖拉机制造的先行者

早在 18 世纪 70 年代，盎格鲁－爱尔兰发明家理查德·洛弗尔·埃奇沃思（Ричард Лоуэлл Эджуорт）就描述过一种原始的履带式推进器，可以在荒野和难行的道路上畅通无阻。但在蒸汽时代，这样的系统显然过于超前：当时的机械都非常笨重，唯一有能力依靠蒸汽进行机动的设备应该就是库诺发明的汽车。但是能够"在荒野和难行的道路上畅通无阻的机械"这一思想并没有被放弃——波兰数学家约瑟夫·朗斯基（Юзеф Вроньский）、英国浮空飞行工程师乔治·凯利和俄罗斯军官德米特里·扎格里亚日斯基多次提出类似的想法。但他们谁都无法造出全尺寸的履带式机械。

这里我想单独讲讲德米特里·安德烈耶维奇·扎格拉日斯基（Дмитрий Андреевич Загряжский）。1837 年，他获得了"移动车轨马车"的专利。扎格拉日斯基的履带结构非常简单，由支撑辊和六边形导向轮组成——这背后的原因不在于发明者思想的粗陋或者无知，而是因为扎格拉日斯基的设计以畜力牵引为基础，履带的行程必须与此相适应。当时俄罗斯对专利课税很重，扎格拉日斯基要缴纳 1200 卢布的税额，专利到期后，扎格拉日斯基没有延期。他最后也是没能造出自己设计的推进器的实物。但是，如果我们认为在履带传动行驶领域的先行者中也应该有俄罗斯人一席之地的话，那这个人只能是德米特里·安德烈耶维奇·扎格拉日斯基。

俄罗斯还有其他类似的专利，例如，瓦西里·泰尔泰尔（Василий Тертер）的"装有负载器械的便携式可移动铁路。负载器械可在平铺式活动道路上滚动"专利（即履带）。还有马克拉科夫（Маклаков，1863 年）和马耶夫斯基（Маевский，1876 年）的专利——总的来说，这个领域有很多的发明家。

但国外的这类项目早已不再是纯粹的纸上谈兵，而是在田野和道路上作业和行进的实物。英国人詹姆斯·博伊德尔（Джеймс Бойделл）最早实现了专利的实际应用，他在 1846 年获得了这项专利，博伊德尔现在是公认的履带传动行驶技术发明人。博伊德尔称他的设计为"无接头环带导轨"，1853—1856 年期间，位于伍尔维奇（Вулвич）的英国兵工厂采用他的系统建造了世界上第一台……说是坦克又不是坦克，说是拖拉机又不像拖拉机的"四不像"——简而言之，就是用于军事目的的履带式设备。我们不妨就称其为"军用牵引车"。

1854 年以后，几乎在英国的每一个技术展览会上都能看到博伊德尔的履带式蒸汽机车——加勒特父子公司（Richard Garrett & Sons）、布瑞尔父子公司（Charles Burrell & Sons）、克莱顿 - 沙特尔沃思公司（Clayton & Shuttleworth）和其他公司都制造了类似设备。博伊德尔牵引车的主要优点是能够克服任何道路障碍，在荒野和难行的道路上都能牵引重载。所以军方对这项技术的开发非常关注，并投入了巨额资金。牵引车制造领域的竞争非常激烈，许多发明家都争取能与军方签订合同。博伊德尔从中获利良多（尽管时间不长，他就于 1860 年去世）。

詹姆斯·博伊德尔有一个竞争对手——工程师约翰·福勒（Джон Фаулер），他想到了可以将移动式蒸汽机用于农业的方法。他完善了自己的想法之后，巧妙"绕过"博伊德尔的专利，成立了约翰·福勒公司（John Fowler & Co.），多年来这家公司一直是世界上最大的农业机械和拖拉机制造商。成立初期，也就是 19 世纪 60 年代，公司就开始生产蒸汽犁、播种机、扬谷机和其他田间设备。脑补一下：蒸汽犁 ① 是一种类似拖拉机的轮式机械，后面固定有犁。这个设备的轮距宽度最适合犁地，但不能完成其他作业。福勒还制造了公路用轮式蒸汽机车，即拖拉机的前身。

总的来说，那个时候世界正处于通用履带式农业机械即将问世，成熟的拖拉机呼之欲出的年代。剩下要做的就是把所有的组件组装在一起。

布利诺夫和他的机械设备

组件被组装了起来。

例如，1859 年，加州建筑师沃伦·米勒（Уоррен Миллер）获得了一项多用途履带式蒸汽犁的专利，同年他造出了这型设备，并在几个农业博览会上展出。几年后，也就是 1869 年，埃姆斯（Эймс）的乔治·明尼斯（Джордж Миннис）建造了一台类似设备——并有照片留存。设备有三条履带——两条在后部，一条在中心靠前位置，起驱动作用，车盘中间有巨大的蒸汽锅炉，后面有一个牵引部件。1871 年，宾夕法尼亚人罗伯特·克劳奇·帕文（Роберт Крауч Пэрвин）的履带犁在伊利诺伊州（Иллинойс）展出，1885 年，《科学美国人》（Scientific American）杂志报道了乔治·佩奇（Джордж Пейдж）设计的机器，等等。19 世纪，全世界共颁发了 100 多项各种用途的履带式农业机械专利，其中数十项在实践中得到了实际应用。

这一切都发生在布利诺夫之前。布利诺夫在 1879 年获得了他的第一个

---

① 英国人约翰·希思科特（Джон Хиткоат）于 1832 年申请了历史上第一台轮式蒸汽犁的专利，随后他将自己设计的机器造了出来。在唯一的一次实地测试中，希思科特重达 30 吨的蒸汽犁被困在农田里，因此被视为没有实用价值。

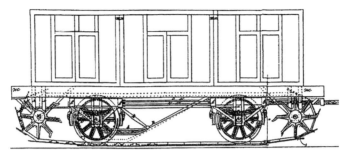

F.A. 布利诺夫履带式马拉车厢专利中的插图

也是唯一一个装有履带推进器的机械专利，这是"一个特殊的装置，装有无接头环带导轨，用于在公路和乡间道路上运输货物"。这项专利中所描述的是履带式畜力（！）牵引车，根本不是拖拉机。

现在简单谈谈我们所知道的真实情况。

费奥多尔·布利诺夫出生于 1831 年，1861 年农奴制改革后，与俄罗斯其他农奴一样，他也获得了自由。他没有留在土地上继续当农民，而是当了工人——他当过拉船工、司炉工、渡轮的机械操作员。布利诺夫在外面打工积攒了一些钱，之后又回到了家乡，两年后，他用自己的双手造出了一辆履带车厢，也就是他在 1879 年获得专利的那个车厢。布利诺夫没钱买发动机，他的第一辆"拖拉机"是用普通马匹牵拉的，但由于采用了新颖的履带系统，这种畜力牵拉车的承载能力强，更重要的是，它的通行能力成倍提高。这辆车毫无疑问是存在的，因为除了专利之外，萨拉托夫当地报纸还对车辆的试验情况进行了报道。

接下来发生的事情，就是深藏不露、精心罗织的秘密。

第一辆拖拉机？

在设计履带式车厢的同时，布利诺夫在巴拉科沃（Балаково）创立了公司，生产消防泵。说是公司，其实就是一间小屋，有几个工人在那里干活儿，但慢慢地，生产规模不断扩大，达到了较高的水平：布利诺夫的泵在当地的技术展览中获得了多个奖项。

　　但关于布利诺夫拖拉机唯一可靠的证据，是在革命前，也就是 1896 年下诺夫哥罗德举行的全俄工业和艺术展览的一份参展商名单。在第 177 项"普通非铺装土路、公路和铺装道路及其附属设备"第 586 分项"土路及其分类和统计"中，提到了布利诺夫的拖拉机。2 号展品就是萨马拉省参展商 F.A. 布利诺夫带来展陈的"装有无接头环带导轨、用于乡村道路的蒸汽机车"。仅此而已。连一张照片都没有留下（真是咄咄怪事，展览会从头到尾的每一件展品都被拍照，独独不见布利诺夫展品的照片），报纸也没有相关报道。

　　据传，布利诺夫在 1881 年至 1888 年期间制造了一台自走式车辆，是一种多用途农业机械。从外观上看，这就是一个平板车，上面装有动力装置、开放式驾驶座和木制驾驶室，必要时可以换用货运平台。

　　自走车由 2 台各 12 马力的蒸汽机驱动。当时，俄罗斯没有适合布利诺夫所发明机械尺寸的发动机，他通过与蒸汽船动力装置进行类比设计，完全独立制作了车辆的动力装置。这个装置的行进速度很慢，每小时只能走3.2 千米，但对农业作业来说已经足够，因为套在犁上的耕牛也不会超过这个速度。

　　布里诺夫在船上当机械操作员的时候，完成过一个设计：2 台发动机从两侧转动推进部件。他在一艘名为"大力神"的轮船上工作过，在一次航行中，由 2 台机器驱动的船尾轴意外断裂。布利诺夫没有更换船尾轴，因为更换船尾轴的费用太高（那个年代人们还不会牢固连接高强度的轴），而是建议利用两节"断轴"让 2 台机器继续给各自的机轮供电。作为临时解决方案，布利诺夫的妙招奏效了，布利诺夫还为此获得了一笔不菲的奖金。

　　可惜的是，这仍然只是一个传闻，没有任何证据或文献支持。在技术创造领域，缺乏证据往往就是伪造证据的代名词。

柴禾从哪里打来的？[①]

如果没有保存下来的照片、图纸，甚至连口头说明都没有，布利诺夫拖拉机的技术数据从何而来？其实发明家布利诺夫有一个学徒名叫雅科夫·马明。他比自己的老板小 40 岁，1873 年出生，也是巴拉科沃人，他在布利诺夫的工厂干过，毫无疑问，他看过那份专利，也了解履带式"车厢"的一些情况。既然布利诺夫被列为下诺夫哥罗德展览的参展商，那他至少会想方设法造一台蒸汽拖拉机，这是毋庸置疑的。

马明也非常有才华。他自己也获得了好几项农业发明专利，例如，双铧犁就是他的发明。1899 年，马明和他的兄弟伊万联手在巴拉科沃开设了一家生产消防泵的铸铁厂。兄弟俩的工厂与波尔菲里·布利诺夫（Порфирий Блинов）的"感恩"石油发动机和消防泵厂相距不远。1906 年，兄弟俩为他们自行设计的阿克罗伊德·斯图尔特系统烧球式发动机[②]（或石油发动机）申请了专利，之后转产柴油发动机。"十月革命"前，兄弟俩在这个行当一直干得风生水起。这家工厂至今仍在，现在叫"伏尔加马明兄弟柴油发动机厂"。

1914 年，雅科夫·马明生产出俄罗斯第一台量产轮式拖拉机，采用的是烧球式发动机，这型拖拉机的品牌就叫"俄罗斯拖拉机"，生产企业也更名为"Ya.V. 马明石油发动机和拖拉机特种工厂"。革命后，尽管工厂被国有化，但马明的事业发展得不错。他是列宁的朋友，这种关系对他很有助益，他还设计了苏联最早的两型拖拉机"土地神"和"小精灵"，这些设备都是在他以前的工厂生产的，大约有 20 台。马明一直从事工程工作，直到 1955 年去世，生前他获得了多项国家奖，被视为苏联拖拉机制造业

[①] 这是俄罗斯诗人 N.A. 涅克拉索夫的长诗《农民的孩子》中的诗句，现多用于戏谑的口吻。——译者注

[②] 烧球式发动机也可译为"热球点燃式发动机"。——译者注

的创始人。

20 世纪 40 年代，我们不止一次提到，一场激烈的"反世界主义运动"如火如荼地展开了。国家急需挖掘出俄罗斯拖拉机发明家的素材。不知道出于什么原因，扎格拉日斯基没有被挖掘出来，但作为候选人的布利诺夫，成为不二人选。布利诺夫 1902 年离世，去世时间相对较短，而且又是苏联著名设计师马明的师父。

1949 年，萨拉托夫州国立出版社出版了一本 72 页的小册子《费奥多尔·阿布拉莫维奇·布利诺夫：世界上第一台履带拖拉机的创造者》。作者是列夫·达维多维奇·达维多夫（Лев Давыдович Давыдов）。正是在这本小册子中，出现了更换"大力神"船的船尾轴、发明自走式拖拉机以及布利诺夫参加 1889 年萨拉托夫省展览的细节（那个时候，布利诺夫并不在参展商的名单中）。小册子中既有设备的详细技术规格，也有图片，图文并茂。随后，达维多夫还写了许多类似主题和内容的书，像《俄罗斯——拖拉机的故乡》（1949 年）、《拖拉机的故乡》（1950 年）等。

我们推测，"布利诺夫拖拉机"这个谎言极有可能是这样一步步诞生的。首先，天才工程师和工厂主费奥多尔·阿布拉莫维奇·布利诺夫获得了履带式车厢的专利。然后，显然，布利诺夫建议可以在他发明的系统中安装蒸汽机，并朝着这个方向做了一些尝试，包括申请参加 1896 年的下诺夫哥罗德展览。然后，在"反对世界主义运动"的背景下，记者兼作家列夫·达维多夫［原名隆贝格（Ломберг）］要么是找到了展览会的参展申请表，要么是找到了专利，要么是找到了其他一些信息，并向依然健在的事件见证者雅科夫·瓦西里耶维奇·马明咨询详情。早在 1935 年，马明就在他的一篇文章中提到了建造拖拉机的问题，他向达维多夫描述了布利诺夫发明的系统，至于其他情况，达维多夫则展开了丰富的想象，将整个事情补充得非常圆满，并为这本书贡献了许多艺术细节。我注意到，达维多夫之前一直在杂志上发表文章，《费奥多尔·阿布拉莫维奇·布利诺夫：世界上第一台履带拖拉机的创造者》是 38 岁的作家第一次在非期刊上公开发表作品，此举也"成就"了他后来的职业发展。达维多夫就苏联在拖拉机制造领域占据首创国地位这一主题撰写了三本书，之后他又编撰了一二十本爱国主义书籍，单是看书名，书中的内容已经不言自明：《党走向革命》《列宁思想之光》等。

无论布利诺夫的拖拉机是否真的存在，这样的发明都不能称为有分量、有水准的发明——充其量只是基于已有设计的发明，影响力和传播力都十分有限。希思科特、明尼斯、帕维斯（Парвис）和其他几十名工程师比布利诺夫更早地造出了同类设备，当所谓的"世界上第一台拖拉机"问世时，美国、英国和法国已经开始批量生产原理与布利诺夫拖拉机类似的设备。即使在俄罗斯，早在布利诺夫完成发明之前就已经有一些类似设备的专利，这些专利都是实际存在、可以考证的。

如果在了解了所有这一切之后，我们还能回想起那个问题：布利诺夫的拖拉机是否真的存在，此时可以说：很遗憾，俄罗斯其实没什么可骄傲的。

民间智慧拾遗
世纪之谜

　　有这样一些发明，它们的历史尘封已久。一方面，存在一种可能——世界上任何一个国家都有可能是它的发明国；另一方面，这些发明成果在俄罗斯得到了最为广泛的应用，在某种程度上甚至被视为国之瑰宝。此处内容与第 1 章《散落的民间智慧》部分内容交叉，但并非完全重复。

有这样一类发明，总让俄罗斯人感觉"这就是我们的发明"，可以划归这一类的发明数量还不在少数。这一节，我将介绍其中最为著名的三项发明：多棱玻璃杯、塔昌卡机枪马车和巴扬手风琴。

多棱玻璃杯

1943 年 9 月 11 日，苏联古西赫鲁斯塔利内（Гусь-Хрустальный）联合工厂（现为古谢夫水晶玻璃厂）出产了第一批 16 面、250 毫米口径的多棱玻璃杯，从此成为经典，这一天也被官方定为多棱玻璃杯诞生纪念日。虽然后来多棱玻璃杯又有多种不同的改型，棱面、价格、尺寸都千差万变，但这些已经无关紧要。经典恒久远，一"杯"永流传。

事实上，9 月 11 日只是一个象征性的日子。多棱形玻璃杯早在 20 世纪之前就已经出现在俄罗斯，所以不要以为这是伟大的薇拉·穆希娜（Вера Мухина）的设计发明。早在穆希娜出生前，俄罗斯人就开始使用多棱形的玻璃杯饮酒。

尽管多棱玻璃杯看起来很有现代感，其实这是一个比较古老的器物，最简单直接的佐证来自艺术品。库兹马·谢尔盖耶维奇·彼得罗夫－沃德金（Кузьма Сергеевич Петров-Водкин）1918 年所画《早晨的静物》，就是一个典型的例证。画面上，一只经典造型的多棱玻璃杯，以极富烟火气的方式呈现在我们面前。现在互联网上，热衷于引用迭戈·韦拉斯克斯（Диего Веласкес）1617 年的画作《早餐》作为多棱玻璃杯起源于国外的证明，这种观点我并不认可。因为只要略加仔细观察就会发现，画中西班牙玻璃杯与经典多棱玻璃杯的棱面形状完全不同。直棱玻璃杯一般用压制法制作，这也是传统的工艺，而画上这只西班牙玻璃杯的制造工艺显然不同。

无论凿凿可据的史料确证，还是口口相传的逸闻趣事都表明，多棱玻璃杯早在 18 世纪就已经被使用。有一则流传甚广的轶闻，说玻璃制造商叶菲姆·斯莫林（Ефим Смолин）曾向彼得一世敬献过一只多棱玻璃杯。另

多棱玻璃杯

外一则小故事，将多棱玻璃杯的发明归功于著名的工商企业家族——马利佐夫（Мальцевы）家族，认为多棱玻璃杯的发明者要么是谢尔盖·阿基莫维奇·马利佐夫（Сергей Акимович Мальцов），要么是他的孙子谢尔盖·伊万诺维奇·马利佐夫（Сергей Иванович Мальцов）。

实际上，真正的实证是，我们今天仍然能够看到许多19世纪制造的多棱玻璃杯，尤其是瑟尔瓦（Сылва）玻璃厂的产品。在各种博物馆的玻璃制品展区，我们都可以看到多棱玻璃杯，例如埃尔米塔日博物馆就有这样的展品。在国外的一些博物馆里，也可以看到古老的多棱玻璃杯的身影，但数量要少得多。

有关多棱玻璃杯发明的不经之谈，网上铺天盖地到处都是。综合客观资料来看，多棱玻璃杯在19世纪的俄罗斯已经出现，并广泛应用于日常生活。只是很可能当时它还只是作为成套餐具中的一个器皿在使用，还不是大众日常用品。到了苏联时期，多棱杯重获新生，广受欢迎，几乎到了"封神"的程度。

塔昌卡机枪马车

塔昌卡，这种架设有机枪的轻型敞篷马车，是苏俄内战时期标志性的作战装备之一。至于塔昌卡的真正发明者，至今仍无定论。20世纪10年代，最常见的塔昌卡机枪马车，就是将机枪简单固定在普通马车上。1928年，"骑兵部队机枪战车"已经被红军列装，成为标配装备。有人认为塔昌卡的发明人是乌克兰无政府主义者涅斯托尔·伊万诺维奇·马赫诺（Нестор Иванович Махно），这显然是一种误见。1918年以前，马赫诺热衷于"打笔战"，从事各种政治活动，当年春天才开始积极参与"实战"。他参战的时候，塔昌卡已经在战斗中得到运用，而且远不止在乌克兰战场。第一次世界大战中，塔昌卡机枪马车作为伴随车辆，随俄罗斯军队骑兵一起进攻。由于塔昌卡机枪的射击方向与马车运动方向相反，具有突出的后射能力，便于在部队后撤时给予支援。

最有可能的情况是，塔昌卡机枪马车并非某个人的发明，而是骑兵炮兵自然演进发展的结果。骑兵炮兵曾在18—19世纪得到广泛使用。整个骑兵炮兵班都在马上行动：人员骑马，大炮也由马匹拉拽，就像马车一样行进。这样一来，全班人员和装备可以快速转移。不过，展开火炮射击点时，全班人员还是要停下来，完成下马、火炮卸车、铺设止退器等一系列动作。出现机枪这种自动武器后，有人立即想到了这样一种可能：不把机枪从车上卸下来，而是在车上直接完成射击动作。

这里，我要强调一下，我不能百分之百地肯定，塔昌卡机枪马车是俄罗斯的发明。骑兵炮兵在欧洲运用广泛，18世纪末才从欧洲传到了俄罗斯。机枪也不是俄罗斯首先使用的。所以说，德国发明塔昌卡机枪马车的概率，要比俄罗斯高很多。不过，发明归发明，使用归使用，塔昌卡这种军事交通工具在俄罗斯的确赢得了赫赫声名。

目前，仅有五六辆塔昌卡机枪马车被保存下来。其中包括一辆经过修复的1926年的塔昌卡，目前陈列于上佩什马（Верхняя Пышма）的"乌拉尔军事荣誉"装备博物馆；一辆经过油封处理的塔昌卡原物及其完美的复制品，保存在伊万诺夫斯科耶（Ивановское）国家军事装备博物馆；还有两辆修复后的塔昌卡原物分别收藏在切博克萨雷（Чебоксары）的恰巴耶夫

塔昌卡机枪马车

（В. И. Чапаев）博物馆和乌克兰古利艾波列（Гуляйполе）地方史博物馆。总之，如果你们想亲眼目睹塔昌卡机枪马车的"真容"，那不成问题。

巴扬手风琴

我记得看过一部名叫《珠穆朗玛峰》的灾难电影，整部影片中唯一"浪漫"的镜头，就是俄罗斯登山家阿纳托利·布克列耶夫（Анатолий Букреев）在帐篷里弹奏……巴扬手风琴的那一幕（也可能是用键盘手风琴演奏的，实在记不清了）。我想说的是，手风琴的确是一种充满"俄罗斯情结"的乐器，一提到巴扬手风琴，人们就会想到俄罗斯。

小时候，我总是分不清巴扬手风琴和键盘手风琴。后来，我就记住了一点：键盘手风琴既有按钮又有琴键，巴扬手风琴只有按钮。幸好我不是英国人，否则麻烦就大了。因为，在英语中，几乎所有类似于手风琴的手持气鸣乐器都被称为"accordion"（意为手风琴），包括传统手风琴、巴扬手风琴和六角（八角）手风琴等，而"piano accordion"（意为钢琴手风琴）指的是带有变音音列的键盘手风琴，英语中"手风琴"只有"accordion"和"piano accordion"这两个词汇。

那么，我们就从俄罗斯发明手风琴（手持气鸣乐器）这一说法开始本节的话题。事实当然不是这样，所谓"俄罗斯发明手风琴"纯属无稽之谈。19世纪30年代初，手风琴从德国传入我国，以德国手风琴为模板，季莫费·皮缅诺维奇·沃龙佐夫（Тимофей Пименович Воронцов）和伊万·叶夫斯特拉季耶维奇·西佐夫（Иван Евстратьевич Сизов）的工厂开始生产手风琴。手风琴的产量节节攀升，同时，作为乐器，手风琴在俄罗斯的普及程度也远远超过了西方国家。

关于手风琴发明者身份的说法有很多种，其中最普遍的观点是把这项成就归功于德国乐器制造师克里斯蒂安·弗里德里希·路德维希·布什曼（Кристиан Фридрих Людвиг Бушманн）。这里是有一个"但是"：因为克里斯蒂安很可能是和他的父亲约翰·布施曼（Иоганн Бушманн）合作制作手风琴。约翰擅长制作金银绦带，19世纪10年代开始制作乐器，具有卓越的创新能力。1816年，约翰发明了特尔迪昂风琴。这是一种依靠木板与木轴摩擦发声的键盘乐器。

19世纪20年代，父子俩开始用风箱做气鸣发声试验。1828年，"奥林"（音译，德文意为"风神"）乐器首次出现在文献中，这就是原始的自然音键盘式手风琴。那时候的克里斯蒂安才23岁。

这种手风琴有两个主音阶，一个是半音阶，一个是自然音阶。还有一些次要音阶，使用频率非常低。我不想在这里引用大量音乐术语和它们的定义，这些知识在互联网上不难找到，请大家自行搜索。

就在布什曼父子发明"奥林"的同时，1829年初，英国人查尔斯·惠斯通（Чарльз Уитстон）在伦敦申请了六角手风琴（具有半音音阶的无和弦手风琴）的专利。这是第一个手持气鸣乐器专利（当时落地式簧风琴已经获得专利）。

1829年5月23日，亚美尼亚裔奥地利商人、布什曼父子的乐器生意伙伴基里尔·杰米扬（Кирилл Демьян）获得了自然音键盘手风琴的专利，专利名就叫"键盘手风琴"，和今天的名称完全一样。杰米扬开始规模生产键盘手风琴。前文提到的伊万·西佐夫很有可能就是得到了这种构造的手风琴，并开始在他的工厂里仿制。

既然已经搞清了气鸣乐器的来龙去脉，下面我们就来具体看一看其中被誉为"极具俄罗斯风情"的巴扬手风琴。

19 世纪 50 年代之前，绝大多数气鸣乐器都有一个自然音列以及与之相匹配的短键盘。但在 1854 年的慕尼黑（Мюнхен）工业展览会上，音乐大师马特乌斯·鲍尔（Маттеус Бауэр）展示了他设计的四款变音音列乐器，其中三款都有完整的钢琴键盘，这个款式后来成为经典款的键盘手风琴（piano accordion）。法国人宣称，总部设在巴黎的波顿（Бутон）公司比鲍尔早两年推出了类似系统，但是这种说法并无确凿证据支持。

鲍尔的第四款乐器，采用了他首创的、在 1851 年已获得专利的按钮设计。这种手风琴在 19 世纪 90 年代被称为"施拉梅尔键盘手风琴"，是为了纪念著名小提琴家约翰·施拉梅尔（Иоганн Шраммель）和约瑟夫·施拉梅尔（Йозеф Шраммель），他们兄弟二人曾经共同完成演绎了《两把小提琴——一把康特拉吉他，一架变音手风琴》四重奏。说到这里，我想起了另一件与之类似的、非常特别的乐器——康特拉吉他，它是维也纳工匠约翰·戈特弗里德·舍尔泽（Иоганн Готфрид Шерцер）的发明，有 15 根弦，是普通吉他和贝斯的组合体。

鲍尔的按钮键盘手风琴可以算是巴扬手风琴的前身。随后出现的一系列变音手风琴，在一定程度上影响了俄罗斯，一些设计元素也传到了俄罗斯。1878 年，俄罗斯出现了第一架变音手风琴，由图拉（Тула）的手风琴手兼工匠尼古拉·伊万诺维奇·别洛博罗多夫（Николай Иванович Белобородов）设计。这架手风琴保存至今，陈列于图拉的别洛博罗多夫纪念馆。别洛博罗多夫的变音手风琴并非成熟的巴扬手风琴，因为它既有半音音阶，又有键盘。后来，别洛博罗多夫又发明了按钮变音手风琴。

　　1907 年，巴扬手风琴被明确定义为气鸣乐器的独立类型。雅科夫·费奥多罗维奇·奥尔兰斯基－季塔连科（Яков Федорович Орланский-Титаренко），著名音乐家和教育家，向彼得堡工匠彼得·叶戈罗维奇·斯捷尔利戈夫（Петр Егорович Стерлигов）订购了一架按钮变音手风琴（显然，这并非世界上第一架按钮变音手风琴）。奥尔兰斯基－季塔连科领导的乐团以俄罗斯传奇说唱诗人"巴扬"的名字命名，奥尔兰斯基－季塔连科为自己订制的新乐器也取了同样的名字，后来，"巴扬"逐渐成为这种类型手风琴的通用名称。

　　所以说，自然音手风琴和变音手风琴都不是俄罗斯的发明。气鸣乐器在欧洲各国（其中当然也包括俄罗斯）的发展程度几乎相当，但在俄罗斯更受欢迎。客观来讲，德国人几乎是所有气鸣乐器的原创者，他们不断拔新领异，为气鸣乐器的发展和进步做出了巨大贡献。

结　语

本书没有收录的那些人

　　门捷列夫（Менделеев）在哪里？怎么没见到奥格涅斯拉夫·科斯托维奇（Огнеслав Костович）？为什么没有希尔德（Шильдер）？杰韦茨基（Джевецкий）也没有收录？这是几乎所有的读者都会提出的问题。每个人都有自己的认知、自己对历史的解读、自己崇拜的对象。在此，我尝试用简短的文字来说明为何这本书"漠视"了为数不少的绝世天才。

　　主要原因有两个。其一，一些人没有入选本书，是因为他们更应该被视为科学家而非发明家：他们发现了新的事物，而非创造出新的东西。其二，还有一些人被排除在外，是因为尽管他们极具工程天赋，在国内也声名显赫，但在推动全球技术进步方面所起的作用略显不足。本章的目的并不在于简述他们的生平，或是列出所有"被遗忘的人物"，而是解疑释惑，讲清楚为什么我没有把他们悉数纳入本书。

伟大的科学家

　　早在本书的序言中我就写过：科学家和发明家之间有着非常明晰的区分。科学家的工作，并不在于提出什么创意，也不在于创造什么，而在于发现一直存在但不为人知的自然规律或现象。所以，尽管对众多才华超众的俄罗斯科学家心怀敬意，但我仍然坚持认为，他们并不属于我的这本书。

非欧几里得几何学的奠基人尼古拉·伊万诺维奇·罗巴切夫斯基（Николай Иванович Лобачевский）、在数论研究方面做出革新性贡献的帕夫努季·利沃维奇·切贝绍夫（Пафнутий Львович Чебышёв），以及伟大的生理学家伊万·彼得罗维奇·巴甫洛夫（Иван Петрович Павлов）都是这一类别的科学家。

对"通才"进行类别划分就比较复杂了，因为他涉猎广泛，除科研活动外，他也搞发明、做设计、拿专利。这种情况下，大概率只能按他各项活动所占比重做出选择。假如在一个碗里，白色的球代表科学，黑色的球代表发明。如果白球占了更多的比重，那他就不应归到发明家的范畴，也不能成为我本书中的人物。

以德米特里·伊万诺维奇·门捷列夫为例，他首先是作为伟大的化学家为世人所知，但他所从事的学科范围之广，超出了一般人的想象。比如，谈到机械和发明，人们马上就会想到门捷列夫为破冰船进行的一系列的改良，他还设计了北极考察用的破冰船，研制了无烟火胶棉火药，等等。

门捷列夫的化学同行、更早期的米哈伊尔·瓦西里耶维奇·罗蒙诺索夫（Михаил Васильевич Ломоносов）也是如此。罗蒙诺索夫是化学家、物理学家、博物学家，他研制了一整套的实验室仪器和天文仪器，研究过玻璃吹制和冶金问题。总之，他既是理论学家，也从事应用学科的研究。可以归为"通才"的还有康斯坦丁·爱德华多维奇·齐奥尔科夫斯基（Константин Эдуардович Циолковский），齐奥尔科夫斯基不仅撰写了大量的空气动力学经典著作，还设计出全金属飞艇。

上面列举的这几位人物以及其他数十位类似的人物，他们首先是作为科学家、科学界的代表为自己和国家赢得了荣耀和声誉。对于他们而言，工程技术设计仅仅是附带的效应和结果以及必须具备的条件（尤其是在他们生活的年代，研究人员经常需要自己设计主业领域的实验设备和仪器）。

医生与其他科学家都不同，是一个很特殊的群体。医学处在理论学科和实践学科的交叉点上，科罗特科夫（Коротков）的血压测量法就是很典型的医学发明成果，书中有一章对这项发明诞生的过程进行了详细介绍。尼古拉·伊万诺维奇·皮罗戈夫（Николай Иванович Пирогов）、达维德·伊里奇·维沃采夫（Давид Ильич Выводцев）、尼古拉·瓦西里耶维奇·斯克利福索夫斯基（Николай Васильевич Склифосовский）等人，对医学以及医疗方法的发展做出了巨大贡献。下面，我将使用两个"但是"：但是，在我看来，医学理论和实践应该作为专题独立成书，专门加以介绍；但是，由于对医学不甚了解，我没有能力去写这本书。

杰出的机械专家

如何评价一个机械领域的专家，是否做出了突破性的贡献，是否是世界级的技术先驱，这个尺度的把握更显复杂和细致。米哈伊尔·布里特涅夫是破冰船的发明人，这是无可争议的，破冰船的问世，是具有里程碑意义的标志性事件，这也毋庸置疑，所以，布里特涅夫和他的破冰船一定会被本书收录。再举个例子。众所周知，切列帕诺夫（Черепановы）父子并不是蒸汽机车的发明人。蒸汽机车诞生于欧洲，30 年后，切列帕诺夫父子成功制造出第一辆俄罗斯蒸汽机车。对俄罗斯而言，这是一项卓越的成就，但在全球发展进程中，却没有太大的意义。所以，我不会把切列帕诺夫父子写进本书中。

但还是有太多有争议的名字。我在这本书中要记录的，是那些在世界范围内第一次完成某项发明和创新的人，即便他们的发明没有"产生巨大的影响力"，只是在一定范围内得到认可和推广。还有一些人是对别人已经完成的突破性发明进行了改进和完善，尽管也成就斐然，但我还是选择与之擦肩而过。这其中包括著名的潜艇设计师卡尔·安德烈耶维奇·希尔德和斯捷潘·卡尔洛维奇·杰维茨基（Степан Карлович Джевецкий），杰出的冶金专家瓦西里·斯捷潘诺维奇·皮亚托夫（Василий Степанович

Пятов）和米哈伊尔·康斯坦丁诺维奇·库拉科（Михаил Константинович
Курако），俄罗斯知名摄影师谢尔盖·米哈伊洛维奇·普罗库金-戈尔斯
基（Сергей Михайлович Прокудин-Горский）（很多人认为他发明了彩
色摄影技术，其实这种认知是错误的）、蒸汽发动机设计师瓦西里·伊万
诺维奇·卡拉什尼科夫（Василий Иванович Калашников）等人。说到这
里，俄罗斯不能忘了安德烈·罗曼诺维奇·弗拉先科（Андрей Романович
Власенко）——俄罗斯第一台联合收割机的制造者（当时，联合收割机在
美国已经实现量产），卓越的电动汽车设计师伊波利特-弗拉基米罗维奇-
罗曼诺夫（Ипполит Владимирович Романов），等等。

　　还有一类工程技术人员，他们每个人都是业界的佼佼者，但他们的
研究指向性过于狭窄和特殊，我无法用一整章的篇幅来记述他们的成就。
这类工程技术人员为数不少，没有几百，也有几十个。圣彼得堡理工学
院第一任院长安德烈·格里戈里耶维奇·加加林（Андрей Григорьевич
Гагарин）公爵就是其中的代表性人物。1884—1885 年，加加林发明和制
作了一种用于测量金属压缩和拉伸的专用气压机。"加加林气压机"在下诺
夫哥罗德（Нижний Новгород）举行的全俄工业展览会上荣获金奖，不仅
在俄罗斯得到推广使用，也被国外引进。1900 年，在巴黎世界博览会上，
他的另一项研究成果——"加加林圆尺"也获得金奖，这是一种用来测量
圆半径的仪器，看起来有点像现代量角器。这两项发明都很了不起，加加
林公爵也是一位非常有才华的工程技术人员，但是，他的发明成果与焊接
技术或电报机相比，怎么说好呢……分量还是有点轻。

　　有些发明，是在历史发展过程中"自发"创造出来的，发明人并没有
留下名字，其中一些成果虽然很有意思，却没有收录进本书。举例来说，
19—20 世纪初，伏尔加河（Волга）和卡马河（Кама）上运送木材的巨型
平底白木船非常出名。白木船有时可以长达 100 米，这种船在国外并没有，
也没有类似的船只，但这还不能算是突破性发明，应该归入地方专有技术，

因为它是特定历史时期为了适应特定地理环境而产生的技术成果。

结束语

希望这本书能够给你们带来趣味和知识，让你们从中学到一些新知识，有所获益，并获得愉悦的阅读体验。本书采用了现在这样的章节布局，读者可以按目录逐章顺序阅读，也可以按自己的喜好选择章节，优先阅读、了解俄罗斯设计发明中感兴趣的历史片段。

1917年"二月革命"和"十月革命"爆发后，一切都发生了变化——更恰当的说法是，一切都被颠覆了。苏联时期，一方面国家激发了创造性思维的发展，为其提供了新的发展方向；另一方面，又彻底斩断了许多旧有的传统。俄罗斯自苏联时期之后的发明设计史，将在《苏联发明史》中详细介绍。

鸣　谢

首先，我要感谢一个人，他就是我现在租住公寓的前任租客。他在房间里安装了软质水管，我住进去之后也没有更换。没想到可怕的事情发生了，水管爆裂导致我成了水淹邻居的罪魁祸首，从三楼到一楼，无一幸免。当我了解到赔偿总额后，我重新拾起了所有拖延已久的写作计划，其中也包括这本搁置了一年半的书。

我还要感谢阿尔皮纳非虚构出版社总经理帕维尔·波德科索夫（Павел Подкосов），俄罗斯联邦知识产权局新闻秘书伊戈尔·利斯尼克（Игорь Лисник），我的朋友和同事——记者德米特里·马蒙托夫（Дмитрий Мамонтов），以及所有帮助过我的人。

参考书目

编写本书时，我翻阅、参考了大约 4000 篇原始文献，此处列出的参考书目远不够完整，因为交付排版后发现，要列出全部参考文献需要占用篇幅过大，故此对参考书目进行了精简。

有 2500 多个各类网址并未列入这里的参考文献，其中有国际击木游戏联合会网，我比较喜欢的各种专业权威网站，如法国文化部的档案网，以及谷歌专利目录网（我的浏览器中存有各种各样的书签，可以链接到各种参考资料和版权文件目录页）。另外，还有大概 1000 篇报刊文章也没有列入引用书目，因为很多文章我只引用了其中的一两行文字，关闭页面后，就完全忘记了具体出处。

本书撰写过程中参考过的所有资料，无论我是否将其列入参考文献，都远不能达到 100% 的权威可信。我用了其中很多材料作为反例，这些假说则是断不可信的。

1. Новиков, Н. И. Опыт исторического словаря о российских писателях. — СПб.: [Тип. Акад. наук], 1772.

2. Кулибин И. П. Описание представленнаго на чертеже моста, простирающагося из одной дуги на 140 саженях. — СПб.: И. К. Шнорль, 1799.

3. Петров В. В. Известие о гальвани-вольтовских опытах посредством огромной батареи, состоявшей иногда из 4200 медных и цинковых кружков. — СПб, 1803.

4. Stuart, Robert. A Descriptive History of the Steam Engine. — London: J. Knight and H. Lacey, 1824.

5. Пекарский П. П. Наука и литература при Петре Великом. — 1862.

6. Даль В. И. Толковый словарь живого великорусского языка: В 4 т. — СПб., 1863–1866.

7. Ходнев А. И. История Императорского Вольно-Экономического Общества. — СПб., 1865.

8. Пекарский П. П. История Императорской Академии наук в Петербурге. — СПб., 1870, 1873.

9. Thurston, Robert Henry. A History of the Growth of the Steam-Engine. — London: Keegan Paul and Trench, 1883.

10. Шустов А. С. Альбом участников Всероссийской Промышленной и Художественной Выставки в Нижнем Новгороде 1896 г. — СПб., 1896.

11. Бобынин В. В. Очерки истории развития физико-математических знаний в России // Физико-математические науки в их настоящем и прошедшем. — М.: 1888–1889.

12. Энциклопедический словарь Брокгауза и Ефрона: в 86 т. — СПб., 1890–1907.

13. Русский биографический словарь: в 25 томах. — СПб. — М., 1896–1918.

14. Орлов И. И. Новый способ многокрасочного печатания с одного клише. — СПб., 1897.

15. Walter B. Snow. Mechanical draught for steam boilers, — Cassier's Magazine, 15 (1) '1898.

16. Цвет М. С. Труды Варшавского общества естествоиспытателей, Отд. Биологии, — 1903, т. 14.

17. Сан-Галли Ф. К. Curriculum vitae заводчика и фабриканта Франца Карловича Сан-Галли. — СПб., 1903.

18. Коротков Н. С. К вопросу о методах исследования кровяного давления // Известия Императорской Военно-медицинской академии: Журнал. — СПб., 1905.

19. Военная энциклопедия: [в 18 т.]/под ред. В. Ф. Новицкого [и др.]. — СПб.; [М.]: Тип. т-ва И. В. Сытина, 1911–1915.

20. Галанин Д. Д. Магницкий и его арифметика. — М.: Тип. О. Л. Сомовой, 1914.

21. Регель, Р. Князь Борис Борисович Голицын // Тр. Бюро по прикл. ботанике. — 1917. — Т. 10, № 1.

22. Hunziker, Otto Frederick. Condensed milk and milk powder. — La Grange, Illinous, 1920.

23. Аршинов П. А. История Махновского движения (1918–1921 гг.) — Берлин: Издание группы русских анархистов в Германии, 1923.

24. P. P. Shilovski. The gyroscope: its practical construction and application, treating of the physics and experimental mechanics of the gyroscope, and explaining the methods of its application to the stabilization of

monorailways, ships, aeroplanes, marine guns, etc.. — London, New York: E. & F. N. Spon, ltd.;Spon & Chamberlain, 1924.

25. Sir Wilfred Stokes — Inventor of a famous trench mortar. Obituaries. — The Times (44500). London. 8 February 1927.

26. Triefus E. Zum 50-jährigen Jubiläum der elektrischen Bahnen. — In: Verkehrstechnik, Jahrgang 1929.

27. Appleyard, R. — Pioneers of Electrical Communication. — Macmillan, 1930.

28. Jenkins, Rhys. Savery, Newcomen and the Early History of the Steam Engine in The Collected Papers of Rhys Jenkins. — Cambridge: Newcomen Society, 1936.

29. Ювенальев И. Н. Аэросани — М., Л.: Государственное транспортно-техническое издательство, 1937.

30. Ханжонков А. А. Первые годы русской кинематографии. — М., Л.: Искусство, 1937.

31. Котельников Г. Е. История одного изобретения: русский парашют. — М.-Л.: Детиздат, 2-е изд., испр. и доп., 1939.

32. Фёдоров В. Эволюция стрелкового оружия. — М.:Воениздат, 1939.

33. Дубинин М., Чмутов К. Физико-химические основы противогазного дела. —Военная академия химической защиты РККА им. Ворошилова. — Москва, 1939.

34. Пажитнов К. А. Очерки по истории бакинской нефтедобывающей промышленности. — М.; Л.: Гостоптехиздат, 1940.

35. Фигуровский Н. А. Очерк развития русского противогаза во время Империалистической войны 1914–1918 гг. — М.-Л.: Изд-во Акад. наук СССР, 1942.

36. История воздухоплавания и авиации в СССР [под ред. В. А. Попова]. — М: Государственное издательство оборонной промышленности, 1944.

37. Козловский Д. Е. История материальной части артиллерии. — М., Артиллерийская ордена Ленина ордена Суворова академия Красной армии имени Дзержинского, 1946.

38. Артоболевский, И. И. Русский изобретатель и конструктор Кулибин. с М.: Воениздат МО СССР, 1947.

39. Данилевский В. В. Русская техника. — Л.: Ленинградское газетно-журнальное и книжное издательство. 1947.

40. Розов С. А. Петр Иванович Прокопович. — Журнал «Пчеловодство», №11, ОГИЗ СЕЛЬХОЗГИЗ, Москва, 1947.

41. Долimo-Добровольский М. О. Избранные труды. — М., Л.: Государственное энергетическое издательство, 1948.

42. W. H. B, Smith and Joseph E. Smith. The Book of Rifles, — National Rifle Association, 1948.

43. Иванов М. Ф. Русская семиструнная гитара. — М.; Л.: Музгиз, 1948.

44. Эпштейн С. Л. Пионеры одновременного телефонирования и телеграфирования, в кн.: Сборник трудов Ленинградского электротехнического ин-та связи, вып. 4 — Л., 1949.

45. Давыдов Л. Россия — родина трактора: Стенограмма публичной лекции, прочит. в Центр. лектории О-ва в Москве — М: Всесоюз. о-во по распространению полит. и науч. знаний, 1949 (тип. им. Сталина).

46. Бриткин А., Видонов С. Выдающийся машиностроитель XVIII в. А. К. Нартов. — М.: Машгиз, 1950.

47. Ржонсницкий Б. Н. Фёдор Аполлонович Пироцкий. — М.-Л. Госэнергоиздат. 1951.

48. Огиевецкий А. С., Радунский Л. Д. Николай Николаевич Бенардос. — М.-Л.: Госэнергоиздат, 1952.

49. Фигуровский Н. А. Очерк возникновения и развития угольного противогаза Н. Д. Зелинского. — М.: Изд-во Акад. наук СССР, 1952.

50. Чеканов А. А. Родоначальники электросварки. — М.: Учпедгиз, 1953.

51. Канунов Н. Д., В. А. Гассиев — создатель фотонаборной машины, — М., 1953.

52. Лисичкин С. М. Очерки по истории развития отечественной нефтяной промышленности. — М.: Гостоптехиздат, 1954.

53. Яроцкий А. В. П. М. Голубицкий — пионер отечественной телефонии. — М.: Знание, 1954.

54. Петряев Е. Д. Исследователи и литераторы старого Забайкалья: очерки из истории культуры края — Чита: Чит. кн. изд-во, 1954.

55. Аносов П. П. Собрание сочинений — М: Изд-во АН СССР, 1954.

56. Мателен М. А. Русские электротехники XIX века. — М.-Л.: Госэнергоиздат, 1955.

57. Белькинд Л. Д., Конфедератов И. Я., Шнейберг Я. А., История техники, — М., Л., 1956.

58. Дружинский Н., Федосеева Е. «Театрум махинарум» А. К. Нартова. — Л., 1956.

59. Капцов Н. А. Павел Николаевич Яблочков, 1847–1894: Его жизнь и деятельность. — М.: Гостехиздат, 1957.

60. Данилевский В. Нартов и «Ясное зрелище машин». — М.: Машгиз, 1958.

61. История русского искусства. — М.: Изд-во АН СССР, 1959.

62. Краткая энциклопедия домашнего хозяйства. — М.: Государственное Научное издательство «Большая Советская энциклопедия», 1959.

63. Загорский Ф. Н. Очерки по истории металлорежущих станков до середины XIX века. — М.: Изд-во Академии наук СССР, 1960.

64. Derry, T. K.; Williams, Trevor. A Short History of Technology. — Oxford University Press, 1960.

65. Белкинд Л. Д., Веселовский О. Н., Конфедератов И. Я., Шнейберг Я. А. История энергетической техники. — 2-е, перераб. и доп. — М — Л: Госэнергоиздат, 1960.

66. Вольман Б. Л. Гитара в России. — Л.: Музгиз, 1961.

67. Яновская Ж. И. Кулибин. — Л.: Детская литература, 1961.

68. Немировский Е. Л. Выдающийся русский изобретатель И. И. Орлов — Журнал «Полиграфическое производство». — 1961. № 6.

69. Briggs Asa. The History of Broadcasting in the United Kingdom— Oxford University Press, 1961.

70. Яроцкий А. В. Павел Львович Шиллинг. — М.: Госэнергоиздат, 1963.

71. Rolt, Lionel Thomas Caswell. Thomas Newcomen. The Prehistory of the Steam Engine. — Cambridge: Newcomen Society (1 ed.), 1963.

72. Marland E. A.. Early Electrical Communication. — London: Abelard-Schuman Ltd, 1964.

73. Нилов Е. И. Зелинский. — М.: Молодая Гвардия, 1964.

74. Deane, Phyllis. The First Industrial Revolution. — Cambridge University Press, 1965.

75. Gerard Fairlie and Elizabeth Cayley. The Life of a Genius. — Hodder and Stoughton, 1965.

76. Быховский И. А. Рассказы о русских кораблестроителях. — Л.: Судостроение, 1966.

77. Мирек А. М. Из истории аккордеона и баяна. — М.: Музыка, 1967.

78. Daniel D. Musgrave; Thomas B. Nelson. The World's Assault Rifles and Automatic Carbines. — T. B. N. Enterprises, 1967.

79. White, Lynn. The Invention of the Parachute. — Technology and Culture. 9 (3), 1968.

80. Гнеденко Б. В., Погребысский И. Б. Леонтий Магницкий и его «Арифметика» — Журнал «Математика в школе», 1969. № 6.

81. Фёдоров А. С. Творцы науки о металле: Очерки о творчестве отечественных учёных — металлургов и металловедов — М.: Наука, 1969.

82. Nowak Z. Eliasz Kopiewski, polski autor, tłumacz, wydawca, drukarz świeckich książek dla Rosji w epoce wczesnego Oświecenia — Libri gedanensis, 1968/1969. № 2–3.

83. Большая советская энциклопедия: [в 30 т.] / гл. ред. А. М. Прохоров. — 3-е изд. — М.: Советская энциклопедия, 1969–1978.

84. Landes, David. S. The Unbound Prometheus: Technological Change and Industrial Development in Western Europe from 1750 to the Present. — Cambridge, New York: Press Syndicate of the University of Cambridge, 1969.

85. Horst J. Obermayer: Taschenbuch Deutsche Elektrolokomotiven. — Franckh'sche Verlagshandlung, 1970.

86. Прокошкин Д. А. Павел Петрович Аносов. — М.: Наука, 1971.

87. Кочин, Н. И. Кулибин, [1735–1818]. — М.: Советская Россия, 1972.

88. Jolly, W. P., Marconi. — Constable, 1972.

89. Baker, William John. History Of The Marconi Company 1874–1965. — New York: St. Martin's Press, 1972.

90. Мезенин Н. А. Занимательно о железе. — М.: Металлургия, 1972.

91. Розенфельд Н. Г., Иванов М. Д. Гармони, Баяны, Аккордеоны. Учебник для техникумов. — 2-е издание. — М.: Лёгкая индустрия, 1974.

92. Edwyn Gray. The Devil's Device: The story of Robert Whitehead, Inventor of the Torpedo Seeley. — 1st UK ed. edition, 1975.

93. Tolf, Robert. The Russian Rockefellers: the saga of the Nobel family and the Russian oil industry. — Hoover Press, 1976.

94. Delear, Frank J. Igor Sikorsky: His Three Careers in Aviation. — New York: Dodd Mead, 1969, Revised edition, 1976.

95. Booth J. A short history of blood pressure measurement. — Proc R Soc Med. 1977 Nov; 70 (11).

96. François van Rysselberghe: Pioneer of Long-Distance Telephony D. Gordon Tucker Technology and Culture. — Vol. 19, No. 4 (Oct., 1978)

97. Елисеев А. А. Б. С. Якоби. — М.: Просвещение, 1978.

98. Ильин М., Моисеева Т. Памятники искусства Советского Союза. Москва и Подмосковье. Справочник-путеводитель. — М.: «Искусство», 1979.

99. Адасинский С. А. Городской транспорт будущего. — М., Наука, 1979.

100. Малевинский Ю. Н. Дороже всякого золота: Ист. повествование: Кулибин. — Молодая гвардия, 1980.

101. Дьяконова И. А. Нобелевская корпорация в России. — М.: Мысль. 1980.

102. Ильин М. А. Русское шатровое зодчество. Памятники середины XVI века: Проблемы и гипотезы, идеи и образы. — М.: Искусство, 1980.

103. Шахеров В. Паруса над Байкалом. — Журнал «Байкал», № 2, март-апрель 1980.

104. Физики: Биографический справочник/Под ред. А. И. Ахиезера. — Изд. 2-е, испр. и дополн. — М.: Наука, 1983.

105. Чеканов А. А. Николай Николаевич Бенардос. — М.: Наука, 1983.

106. Петропавловская И. А. В. Г. Шухов — выдающийся инженер и ученый: Труды Объединенной научной сессии Академии наук СССР, посвященной научному и инженерному творчеству почетного академика В. Г. Шухова. — М.: Наука, 1984.

107. Auman, Jim. Lombard log hauler. — Railroad Model Craftman, 1984.

108. Малинин Г. А. Изобретатель «русского света»: [О П. Н. Яблочкове]. — Саратов: Приволжское книжное издательство, 1984.

109. Иванов А. Б. Владимир Григорьевич Шухов. — М.: Молодая гвардия, 1985.

110. Речное судоходство в России [Текст]/М. Н. Чеботарев, М. Д. Амусин, Б. В. Богданов, В. А. Иваницкий, Е. И. Честнов; под ред. М. Н. Чеботарева. — М.: Транспорт, 1985.

111. Гармонов И. В., Пантелеев И. Я., Славянов В. Н. Николай Николаевич Славянов. 1878–1958. — М.: Наука, 1985.

112. Чеботарев М. Н., Амусин М. Д., Богданов Б. В., Иваницкий В. А., Честнов Е. И. Речное судоходство в России. — М.: Транспорт, 1985.

113. Stewart, Sandy. From Coast to Coast: a Personal History of Radio in Canada — Entreprises Radio-Canada, 1985.

114. Гуревич Ю. Г. Загадка булатного узора— М.: Знание. 1985.

115. Бородкин П. А. Ползунов. — Барнаул: Алтайское книжное издательство, 1985.

116. Штейберг Я. А. Василий Владимирович Петров, 1761–1834. — М.: Наука, 1985.

117. Пипуныров, В. Н., Раскин Н. М. Иван Петрович Кулибин, 1735–1818 — Л.: Наука, 1986.

118. Краснов Ю. Ранняя история сохи // Сов. археология: журнал. — 1986. № 1.

119. Шавров В. Б. История конструкций самолётов в СССР до 1938 года. — 3-е изд, исправл. — М.: Машиностроение, 1986.

120. Friedel, Robert, and Paul Israel. Edison's electric light: biography of an invention. — New Brunswick, New Jersey: Rutgers University Press, 1986.

121. Корниенко А. Н. У истоков «электрогефеста». — М.: Машиностроение, 1987.

122. Cartmell Robert. The Incredible Scream Machine: A History of the Roller Coaster. — Popular Press, 1987.

123. Ажогин Ф. Ф. и гр. авторов. Гальванотехника. Спр. Издание. — Москва: Металлургия, 1987.

124. Заллесский Н. А. «Краб» — первый в мире подводный заградитель. — 2-е, испр. и доп. — Л., 1988.

125. Яроцкий А. В. Б. С. Якоби (1801—1874). — М.: Наука, 1988.

126. Harald Penrose. An Ancient Air: A Biography of John Stringfellow of Chard, The Victorian Aeronautical Pioneer — Shrewsberry, England: Airlife Publishing, Ltd., 1988.

127. Соболев Д. А. Рождение самолёта: Первые проекты и конструкции. — М.: Машиностроение, 1988.

128. Славянов Н. Г. Труды и изобретения. — Пермь: Кн. изд-во, 1988.

129. Катышев Г. И., Михеев В. Р. Авиаконструктор Игорь Иванович Сикорский. 1889–1972. — М.: Наука, 1989.

130. Виргинский В. С. Иван Иванович Ползунов, 1729–1766. — М: Наука, 1989.

131. Пугачев В. Ф. Городки. — Физкультура и спорт, 1990.

132. Деревянченко А. А., Чулков А. Г. Волжский самородок: Страницы жизни Ф. А. Блинова. — Саратов: Приволжское кн. изд-во, 1990.

133. Вишневецкий Л. М., Иванов Б. И., Левин Л. Г. Формула приоритета: Возникновение и развитие авторского и патентного права. — Л.: Наука, Ленингр. отд-ние, 1990.

134. Биографии российских генералиссимусов и генерал-фельдмаршалов. В 4-х частях. Репринтное воспроизведение издания 1840 года. Часть 1–2. — М.: Культура, 1991.

135. Lewis, Tom. Empire of the Air: The Men Who Made Radio, 1st ed. — New York: E. Burlingame Books, 1991.

136. Геворкян О. С. Отец фотонаборной техники. — Владикавказ: Алания, 1992.

137. Дыгало В. А. Флот государства Российского. Откуда и что на флоте пошло — Москва: Издательская группа «Прогресс», «Пангея», 1993.

138. Hills, Richard Leslie. Power from Steam: A History of the Stationary Steam Engine. — Cambridge University Press, 1993.

139. Мельник А. Г. Интерьер церкви Козьмы и Демьяна в Муроме. — Проблемы истории и культуры. — Ростов, 1993.

140. Donald Crafton; Before Mickey: The Animated Film, 1898–1928. — University of Chicago Press, 2nd edition, 1993.

141. Морской энциклопедический словарь. — СПб.: Судостроение, 1993.

142. Gardiner, Robert; Greenway, Ambrose. The golden age of shipping: the classic merchant ship, 1900–1960. — Conway Maritime, 1994.

143. Военная энциклопедия/Грачёв П. С. — Москва: Военное издательство, 1994.

144. Garratt, G. R. M. The early history of radio: from Faraday to Marconi. — London, Institution of Electrical Engineers in association with the Science Museum, 1994.

145. Мельник А. Г. Интерьеры храмов второй половины XVI века, созданные под влиянием внутреннего оформления московского собора Покрова на Рву // Памятники истории, культуры и природы Европейской России: Тезисы докладов VI конф. — Ниж. Новгород, 1995.

146. История отечественного судостроения. — СПб: Судостроение, 1995.

147. Болотин Д. Н. История советского стрелкового оружия и патронов. — М.: Полигон, 1995.

148. Городские имена сегодня и вчера: Петербургская топонимика/сост. С. В. Алексеева, А. Г. Владимирович, А. Д. Ерофеев и др. — 2-е изд., перераб. и доп. — СПб.: Лик, 1997.

149. Петропавловская И. А. Металлические конструкции академика В. П. Шухова. — М.: Наука, 1997.

150. Кузнецова М. Александр Ханжонков. Жизнь за кадром // Профиль. — 1997. — № 29.

151. Терехова Н. Н., Розанова Л. С., Завьялов В. И., Толмачева М. М. Очерки по истории древней железообработки в Восточной Европе. — М.: Металлургия. 1997.

152. Мельников Р. М. Первые русские миноносцы. — СПб, 1997.

153. Александров А. О. Воздушные суда Российского императорского флота 1894–1917. Аппараты Щетинина и Григоровича. — СПб.: БСК, 1998.

154. Разин Е. А. История военного искусства, в 3-х т. — СПб.: ООО «Издательство Полигон»; 1999.

155. Сергеев А. Д. Слово об И. И. Ползунове: (Историко-краеведческая квартология). — Барнаул, 1999.

156. Hulse David K. (1999). The early development of the steam engine. — Leamington Spa, UK: TEE Publishing.

157. Калмыков Д. И., Калмыкова И. А. (составители). Торпедой — пли! История малых торпедных кораблей. — Минск: Харвест, 1999.

158. Коншин А. А. Защита полиграфической продукции от фальсификации. — М.: Синус, 2000.

159. Петров Г. Ф.. Гидросамолёты и экранопланы России. 1910–1999. — М: РУСАВИА, 2000.

160. Широкорад А. Б. Энциклопедия отечественной артиллерии. — М.: АСТ, 2000.

161. Широкорад А. Б. Отечественные минометы и реактивная артиллерия. — Минск, «Харвест»; Москва, АСТ, 2000.

162. Барятинский М. Б., Коломиец М. В. Бронеавтомобили русской армии 1906–1917 гг. — М.: Техника-молодёжи, 2000.

163. Carnegie, Andrew, James Watt. — University Press of the Pacific, 2001 (Reprinted from the 1913 ed.)

164. Вершинин Е. В. Дощаник и коч в Западной Сибири (XVII в.) // Проблемы истории России. — Екатеринбург: Волот, 2001.

165. Шаммазов А. М. и др. История нефтегазового дела России. — М.: Химия, 2001.

166. William H. K. Lee; Paul Jennings; Carl Kisslinger; Hiroo Kanamori. — International Handbook of Earthquake & Engineering Seismology. Academic Press, 2002.

167. John Cantrell and Gillian Cookson, eds. Henry Maudslay and the Pioneers of the Machine Age. —Tempus Publishing, Ltd, 2002.

168. Александров Ю. И. Отечественные подводные лодки до 1918 года (справочник). — Бастион, 2002.

169. Ackroyd, J. A. D. Sir George Cayley, the father of Aeronautics. — Notes and Records of the Royal Society of London, 2002.

170. Huurdeman, A. A. The worldwide history of telecommunications. — Wiley-IEEE, 2003.

171. Янгфельдт Б. Шведские пути в Санкт-Петербург — СПб.: Русско-Балтийский информационный центр «БЛИЦ», 2003.

172. Михеев В. Р., Катышев Г. И. Сикорский. — СПб.: Политехника, 2003.

173. Hallion, Richard P. Taking Flight: Inventing the Aerial Age, from Antiquity through the First World War. — New York: Oxford University Press, 2003.

174. Широкорад А. Б. Тайны русской артиллерии. — М: Яуза, 2003.

175. David Miller. The illustrated directory of twentieth century guns. — Zenith Imprint, 2003.

176. Кочина В. Кочи на Поморье — Журнал «Экспедиция», 2004.

177. Crouch, Tom. Wings: A History of Aviation from Kites to the Space Age. — New York: W. W. Norton & Co, 2004.

178. Большая российская энциклопедия: [в 35 т.]/гл. ред. Ю. С. Осипов, 2004–2016.

179. Константинов П. Первая ракетная подводная лодка — Журнал «Техника и вооружение», апрель 2004.

180. Мир-Бабаев М. Ф. Владимир Шухов и российское нефтяное дело. — «Территория Нефтегаз», М., 2004, № 10.

181. Алехов А. В. Иван Иванович Орлов — изобретатель машины и способа печати бумажных денег. — Нумизматический альманах, № 1, 2004.

182. David V. Herlihy. Bicycle. The History. — Yale University Press, 2004

183. Попов С. Е. Лекарь Николай Коротков. — СПб.: Инкарт, 2005.

184. Главацкий М., Дашкевич Л. Павел Аносов — известный и неизвестный // Наука и жизнь: Ж. — М., 2005. — №9.

185. Колесников А. П. История изобретательства и патентного дела: Важнейшие события и факты в истории отечественного изобретательства. — 3-е изд., перераб. и доп. — М.:ИНИЦ Роспатента, 2005.

186. Поваров Г. Н. Истоки российской кибернетики. — М.: МИФИ, 2005.

187. Царьков А. Русско-японская война 1904–1905. Боевые действия на море. — Л.: Экспринт, 2005.

188. Elizabeth C. English. Invention of Hyperboloid Structures. — Metropolis & Beyond, 2005.

189. Романов С. Фальшивомонетчики. Как распознать фальшивые деньги. — М.: Эксмо, 2005.

190. Изволов Н. Владислав Старевич. — Интеррос, 2006.

191. Pascal Honegger. General information about Citroën Kegresse cars. — Krybebånds-Societetet, novembre 2006.

192. Ahern, Steve. Making Radio (2nd Edition). — Allen & Unwin, Sydney, 2006

193. Рогачков Н. Б. Несгораемый город. Исторические очерки из жизни столицы и ее огнеборцев (1147–1917). — М.: ПожКнига, 2006.

194. W. Chmielewski. World-Famous Polish Beekeeper Dr. Jan Dzierżon (1811-1906) and his work in the centenary year of his death. — Journal of Apicultural Research, Volume 45 (3), 2006.

195. Константинова С. «Электрогефест» Бенардоса. — Журнал «Изобретатель и рационализатор», 2006. — № 7.

196. Мир-Бабаев М. Ф. Краткая история азербайджанской нефти. — Баку: Азернешр, 2007.

197. Н. Н. Бенардос, изобретатель электросварки. — Лух: МУ Лухский КМ им. Н. Н. Бенардоса, 2007.

198. The ABC & XYZ of Bee Culture: An Encyclopedia Pertaining to the Scientific and Practical Culture of Honey Bees. — A I Root Co; 41 edition, 2007.

199. Деревенский Б. Г. История игры в городки. — Альманах «Русский міръ», (СПб.) № 1, 2008.

200. В. Я. Крестьянинов. Минные заградители типа «Амур» (1895—1941). — СПб.: Издатель 000 ИТД «ЛеКа», 2008.

201. Заграевский С. В. Первый каменный шатровый храм и происхождение шатрового зодчества. — Русарх, 2008.

202. Из истории изобретения и начального развития радиосвязи: Сб. док. и материалов/Сост. Л. И. Золотинкина, Ю. Е. Лавренко, В. М. Пестриков; под. ред. проф. В. Н. Ушакова. СПб: изд-во СПбГЭТУ «ЛЭТИ» им. В. И. Ульянова (Ленина), 2008.

203. Смышляев. В. А. Сан-Галли — человек и завод. — СПб, 2008.

204. Рубец А. Д. История автомобильного транспорта в России. — М.: ЭКСМО, 2008.

205. Матвейчук А. А., Фукс И. Г. Технологическая сага: «Товарищество нефтяного производства братьев Нобель» на всемирных и российских выставках. — М.: Древлехранилище. 2009.

206. Коломна и Коломенская земля. История и культура: Сб. ст./Сост. А. Г. Мельник, С. В. Сазонов. — Коломна: Лига, 2009.

207. Корсаков С. Н. Начертание нового способа исследования при помощи машин, сравнивающих идеи/Пер. с франц. под ред. А. С. Михайлова. — М.: МИФИ, 2009

208. Histoire de Paris, — L'Harmattan, 2009.

209. Долгоносов А. М. Методы колоночной аналитической хроматографии. Учебное пособие для студентов химических специальностей. — Дубна, 2009 г.

210. Сеидов В. Архивы бакинских нефтяных фирм: XIX — начало XX века. — М.: Модест Колеров, 2009.

211. Андриенко В. Г. Ледокольный флот России, 1860-е — 1918 гг. — М.: Европейские издания, 2009.

212. Гагарин Е. И. Леонтий Лукьянович Шамшуренков. — Киров: О-Краткое, 2009.

213. Шувалов П. И., Шувалов И. И. Избранные труды. М.: РОССПЭН, 2010.

214. Кочина В. Поморский коч идёт на Камчатку. — Журнал «Вокруг света», 2010.

215. Радовский М. И. Александр Попов. — М.: Молодая гвардия, 2010.

216. Ергин Д. Добыча: Всемирная история борьбы за нефть, деньги и власть. — М.: Альпина Паблишер, 2011.

217. Delgado, James P. Silent Killers: Submarines and Underwater Warfare. — Osprey Publishing, 2011.

218. Супотницкий М. В. От «шлема Гипо» — к защите Зелинского. Как совершенствовались противогазы в годы Первой мировой войны. — Офицеры, 2011. — № 1 (51).

219. Reitherman, Robert. Earthquakes and Engineers: an International History. — Reston, VA: ASCE Press, 2011.

220. Guarnieri, M. The age of vacuum tubes: Early devices and the rise of radio communications. — IEEE Ind. Electron, 2012.

221. Пономарев, А. В., Сидорин А. Я. Основоположник современной сейсмологии Борис Борисович Голицын (1862–1916 гг.): к 150-летию со дня рождения. — Вестник ОНЗ РАН, 2012.

222. Richard Holmes, Falling Upwards. — London: Collins, 2013.

223. Матонин Е.. Никола Тесла. — М.: Молодая гвардия, 2014.

224. Шунков В. Н., Мерников А. Г., Спектор А. А. Русская армия в Первой мировой войне 1914–1918. — М.: АСТ, 2014.

225. Ronalds, B. F. Sir Francis Ronalds and the Electric Telegraph. — Int. J. for the History of Engineering & Technology, 2015.

226. Михайлов А. С. Усиление возможностей разума — изобретения С. Н. Корсакова. —Искусственный интеллект и принятие решений, № 2, 2016.